智能科学与技术丛书

通用人工智能

初心与未来

[美] 赫伯特·L. 罗埃布莱特（Herbert L. Roitblat） 著

郭斌 译

ALGORITHMS ARE NOT ENOUGH

Creating General Artificial Intelligence

机械工业出版社
CHINA MACHINE PRESS

图书在版编目（CIP）数据

通用人工智能：初心与未来 /（美）赫伯特·L.罗埃布莱特（Herbert L. Roitblat）著；郭斌译. —北京：机械工业出版社，2022.12（2024.5 重印）

（智能科学与技术丛书）

书名原文：Algorithms Are Not Enough: Creating General Artificial Intelligence

ISBN 978-7-111-72160-4

I. ①通… II. ①赫… ②郭… III. ①人工智能 - 研究 IV. ①TP18

中国版本图书馆 CIP 数据核字（2022）第 227955 号

北京市版权局著作权合同登记 图字：01-2021-1709 号。

通用人工智能：初心与未来

出版发行：机械工业出版社（北京市西城区百万庄大街 22 号 邮政编码：100037）

策划编辑：李永泉　　　　　　　　　　　　责任编辑：李永泉

责任校对：张爱妮　王 延　　　　　　　　责任印制：张 博

印　刷：北京建宏印刷有限公司　　　　　　版　次：2024 年 5 月第 1 版第 2 次印刷

开　本：185mm×260mm 1/16　　　　　　　印　张：13.75

书　号：ISBN 978-7-111-72160-4　　　　　　定　价：79.00 元

客服电话：(010) 88361066　68326294

译 者 序

自 20 世纪 50 年代图灵在其划时代论文《计算机器与智能》中提出"图灵测试"以及之后的达特茅斯研讨会开始，用机器来模仿人类学习及其他方面的智能，即实现"人工智能"（Artificial Intelligence，AI）便成为计算机领域持续的研究热点。达特茅斯会议指出，"人工智能"的研究目标是实现能模拟人类的机器，该机器能使用语言，具有概念抽象和理解能力，能够完成人类才能完成的任务并能不断提高自身能力。当时的主要"智能"议题包括自动计算机、自然语言处理、神经网络、计算理论、自我改造、抽象、随机性和创造性等方面。这可以说是人工智能发展的"初心"，也是一项雄心勃勃的科学目标。

"人工智能"概念被提出后，在过去 60 多年里得到了广泛关注并迅速成长为学科前沿，进而沿着"从符号主义走向连接主义"和"从逻辑走向知识"两个方向蓬勃发展。时至今日，以深度学习为代表的新一波人工智能正在兴起。自然语言处理、人脸识别、自动驾驶、无人系统等复杂人工智能任务相继取得大的突破，人工智能在很多特定问题（如围棋、《星际争霸》游戏、医疗诊断等）的解决上甚至超过了人类的水平。这也引起了新的担忧，有些人认为人工智能将很快取代人类，人类的发展在不远的将来会面临极大挑战（机器人世界末日将会到来）。

本书尝试给人们一个新的视角，即尽管人工智能已经变得越来越复杂而强大，但计算机科学还远未创造出通用人工智能（General AI）。作者结合人类自然智能的认知机理以及人工智能发展的初心与使命，带我们从不同方面细致分析了当前人工智能技术的不足，以及从当前"专用人工智能"到实现真正的"通用人工智能"还需要在哪些方面取得突破。书中对当前人工智能技术的发展路径提出了不少质疑，也给出了新的发展导向，如"通用智能不是算法优化""自然智能会抄捷径""通用智能需要富有洞察力的思考""机器创造力需要创新的表示能力""从少量例子中学习的能力""全脑仿真智能"等，这将为通用人工智能的演化路径带来新的思考和借鉴。

2017 年，国家《新一代人工智能发展规划》出台，明确了我国新一代人工智能发展的战略目标，大数据智能、群体智能、跨媒体智能、混合增强智能和自主智能等成为 AI 2.0 时代的重要发展方向。在未来人工智能时代，对于如何更好地推动我国人工智能基础理论研究，突破关键技术创新并引领相关产业的发展，可以说本书给我们提供了重要参考和新的注脚。

本书由西北工业大学郭斌教授翻译，智能感知与计算工信部重点实验室的多名师生，包括刘思聪、方禹杨、徐若楠、马可、张周阳子、吕明泽、张赟、刘磊、尹懋龙、李梦媛、王家瑶、吴磊、沈豪戎等，一起参与了部分章节的初稿翻译和文字校对等工作，西北工业大学袁建平教授审阅了全文。在此对大家的辛勤付出表示衷心的感谢。

人工智能领域深邃浩瀚、知识丰富且多学科交叉，囿于译者能力，本书内容一定还存在很多不足，还望读者多多谅解并给予批评指正。

译　者

前　言

　　至少从 20 世纪 50 年代起，人们就开始大肆宣传可能很快就会创造出一种能够与人类智能的全部范围和水平相匹配的机器。现在，我们已经成功地创造出了能够解决特定问题的机器，其准确度达到甚至超过了人类，但我们仍然无法获得通用智能（General Intelligence）。这本书想和大家探讨一下还需要做什么样的努力才能不仅获得专用智能，还能获得通用智能。

　　虽然有些人期待实现通用人工智能，但也有些人表达了担忧，甚至预测一个通用智能的机器将意味着人类存在的终结。他们认为，这样的机器将能够自我改进，并将很快从与人类智力相当发展到远远超越人类智力的水平。如果计算机变得如此智能，人类被养作宠物都会是幸运的。在最好的情况下，智能计算机将忽视我们；而在最坏的情况下，它们会把我们当作争夺资源的对手来消灭。

　　这两种观点根本站不住脚。我们构建的专用智能的工具无法胜任通用智能的任务。即使我们制造出能够实现通用智能的新工具，它们也不会导致任何形式的爆发性的智能增强。我们将阐述为什么机器智能的改进并不会导致由机器所主导的失控性革命。机器智能的进步可能会改变人们从事的工作类型，但它们不会意味着人类存在的终结。也就是说，机器智能的进步并不会导致世界末日的到来。

　　这本书针对非技术人士，读者并不需要了解太多关于计算机、心理学或人工智能的知识就可以轻松阅读。

　　如果读者对智能感兴趣，想了解更多关于如何建造自主机器的知识，或者担心这些机器突然有一天会以一种被称为"技术奇点"的技术爆炸方式统治世界，请阅读本书。需要做出提醒的是，这种担心并不会发生。我希望让读者相信，创造通用人工智能是可能的，但它既不像某些作者想让我们相信的那样迫在眉睫，也并不那么危险。我们的认识视角需要做出改变，而本书则试图勾勒出新的视角。

　　这个话题之所以重要，是因为几乎每天都有人呼吁对人工智能进行某种监管，要么是因为它太愚蠢（比如人脸识别），要么是因为它太聪明了而让人感到不可信。虽然这不是一本关于政策的书，但好的政策需要对计算机的实际能力以及它们的潜力有一个客观的认识。反过来，发展和实现通用人工智能则需要我们进一步对智能、大脑的本质以及通用智能体（Intelligent Agent）所必须解决的问题有一个清晰的认识。

正如艾伦·图灵（Alan Turing）在 1950 年撰写《计算机器与智能》一文时所述："我们的目光有限，但可以看到许多能做的事。"

CONTENTS

目　　录

第 1 章

引言：智能、人工和自然

人工智能并不新鲜，人类在发明和使用智能工具上至少已经有 5 万年的历史了。这里所谓的"新"更多体现的是如何在计算机上运行智能。当使用"智能"这个词时，我们通常指的是在学校所学到的那种高级的认知能力（cognitive functioning），但那种高级的智能是建立在现有的自然智能（natural intelligence）基础上的。通用智能则需要两者的结合。

当人们谈论"智能"时，通常指的是在学校学到的那种高级的智力能力，也就是逻辑和推理能力。阿尔伯特·爱因斯坦（Albert Einstein）基于其高超的智力而获得诺贝尔物理学奖便是这种智能的生动体现。

当人们谈论"人工智能"时，通常指的是在计算机上执行的程序。"人工智能"一词通常被认为是由约翰·麦卡锡（John McCarthy）提出的，他曾在 1956 年达特茅斯学院（Dartmouth College）举办的一个夏季研讨会上用过这个词，该研讨会旨在探讨如何让计算机模拟人类的智力能力。但人工智能比这更普遍，它是处理信息的一种有组织的系统化方法。处理过程是在机器上、纸上还是在大脑中执行并不重要。以"代数"这一典型的人工智能过程为例，它使人们能够系统性地思考，解决以前难以解决的数学问题。

系统化过程（systematic process）的发明至少在过去 5 万年里引导了人类智能的发展。这些过程就像计算机或宇宙飞船一样——它们都是人类发明的。正是它们让人类的技术过程在过去得以发展和繁荣。

另外，认为智能完全由这些高级智力行为组成的说法也是错误的。智能需要的远不止这些。爱因斯坦之所以被认为是天才，并不是因为他有系统地解数学方程的能力，而是因为他有创造新思想的能力，人们能从他的方程中获得对世界的新看法。例如，他最著名的方程——$E = MC^2$，形式极其简单，求解过程一目了然，但它体现了一个非常厉害的思想，并持续在理论物理学中发挥重要作用。这个方程的主要思想就是，尽管能量和物质可以有明显不同的形式，但它们之间的关系是保持不变的。

爱因斯坦的才华不仅仅表现为对过去工作的逻辑重组，而是一个大的超越。他不仅从观测中推断出物理原理，而且还对其他可能的观测进行了预测。他的工作超越了他所知道的事实并预测出新的事实。人类的智能，包括爱因斯坦的智能，既需要一种逻辑类型的系统思维，也需要一种能够洞察事物的非逻辑类型的思维。

我们没有一个好的词汇来谈论这些互补能力。粗略地讲，我们可以一方面谈论直觉，另一方面谈论深思熟虑。可以谈论每个人都拥有的自然智能，以及需要教育和培训才能获得的人工智能。我们可能会讨论生物智能抑或计算智能。另一位诺贝尔奖得主丹尼尔·卡尼曼（Daniel Kahneman）则谈到了"思考：快与慢"（Thinking Fast and Thinking Slow）的问题。

人类的自然智能让婴儿在出生后的几小时内就能识别出母亲的脸，让我们可以穿过拥挤的房间或叠衣服。真实而自然的人类智能应该是非理性的、情绪化的，还有点亚符号（subsymbolic）特征。它可以只根据很少的证据而跳跃得出结论。

相比之下，人工智能让成年人能够以非情感的方式理性地思考和解决复杂的问题。人工智能往往是理性的、有条理的、符号性的（symbolic），但它也有局限性。人工智能提供的工具允许人们进行细致的推理，跟踪符号信息（symbolic information），解决量子物理等挑战性问题。

从逻辑的角度来看，自然智能会抄捷径。自然智能是人类许多弱点和怪癖的根源，但它也使人类能够在不迷失的情况下对动态变化的世界做出反应。

根据约翰·麦卡锡（John McCarthy）、马文·L.明斯基（Marvin L. Minsky）、纳撒尼尔·罗切斯特（Nathaniel Rochester）和克劳德·香农（Claude Shannon）的提议，达特茅斯夏季研讨会的目标是开展一项研究，以创造一种通用人工智能。这种人工智能能够形成抽象概念、解决问题，并改进自身。当时，他们认为实现这种通用智能的方法是尽可能精确地描述思维的本质，然后让一台机器来模拟它。

与会者表示，这次研讨会虽然没有达到它的最高目标，但仍然可以被描述为人工智能领域影响深远的里程碑。这也说明，即使在这么早期的阶段，与会者也专注于那些与高级认知功能相关的任务。他们认为智能是理性的、深思熟虑的、目标导向的。例如，艾伦·纽威尔（Allen Newell）、约翰·克利福德·肖（John Clifford Shaw）和赫伯特·西蒙（Herbert Simon）当时正在研究一个证明数学定理的程序，即"逻辑理论家"（Logic Theorist）。该程序旨在模仿成年人解决问题的技能——在这个例子中是一位数学家。他们的程序最终证明了阿尔弗雷德·诺斯·怀特黑德（Alfred North Whitehead）和伯特兰·罗素（Bertrand Russell）的《数学原理》（*Principia Mathematica*）著作中第 2 章所介绍的 52 个定理中的 38 个。而且，逻辑理论家所提供的一些证明甚至是新颖的。

赫伯特·西蒙曾对他的一群研究生说，他和艾伦·纽威尔在圣诞节期间"发明了一种能够进行非数值思考的计算机程序，试图解决备受关注的'心身'关系问题[⊖]，解释了由物质组成的系统如何被赋予'心智意识'"。他们选择在计算机上通过定理证明方式来示范"心智意识"的想法是很有意义的，因为定理证明问题已经具备明确的定义，可以结合一些给定范围的基本事实或公理（如符号），通过有限的推导过程或运算（如符号替换）来一步步完成。事实上，他们所选择的这本《数学原理》著作，致力于证明数学的基本性质，所以书中已经很大程度上列出了可用于证明的各种公理以及和这些公理相关的运算，为推动其"心智模仿"研究提供了极大的便利。

事后看来，纽威尔、肖和西蒙的"逻辑理论家"研究是基于《数学原理》而开展符号逻辑探索的一小步，但在当时，却是计算智能（computational intelligence）领域的一次巨大飞跃。他们的方法对之后许多年的工作产生了深远影响。尽管怀特黑德和罗素已经列出了证明他们定理的步骤，但"逻辑理论家"并不总是遵循他们的方法。这很具有指导意义，因为它以新颖的方式对一些定理进行了证明。西蒙和他的同事高估了这一发现的重要性，但这成为计算智能发展的一个里程碑，而且该趋势仍在持续。

今天，我们的计算机系统可以玩游戏，诊断疾病，并执行其他超人类水平的任务。每一项突破性的成就都被预言为计算智能进化的下一个步骤，使得系统更接近通用人工智能的目标。如果我们有更强的存储能力和更快的处理器，最终将能够实现通用智能。

自这些早期发展以来，许多事情都发生了变化，但有两件事没有改变。一个是过度依赖一小部分过程（process）作为建立通用智能的必要和充分条件。20世纪50年代和60年代的智能计算机速度太慢，性能存在很大局限，所以研究人员只能解决一些小的示范案例或"玩具"问题（toy problem）。他们的错误在于认为规模和速度是将这些系统拓展到全面"类人智能"（humanlike intelligence）的唯一限制。

他们的另一个错误是认为其所研究的问题代表了实现通用智能所需要解决的全部问题。然而，他们关注的往往是这些问题的"玩具"版本，具有相对明确的问题定义和易于评估的具体解决方案。这类问题可以被描述为"路径问题"（path problem）。解决这些问题需要在系统所有可能"移动"（move）范围所构成的"空间"中找到一条路径。将一些走法组合起来就可以解决此类问题，而计算机的任务是在所有有效的走法中找出真正解决问题的具体路径。计算智能是找到解决问题所需的运算集及其顺序（路径）的过程。

用朱迪亚·珀尔（Judea Pearl）的话来说，这些问题的解决可以被简单地视为完成一些"曲线拟合"（curve fitting）练习任务。换句话说，要解决这些问题，需要找到一个将可用输入映射到期望输出的函数。这只是一种形成统计预测的方法。这个映射过程可能相当复杂，形成这种关系的选择或估计的数量可能令人生畏，但这仍然是目前

⊖　mind-body problem，心身关系问题是深入探讨人类自身存在的一个古老而基本的哲学问题，即关于心理和生理关系的问题。——译者注

所有计算智能系统所采取的形式。然而，并不是所有的问题都是这样，并不是所有的"智能"问题都是路径问题。

计算智能已经取得了巨大的进步，这些进步得益于天才的系统设计者们，他们恰好设计出了通过计算机所能够解决的系统。这些系统不需要通常也不用以与人类相同的方式来执行任务，因为计算机科学家已经找到了将它们简化为如同珀尔所称的"估计"（或拟合）任务的方法。它们可能在某些特定任务上比人类做得更好，但这并不是因为它们在那个任务上超越了人类智能，而是因为它们的设计者找到了其他途径来解决那些不需要类人智能来处理的问题。例如，美泰格（Maytag）洗碗机可以把盘子洗得比我自己用手洗得还要干净，但这并不能让它更接近于实现人类餐厅员工的智能。

这并不是说，能够诊断疾病、理解语音或驾驶汽车的机器学习系统不是智能的；它们是一种面向"特殊目的"的智能，而不是一般意义上的智能。如果我们要超越特殊目的的智能，就需要解决今天没有解决的问题。如果想要类人智能，则需要想办法用现有的工具来构建它，否则就必须建造新的工具。有一些研究尝试用现有的工具来创造通用智能，但到目前为止还没有一个成功。相反，更具有前景的方法是尝试理解和模仿人类是如何创造这种智慧的，因为人类是我们拥有的唯一的通用智能的例子。最终，机器的通用智能在其特定的方法上可能与人类的通用智能不同，但它必须在其能力范围内与人类的通用智能相似。

1.1　人类智能的诞生

几千年来，人类发明了越来越复杂的人工思维工具，但人类的自然智能似乎没有多大变化。从某种程度上说，我们比旧石器时代的祖先更聪明，是因为我们结合了自然智能和几个世纪以来发明的人工智能。

语言的发明以及后来的文字可能是人类智能工具箱中最重要的工具。尽管有些人认为语言是与生俱来的，但它似乎是在 10 万年前到 5 万年前出现的，并深刻地扩展了原始人类的能力（Gabora, 2007）。与没有语言的大脑相比，有语言的大脑在分享信息、协调活动和传递经验等方面的能力都有所提高（Clark, 1998）。语言，尤其是句法，与早期人类所能参与的认知过程的巨大拓展有关。

威廉·卡尔文（William Calvin）说："文字是工具。"卡尔文继续推测，前语言时代的人类可能能够使用简短的词语，但不能使用复杂的句子，也不能谈论过去和未来。这些人可能有一些基本的想法，但不能组织这些想法，因此不能操纵图像、假设或可能性。自从语言发明以来，人类的智力水平发生了巨大的变化。

现代人类大约在 4.3 万年前迁移到欧洲。在德国南部的斯瓦比亚-侏罗地区发现了那个时期（4.3 万年前到 3.3 万年前）的洞穴壁画和雕刻人物，以及乐器。法国阿尔代河附近的肖韦岩洞中的旧石器时代岩画被认为有 3.2 万年的历史。根据一些人类学家的说法，这些洞穴壁画的结构和细节暗示着画家们拥有一个相对复杂的精神世界。

法国西南部的拉斯科绘画只有大约 2 万年的历史。在这一时期，人类开始埋葬死者，创造了服饰，并发展出了复杂的狩猎策略，如使用陷阱来捕捉猎物。在亚洲，印度尼西亚苏拉威西岛的洞穴壁画被认为可以追溯到大约 3.5 万年前。在婆罗洲岛，最近发现的富有具象性的洞穴壁画可以追溯到大约 4 万年前。这些洞穴壁画表明，旧石器时代的人们能够符号化地表征他们所处的环境。

少数旧石器时代人工智能所制造的物件被保存了下来，在这些人工制品中，有一些似乎是其制造者的世界的符号象征。这些人工制品可能在帮助当时的人们在地理甚至精神上进行世界的导航方面发挥了重要作用。例如，其中一些描述了对导航很重要的星座。洞穴壁画的画家可能认为，描绘像鹿和野牛这样的动物会使捕猎变得更为容易。

有证据表明，中石器时代（大约开始于 1.1 万年前）的人们也发明了一些更具有计算能力的人工制品，比如日历。日历显然对农业很重要，但对狩猎采集者也很重要——例如，可以用于确定鸟类和动物迁徙的时间，或者确定去远方（不能直接观察到）收集成熟果实的时间。

日历使用刻有凹槽的石头或骨头来记录天文体（特别是月亮）的经过过程。一些更大的建筑，如英格兰南部的巨石阵（5000 年前）或在苏格兰阿伯丁郡发现的更古老的日历建筑（约 1 万年前），也都是天文计算器。阿伯丁郡日历由一系列按月相形状挖出的坑组成，排列成一个 164 英尺⊖的弧线。这条弧线与地面上的一道凹槽对齐，在那里太阳在冬至时升起，这样就可以每年修正阴历，使之与太阳年相匹配。

还有一种来自爱尔兰米斯郡博因山谷的新石器时代日历——纽格莱奇日历。它建于 5000 多年前，用一个屋顶盒子来标记冬至，让阳光在冬至时照亮埋在地下的房间。

人类已经从在洞穴墙壁上作画发展到发明星际宇宙飞船，因为经过很多代人的努力，我们开发出了思维工具（thinking tool），使越来越复杂的智力活动成为可能。这些工具包括：

❑ 数学（始于 4000 年前）。
❑ 逻辑（约 2600 年前）。
❑ 算法（约 800 年前）。
❑ 数字计算机（约 80 年前）。

以上这些发明使许多其他的发明和发现成为可能，而这些新的发明和发现又进一步促进了人类智能的发展。没有这些工具，人类的思想往往是不完整、非理性和带有偏见的。人们基于一厢情愿的想法和不完整的信息而妄下结论。做出决定的基础是考虑答案的容易程度，而不是这些答案的正确性。

另外，这些思维工具还使得人们能够系统地、有效地进行推理。自从被发明出来后，它们就成为人类不断取得智力成果的人工工具。我们的正规教育体系就是旨在提

⊖　1 英尺＝0.3048 米。——编辑注

供推动智力成果产生所需的人工智能工具——例如，训练人们学会使用逻辑。

人类已经通过将所思考的人工工具融入日常而变得更为智慧，即这个过程中采用了更多的人工智能。这些辅助支持是有必要的，因为没有它们，人类智能将会受限。这些作为智能辅助的工具并不需要特别聪明，但它们却能帮助人们进行更加系统化和严谨的思考。

1.2   计算智能

在过去 60 年左右的时间里，计算机科学家一直在寻找使计算机具有智能的方法，并预测通过计算实现的通用智能时代即将到来。这意味着他们渴望创造一个计算机系统，使其展示与人类一样的智力水平，甚至更好。直到最近，这方面的大部分努力都集中在模拟实现系统性的智能工具（systematic intellectual tool）上，即我们所称的人工智能上，而较少关注其他方面的智能特性。

1956 年，赫伯特·西蒙声称，通用计算智能将在 10～20 年后出现。马克·扎克伯格（Mark Zuckerberg）在 2016 年声称，计算智能将在 5～10 年内实现。然而，与反复出现的乐观预测相反，计算智能已经实现了一些专用的能力，但通用智能的实现仍然任重道远。

通用智能之所以未能如期实现，部分原因在于人们只关注有限的一系列任务，而没有认识到人类所有的成就是建立在更基本的生物技能（比如感知能力）基础上的。这种关注有很多原因，但其中最关键的一个原因是：人们认为智能主要由下棋或诊断疾病时所表现出来的技能组成。这基于一个隐含的假设：推理思考（deliberation）是智能的关键功能，而所有的智能都可以归结为这种技能。

这些推理思考的技能是对人类智能的增强，但它们本身并不足以达到通用智能。通用智能涉及的不仅仅是针对个别任务的特定算法，而特定算法之所以能成功，正是因为它们将一个复杂问题简化为可通过计算解决的简单问题。它们所依赖的思维创造是由人类提供的。

1.3   自然智能

直到现在，社会科学理论（特别是经济学）一直认为人从根本上讲是理性的。理性的人总是深思熟虑、有思想、自私自利。他们以最有效的方式追求自己的目标。一个理性的行动者寻求在已知的信息、机会和约束条件下达到最大的可能利益。简而言之，贪婪是好的，我们可以依赖人的贪婪性。在这种观点看来，思想是完全建立在逻辑的利己主义基础上的。

当一个人出于自身利益而不理性行事时，那是因为其思维过程或逻辑判断被情感所左右。非理性的选择是错误的，作为一个人真正行动的指导是不可预测的。不幸的是，这种策略也渗透到了人工智能研究的很多思考中。

纽威尔、西蒙和肖的"逻辑理论家"是纯逻辑的，从公理（基础不可约的逻辑假设）和运算开始，以逻辑证明结束。他们所论证的其实是物理符号系统假说。根据该假说，物理符号系统是智能产生的充分必要条件。

与这种方法相反，所谓的莫拉维克悖论（Moravec's paradox，其实它根本不是悖论，但它叫悖论）指出，让计算机执行高级推理相对容易，但是要让计算机具有如两岁小孩般的感知和行动能力却相当困难甚至是不可能的。推理思考的技巧很容易用计算机描述和实现，但创造一台可以在拥挤的房间里行走的计算机，或一个可以折叠衣物的机器人，仍然面临极大的挑战。

20世纪80年代和90年代，人们对计算神经网络的兴趣激增，通过采用一种更受生物启发的人工智能方法，在解决这些挑战方面取得了一些进展。神经网络采用的模型更像是简化的神经元，而不是高级的推理规则（deliberative rule）。如同组成语言的单词一样，神经网络关心模拟神经元之间的连接，而不是处理单独的符号。神经网络得到了广泛的应用，现在已发展成所谓的深度学习模型，可以说是在构建计算智能方面取得了很大进步，但它仍然没有让我们更接近实现通用智能的目标。神经网络和其他形式的机器学习帮助人们更加清楚地认识到，与人工智能的抱负相反，人工智能的实践是将输入映射到输出的复杂功能。正如汉斯·莫拉维克（Hans Moravec）和其他人所断言的那样，即使是模拟一个简单的神经网络，也要比遵循一组规则需要更多的计算，但它们仍然只是计算函数，皮尔（Pearl）也认同这一观点。

实现自然智能的一个关键在于具备构建问题空间（problem space）的能力，而不仅仅是在已构建好的问题空间中寻求解决路径。此外，自然智能还有其他方面的特性。它并不关心寻找问题的最佳解决方案，而是倾向于通过"跳跃式"方式直接得到结论而不经过任何证明过程。

与人工智能的算法不同，人类自然智能是启发式的。算法是一组步骤，在执行特定输入时，这些步骤总是会产生相应的输出。相反，启发式更像是一种经验法则。它在大多数情况下是有效的，但有时则不然。婴儿出生后几小时内就能认出母亲，但计算机识别物体类别则可能需要数以千计的样本来学习。带孩子去动物园，给他买棉花糖，他以后再去动物园，就会期望得到同样的待遇。

与计算智能所模拟的智力能力相比，这里所阐述的自然智能的许多基本认知功能也是其他生物物种所共有的。早成鸟（孵化后能立即进食的鸟类，如鸡和鸭）在出生后数小时内就学会了识别自己的父母。灌木松鸦和其他鸟类可以将种子储存在岩石下和裂缝中，甚至在环境被雪覆盖几个月后还能找到。正如沃尔夫冈·科勒（Wolfgang Köhler）所揭示的那样，黑猩猩能够解决某些类型的洞察力问题。研究人员观察到，黑猩猩不是通过反复试验来学习，而是把两根棍子放在一起，或者把箱子堆在一起，以够到它们本来够不到的食物。

许多动物（从蚂蚁、熊到黑猩猩）被发现在控制环境下能够对小的数字量级（通常是 1～4 甚至 6）做出反应。经过一些训练，狗和其他动物可以记住多达 1000 个物体的名字，并且可以根据语言命令找到相关物体。

人类或动物的自然智能在物种的认知中扮演着重要角色。但到目前为止，人类的全部智力成就的取得都依赖于天生的智慧加上额外的思考工具，而这些工具正是为了达到目前的智力水平而发明的。

大多数关于人类自然智能的研究是在受过良好教育的人身上出现缺陷／失败或者心理发育不全的背景下展开的。作为人类成就的源泉，它的正面意义在很大程度上被忽视了。所以我们对自然智能的不足、偏见和限制了解甚多，但对它做出的积极贡献知之甚少。自然智能极有可能在一般的人类智能中扮演极为重要的角色，如果我们能弄清楚其机理，则很可能使其在计算智能中也扮演同样角色。如果没有自然智能，人类就不可能发明思考工具；如果像早期心理学家所说的那样，人类只能局限于试错学习或者重复学习，人类就不可能工作。

1.4 通用智能中的普遍性

通用智能到底要通用到什么程度呢？

爱因斯坦在理论物理学方面非常成功。他因为在光电效应方面的研究而获得了诺贝尔奖，而光电效应是太阳能电池发电的基础。按理说，他在相对论方面的工作影响还要更大些。然而，尽管爱因斯坦很聪明，但他并不是样样都擅长。他显然不是一位杰出的数学家，尽管他很有效地运用了数学。他可能会下国际象棋，但他不太可能是一个熟练的围棋手。我怀疑他能否在电视游戏节目《危险边缘》（Jeopardy！）中有出色表现。

人们在学习、理解、创造、分析、解释和适应环境的能力上存在明显的差异。但并非所有这些能力都是相同的。爱因斯坦会弹钢琴和拉小提琴，但人们怀疑他在这些方面的技巧是否能与伊扎克·帕尔曼（Itzhak Perlman）或莫扎特（Mozart）相媲美。马友友是一个伟大的大提琴家，但我认为他没有在物理期刊上发表过任何文章。智能表现因任务而异，随时间而异，也因人而异。尽管一个人在不同技能上的能力之间可能存在相关性，也就是说，一个在某些任务上表现出色的人也可能在另一些任务上表现出色（见第 2 章），但在某些任务上出色并不能保证其在其他任务上也出色。

智能是一个复杂的概念，往往包含许多不同类别的技能。一个多世纪以来，心理学家们一直在开展智力方面的测量，但他们感兴趣的主要是识别人与人之间的智力差异，而不是识别产生智力的机制。第一波智力测试就是为了检测哪些学生在学校可能需要特殊帮助而提出的，其目的是预测一个人是否具有学习或与其他智力成功相关的天资。智力测试可能包括词汇评估、类比、图像处理或推理，这些都与某些成功的衡量标准相关联。

智力测试通常包括一系列不同的子测试，每一项子测试都是为了测量一种特定的能力。通用智能的概念是指人们把这些子测试关联起来的能力。例如，如果一个人在要求图像旋转的测试中表现良好，那么他很可能也能很好地回答词汇问题。

这种各项子测试成绩之间的相关性被称为通用智能的"g因子"。g可以表示某种通用智能的存在，例如，一些人可能比其他人拥有更强大的大脑，所以表现很好。或者，g可能仅仅是表示统计相关性的一个标签。换句话说，智能可能并不那么通用；或者，也可能是这些智能测试并不擅长区分特定的能力。多个子测试可能会对某些特定智力能力进行重复评估（即它们在测试范围上有交叠）。

例如，一个有视力问题的考生可能在很多测试中表现不佳，不是因为他比视力更好的人更笨，而是因为他在阅读问题上有困难。焦虑的人可能在所有测试中都表现不佳，而那些冷静的人可能在所有测试中表现更好。应试本身可能就是一种技巧。这些关联性因素可能会导致相关关系，但这并不涉及通用智能。

智力测试的子测试之间的相关性并不一定预示着人们在现实生活中的表现。想想爱因斯坦和马友友的相对技能。两者都是出色的，都以自己的方式取得了成功，而且没有重叠。一个领域的智能优势并不保证其他领域的优势。我们将在下一章结合智力测试探索这种相关性的本质。如果以人类智能作为样例，人工通用智能最终能达到的效果可能并不会像某些人期望的那么通用。

1.5　专用智能、通用智能和超级智能

到目前为止，计算智能程序主要涉及单个任务的表现，比如下棋、诊断脑损伤，回答《危险边缘》问题之类的。下棋（play chess）曾被认为是体现人类智能的首要例子。下棋的过程被认为能体现运用策略、解读他人动机和深入分析情境等智力要素。从这个角度来看，解决下棋的问题可能和实现通用智能一样还有很长的路要走，因为它需要具备许多更高的认知功能。一台会下国际象棋的计算机必须对对手进行评估，了解对手的动机，并分析形势。

事实上，道格拉斯·霍夫施塔特（Douglas Hofstadter）在他的著作《哥德尔、埃舍尔、巴赫》（*Gödel Escher Bach*）中指出："在国际象棋中，可能有程序能打败人类，但它们并不仅仅是一个能下棋的程序。它们将会是一种通用智能程序，能像人一样喜怒无常。'你想下棋吗？''不，我下棋玩腻了，咱们来聊聊诗歌吧'。"（Hofstadter，1979，1999，p. 678）

但实际情况正好相反，我们的计算机程序能下高水平的国际象棋，但它们不能谈论诗歌。国际象棋程序的设计方式与深层心理功能或通用智能没有任何关系。相反，这些程序依赖于一种更为简单的面向特殊目的的方法，它将潜在的象棋步法用某种分支树结构组织起来。算法可在这些分支中搜索，并确定可能导致游戏成功结果的下棋路径。也就是说，国际象棋程序开发者将复杂的下棋决策问题简化为从一系列树分支中进行步法选择的问题。

围棋被认为是计算机所无法完成的任务。即使上面的方法对国际象棋是成功的，但对围棋并不适用，因为海量的围棋可选占位及其可能的组合会使得树的分支构成过于繁杂，无法像国际象棋那样去做出选择。然而，计算机科学家最近能够建立一个系统，该系统可以与世界一流水平的棋手进行对弈，因为他们建立了另一种面向特殊目的的算法。

开发下象棋或下围棋程序的知识对我们解决其他类似结构的问题很有价值。AlphaGo 的成功就在于 DeepMind 团队设计了更为有效的启发式方法以限制在选择一步棋时所必须评估的分支数量。

鉴于这些工作主要是针对特殊目的而设计的简化式计算智能方法，到目前为止，计算机在通用智能方面没有取得很大进展也就不足为奇了。再创造一个具有特殊目的的算法可能是智能的，但即使把每个针对特殊目的的算法集合起来也不能实现通用智能。

换句话说，计算机科学在打造"刺猬"方面很有效，但在创造"狐狸"方面却力不从心。古希腊诗人阿尔奇洛科斯（Archilochus）有句名言："狐狸知道很多事情，但刺猬只知道一件重要的事情。"当前的计算智能系统擅长特定的任务，但它们还没有达到任何通用化的水平。我们没有理由认为，结合针对特殊目的的系统，最终会导致通用智能的出现。一堆"刺猬"并不能构造出一只"狐狸"。

即使是对于人类而言，通用智能也是一个令人难以捉摸的话题。各个智力测试之间的相关性可能是由于某种大脑效率，但也可能是纯粹的统计假象。如果爱因斯坦有一个更好的大脑，那么也许他可以比其他人在各种测试项上取得更好的结果，但他的天赋却是有限的。人们的智力是由他们的成功和失败来衡量的，而不是由他们在测试中的表现来衡量的，这在很大程度上取决于拥有某种建立专业知识所必需的经验。

即使大脑效率不是卓越的人类智能的原因，它仍然可能是提高机器智能的一个因素。计算机的速度一年比一年快，几年前还慢得离谱的程序，今天已经快得可以接受了。但是，进步的更大原因是对计算机要解决的问题有了更好的理解。更强大的计算机使旧的方法更快、更实用，但它们对通用智能没有贡献，而通用智能需要更为基础的支撑，而不仅仅是计算能力。就如同汽车不仅仅是跑得更快的马一样。

以天气预报为例。随着时间的推移，天气预报变得惊人地准确。2015 年对 5~7 天的预测的准确性与 1965 年对 1 天的预测的准确性大致相同（Stern & Davidson，2015）。更好的计算能力无疑促进了精度的提高。但更有价值的是更好的数据带来的好处，例如，更多的气象站和更好的动态模型。更好的计算机能力本身只会加快做出预测的过程。更好的数据和更好的模型使这些预测能够延伸到更有价值的未来。鉴于通用智能的这些局限，我因此对一些哲学家和其他人的担忧感到有些困惑，他们担心我们即将创造出一种通用人工智能，它将在某种程度上取代人类在世界上的地位，就像旧电影《终结者》（Terminator）中所描述的天网（Skynet）一样。

将超智能机器（ultraintelligence machine）定义为一种机器，它可以远远超过任何人类的智力活动，无论人类多么聪明。因为设计机器是一种智力活动，超智能机器可以设计出更好的机器，届时，毫无疑问将会出现"智力爆炸"，人类的智力将被远远甩在后面。因此，第一个超智能机器也将成为人类的最后一项发明（I. J. Good，1965）。

古德（Good）的假设基于这样一个论断，即设计新问题的解决方案的能力就像使用现有解决方案的能力一样，但这两种问题从根本上是不同的。求解爱因斯坦的著名方程与提出它所代表的理论是截然不同的。搜索象棋或围棋的树结构与将这些游戏呈现为树的想法截然不同。我们知道如何给出树搜索的计算方案，但我们还不知道如何构建一个智能程序，使得它具备将游戏转化为树结构来处理的洞察力。

解决定义良好的已知问题可以看作从一个菜单或一系列可选项中选择最优方案的过程。这些选择项可能是离散的，也可能是数值化的，但是所有的机器学习都有这个基本的底层结构。一些特定用途的算法，比如在现有的计算智能例子中使用的算法，已经越来越有能力解决更复杂的选择类问题，但它们仍然没有能力从一个新的角度创造一些东西。已有的证据表明，就"发明"而言（如设计新的不可预见的结构，制定新的科学范式，或者创造新的表现形式），我们需要一套不同于在已知空间进行优化的技能。我们目前还不清楚如何建立一个计算机系统来实现发明创造，但这种能力是实现通用智能的必要条件。

一些关于超级智能机器可能失控的担忧来自自相矛盾的思想实验。例如，尼克·博斯特罗姆（Nick Bostrom）曾让我们想象一个以制造尽可能多的回形针为目标的人工智能机器。然而，它不知何故变得超级聪明，并改写了自己的能力，在制造回形针方面变得更加聪明。它遵循自己的格言，尽可能多地制造回形针，它将可能的一切都转化为回形针，直至摧毁整个世界。

我并不认为这个思想实验很有说服力，不是因为我认为回形针很傻，而是因为它既假设了机器是超级智能的，但又同时假设机器超级专注于干一件事——制造回形针。它那么聪明而又具有出众的通用智能，但只专注于回形针的想法是非常愚蠢的。如果它足够聪明的话，就应该能认识到自己制造回形针背后的强制力，从而做出调整。很难想象如果没有这种能力它会成为超级智能机器。同样难以想象有什么东西能如此聪明，而又戏剧化地只专注于一项狭窄的任务。

还有许多其他理由来质疑博斯特罗姆思想实验的有效性，我们将在后面的章节中更深入地讨论这个问题。就目前而言，我们应该注意到，用来制造回形针的计算机没有任何可以让它自我改进的功能。就像会下围棋的计算机对国际象棋束手无策一样，很难想象制造回形针的机器对提高计算机自身的智能有何益处。它们属于不同的问题，在当今世界或博斯特罗姆的思想实验中，还没有可用的桥接技术使得计算机从一个问题解决空间迁移到另一个空间。它可能学会更好地驾驭回形针制造这一问题空间，但这个空间不包括任何能提高计算机能力的内容。目前还没有一种方法可以让一台下国际象棋的机器在玩这个游戏时感到无聊，进而转移精力去阅读诗歌。创造具有这种能力的计算机将需要一些目前还没有用过的方法，甚至可能还没有想象到的方法。

　　现在还不存在超级智能，目前的人工智能方法也没有提供实现它的途径。创造超级人工智能需要一种我们尚未想到的方法。不是说这不可能实现，但它确实表明，我们甚至还没有朝着实现这一目标的正确方向前进。人们需要发明新方法来实现这一目标。

　　这本书的目的是想让大家理解实现通用智能需要具备什么。它是研究的路线图，但还不是研究结果的报告。

　　当前关于人工智能的新闻报道可能会让人相信，我们不仅处于通用智能的边缘，而且处于失控的超级智能的边缘，这种超级智能首先会夺走我们的工作，然后是我们下一代的工作。

　　虽然计算智能现在确实能够承担大量以前由人类完成的任务，但它也创造了其他过去从未有过的新工作。它有可能影响和改变许多工作岗位，但它不会在这个过程中摧毁经济，而只是改变它。

　　如同博斯特罗姆的回形针思想实验设想的那样，以指数方式提高超级智能并摧毁世界的前景不会发生。机器学习可能会迎来更快的发展，但其最终走向将取决于来自世界的反馈，以确定这些新事物是否真的有效。例如预测未来5天的天气需要等5天才能知道它是否有效。虽然旧的气象数据为学习如何预测天气提供了好的数据源，但预报的价值只有在它告诉我们未来天气的真实情况时才能体现。更快的计算机并不能影响天气自然发展（气象数据产生）的过程，因此，一个系统改进自身的速度不仅受到计算速度的限制，还受到数据出现速度的限制。

　　即使我们解决了所有与通用智能学习相关的问题，其发展也会受到客观世界反馈速度的限制，而这并不受计算机处理能力的影响。我们花了5万年的时间才发明出现在的智能，我们不知道还需要多久才能开拓出通往通用智能乃至超级智能的道路。

1.6　参考文献

Aubert, M., Setiawan, P., Oktaviana, A. A., Brumm, A., Sulistyarto, P. H., Saptomo, E. W., . . . Brand, H. E. A. (2018). Paleolithic cave art in Borneo. *Nature, 564,* 254–257. https://www.nature.com/articles/s41586-018-0679-9.epdf

Bayern, A. M. P. von, Danel, S., Auersperg, A. M. I., Mioduszewska, B., & Kacelnik, A. (2018). Compound tool construction by New Caledonian crows. *Scientific Reports, 8,* 15676.

Beran, M. J., Rumbaugh, D. M., & Savage-Rumbaugh, E. S. (1998). Chimpanzee (*Pan troglodytes*) counting in a computerized testing paradigm. *The Psychological Record, 48*(1), 3–20. http://opensiuc.lib.siu.edu/tpr/vol48/iss1/1

Bostrom, N. (2014). *Superintelligence: Paths, dangers, strategies.* Oxford, UK: Oxford University Press.

Boysen, S. T., Berntson, G. G., Shreyer, T. A., & Hannan, M. (1995). Indicating acts during counting by a chimpanzee (*Pan troglodytes*). *Journal of Comparative Psychology, 109,* 47–51.

Calvin, W. (2004). *A brief history of the mind.* Oxford, UK: Oxford University Press.

Clark, A. (1998). *Magic words: How language augments human computation.* doi:10.1017/CBO9780511597909.011; http://www.nyu.edu/gsas/dept/philo/courses/concepts/magicwords.html

Gabora, L. (2007). Mind. In R. A. Bentley, H. D. G. Maschner, & C. Chippendale (Eds.), *Handbook of theories and methods in archaeology* (pp. 283–296). Walnut Creek, CA: Altamira Press.

Good, I. J. (1965). Speculations concerning the first ultraintelligent machine. In F. Alt & M. Rubinoff (Eds.), *Advances in computers* (Vol. 6, pp. 31–88). New York: Academic Press. https://vtechworks.lib.vt.edu/bitstream/handle/10919/89424/TechReport05-3.pdf?sequence=1

Hofstadter, D. R. (1999) [1979], *Gödel, Escher, Bach: An Eternal Golden Braid.* New York: Basic Books.

Kaminski, J., Tempelmann, S., Call, J., & Tomasello, M. (2009). Domestic dogs comprehend communication with iconic signs. *Developmental Science, 12,* 831–837. https://www.eva.mpg.de/psycho/pdf/Publications_2009_PDF/Kaminski_Tempelmann_Call_Tomasello_2009.pdf

MacPherson, K., & Roberts, W. A. (2013). Can dogs count? *Learning and Motivation, 44,* 241–251.

Markham, J. A., & Greenough, W. T. (2004). Experience-driven brain plasticity: Beyond the synapse. *Neuron Glia Biology, 1,* 351–363. doi:10.1017/s1740925x05000219; https://www.ncbi.nlm.nih.gov/pmc/articles/PMC1550735

McCarthy, J., Minsky, M., Rochester, N., & Shannon, C. E. (1955). *A proposal for the Dartmouth Summer Research Project on Artificial Intelligence.* http://jmc.stanford.edu/articles/dartmouth/dartmouth.pdf

Neisser, U., Boodoo, G., Bouchard, T. J. J., Boykin, A. W., Brody, N., Ceci, S. J., . . . Urbina, S. (1996). Intelligence: Knowns and unknowns. *American Psychologist, 51,* 77–101. http://differentialclub.wdfiles.com/local--files/definitions-structure-and-measurement/Intelligence-Knowns-and-unknowns.pdf

Newell, A., Shaw, J. C., & Simon, H. A. (1958). Elements of a theory of human problem solving. *Psychological Review, 65,* 151–166.

Owano, N. (2013). Scotland lunar-calendar find sparks Stone Age rethink. Phys.org. https://phys.org/news/2013-07-scotland-lunar-calendar-stone-age-rethink.html

Pásztor, E. (2011). Prehistoric astronomers? Ancient knowledge created by modern myth. *Journal of Cosmology, 14.* http://journalofcosmology.com/Consciousness159.html

Pearl, J., & Hartnett, K. (2018). To build truly intelligent machines, teach them cause and effect. *Quanta Magazine.* https://www.quantamagazine.org/to-build-truly-intelligent-machines-teach-them-cause-and-effect-20180515

Pearl, J., & Mackenzie, D. (2018). *The book of why: The new science of cause and effect.* New York: Basic Books.

Silver, D., Huang, A., Maddison, C. J., Guez, A., Sifre, L., van den Driessche, G., . . . Hassabis, D. (2016). Mastering the game of go with deep neural networks and tree search. *Nature, 529,* 484–489. http://airesearch.com/wp-content/uploads/2016/01/deepmind-mastering-go.pdf

Simon, H. A., & Newell, A. (1971). Human problem solving: The state of the theory in 1970. *American Psychologist, 26,* 145–159. https://pdfs.semanticscholar.org/18ce/82b07ac84aaf30b502c93076cec2accbfcaa.pdf

Smithsonian National Museum of Natural History. (2016). Human characteristics: Brains: Bigger brains: Complex brains for a complex world. http://humanorigins.si.edu/human-characteristics/brains

Stern, H., & Davidson, N. E. (2015). Trends in the skill of weather prediction at lead times of 1–14 days. *Quarterly Journal of the Royal Meteorological Society, Part A, 141,* 2726–2736.

Sternberg, R. J., & Detterman, D. K. (Eds.). (1986). *What is intelligence?* Norwood, NJ: Ablex.

第 2 章

人类智能

在本章中，我们将探讨人类智能的意义是什么。计算机不需要以与人类完全相同的方式解决问题，但仍然有必要了解人类智能能够解决哪些问题。通用智能必须能够解决人类可以解决的相同范围的问题，了解该范围是构建通用智能的关键一步。

人类智能是我们所知的最佳智能系统范例。在计算智能早期，研究人员的目标就是足够精确地描述人类智能的各个方面，以便在机器上进行模拟。在那之后，该领域的许多研究人员发现，计算智能实际上并不需要复制人类解决问题的方式，而是找到降低任务复杂性的方法，使之可以由计算机来完成。另外，通用智能似乎难以通过这种简化法来实现。更深入地了解"人类智能"这一通用智能典范，会帮助我们建立真正的通用智能。

正如第 1 章所讨论的那样，与人类智能相关的概念侧重于那些与高级认知功能相关的任务——由大家所钦佩的具有卓越智慧的人完成，而普通人难以完成的任务，如从事理论物理学领域研究的能力，创作伟大音乐的能力，以及高超棋艺等。这些能力特征涉及人们随着时间的推移而发明的任务，这些任务通常是需要正规教育才能完成的任务。

长期以来，这些智力过程不仅被认为是人类智能的基础，本质上讲也是人类思想的基础。乔治·布尔（George Boole）（1854）将他的著名逻辑著作命名为《思维的规律》（*The Laws of Thought*）。在该著作中他引述了亚里士多德的《工具论》（*Organon*）一书，特别是其中所描述的三个基本法则（同一性、非矛盾性和排中法则），他认为这是逻辑和思想的根本基础。约翰·斯图尔特·穆勒（John Stuart Mill）（1836/1967）提出了一种后来被称为"经济人"（economic man）的观点：经济人通过理性决策来追求财富。

我们一直都知道，人们并不总是按照这些理性观点所建议的方式行事，这些偏差归因于思维过程中情绪的注入。正如我们将看到的，这些非理性的因素并不是人类思维中的小故障或错误，而恰恰是实现人类智能的基本特征。

智能对人类意味着什么，目前还没有被广泛接受的定义。谢恩·莱格（Shane Legg）和马库斯·哈特（Marcus Hutter）（2007）列出了 70 种智能的定义。这些定义大多强调更高级的心理功能，例如理性思考、推理、计划和解决问题的能力等。它们包括抽象思维、快速学习和理解复杂性的能力。它们是一种使人能够在社会取得成功的技能特征。因此，在智力测试中检验这些能力是非常有道理的。

2.1 智力测试

关于人类智能的研究工作主要在于理解人与人之间的个体差异上。例如，在 20 世纪初，阿尔弗雷德·比奈（Alfred Binet）被巴黎学校系统要求寻找一种方法来识别那些需要更多帮助才能获得有效教育的学生。为了解决这个问题，他和他的同事西奥多·西蒙（Theodore Simon）创建了一个智力测试，结合语言技能、记忆力、推理以及遵循命令和学习新知识能力等指标来进行智力评测。他们试图寻找一套与孩子已学习内容无关的衡量标准，因此尽量避免了对特定事实和其他明确知识的测试。他们所选取的各种测试指标很快被进一步扩展以用于许多其他方面的智力测试。

比奈意识到他的测试是有局限性的。他认为仅用考试分数并不能公正地反映学生的真实智力，虽然它可以很好地预测学生在学校的表现。与此相对的是，英国心理学家查尔斯·斯皮尔曼（Charles Spearman，1904）则提出：智力实际上是一种单一的品质，可以通过适当测试来衡量，并且可以用数字表示。

大多数智力测试包括对许多名义上的个人技能的评估。斯皮尔曼指出，在一项子任务中得分高的人通常在其他子任务上表现良好，而在某些子任务上表现不佳的人往往在其他子任务上也表现不佳（参见第 1 章）。斯皮尔曼发明了一些新的统计方法来评估这种相关性。他将这种新方法命名为"因素分析"（Factor analysis），以统计学方式将考生的表现划分为两种组成要素。在斯皮尔曼看来，学生在每个特定子任务的表现是由与该子任务相关的特定智能和有助于许多子任务表现的通用智能"g"两部分因素共同决定的。他认为，子任务之间的相关性是因为它们共享相同的通用智能因素。如果某人拥有更多的通用智能因素，则他往往会在大多数测试中表现良好；相反则会在大多数测试中表现不佳。

斯皮尔曼认为，通用智能因素是人类大脑或思想的某些生物学特征的结果，类似于心智力量。一些心理学家将通用智能归因于大脑大小或心理速度，用做出简单决策的速度来衡量。其他人则将其归因于记忆能力或视觉敏锐度等因素。

从统计学的角度来看，相关任务之间必然共享某些东西，但这不一定就是智能因素。心理状态（焦虑或冷静）、考试应对经验、注意力或动机等，都有可能构成共享因素的一部分。

另外，相关性可能还和测试任务之间的相似性有关。看似不同的测试任务可能共享一些相重叠的技能。例如，数字序列任务和渐进矩阵任务是两个用来测试智力的任务。在数字序列任务中，考生需要根据一组所呈现数字来预测后面的数字（例如，2、4、6、8序列后面的数字是什么？）。在渐进式矩阵任务中（图2-1），有一个特定模式的设计矩阵，学生需要按照该排列绘制出最终图案。这两项任务都要求学生根据各自的模式进行规律的发现和应用。换句话说，这两项任务所涉及的技能具有交集，而这会进一步导致相关性的出现。

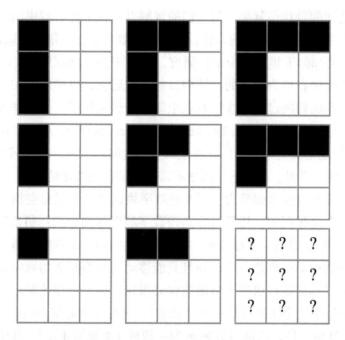

图 2-1   用于评估智力的渐进式矩阵任务的简单示例。第九个方框中应该绘制什么图案，从而与行和列中的前一个方框一致？

目前人类是否存在通用智能（至少如同智力测试所得出的那种通用智能）尚无定论。计算机科学家和心理学家一直在试图寻找它，但迄今为止它依然让人难以捉摸。

通过智力测试衡量的智能已被发现与许多方面的能力相关，但并不总如同我们所想象的那样。例如，研究发现智能与解决复杂问题的能力之间的关系就不像人们想象中那么强（Wenke、Frensch 和 Funke，2005）。

2.2 解决问题

众多有关"智能"的定义中都提到了解决问题（problem solving）的能力。幸运的是，心理学家也对这种能力进行了深入研究，这为我们理解智能的本质提供了另一种可能。

2.2.1 结构良好的问题

为了让测试人员能够对智力测试进行评分，测试必须由给定的问题及其答案所组成。而现实世界的问题通常涉及复杂关系中的大量潜在变量，而且问题的目标可能也不明确，因此很大程度上找到正确的问题目标成为解决问题的关键环节。对人类解决问题的研究通常只涉及结构良好的问题（well-formed problem），因为它们易于管理、易于评估且相对易于理解。

通常，这些实验性的任务涉及易于理解的问题，而且其结果很容易被评估。像国际象棋和围棋这样的游戏很复杂，但它们的规则以及棋子在游戏中出现的位置均有明确的定义。虽然可能有很多潜在的动作，但所有有效的动作都很容易被识别。

尽管对于人类如何下棋有不少实验研究，但许多关于问题解决（problem solving）的心理学研究都集中在更为简单的、结构良好的问题上，以便能够在有限的时间内分析和理解整个问题的解决过程。这里有三个简化问题的例子：数字华容道问题、汉诺塔问题以及天使与魔鬼过河问题（The hobbits and orcs problem）（三个问题将在下文详细描述）。这些问题定义简单，可以在有限的实验时间内完成，并且问题的状态易于描述，没有不确定性。同时，解决这些问题不需要依赖任何特定的知识。

数字华容道问题由包含编号为 1 到 8 的数字块以及一个棋盘空格所组成。所有数字最初是按随机顺序排列的，任务目标是按数字顺序排列它们：初始顺序是"开始状态"，正确的数字顺序则是"目标状态"。解决问题的每一步都需要将一个数字块移到空格中。一次只能移动一个数字块，并且只能移动与空格相邻的数字块。给定一个起始位置，我们可以详尽地列出所有可能的移动顺序，甚至可以绘制出所有可能动作的图表。数字块的每个特定排列都是一个"状态"，所有可能的排列集合是问题的"状态空间"。与国际象棋一样，问题可以表示为一棵树（参见第 1 章），其中每个选择都是树的一个分支。

数字华容道问题需要从起始位置选定一系列状态序列（通过移动数字块），最终到达目标状态来解决。在这个状态空间中，我们可以在每一步通过选择更接近目标状态的数字块的移动以得到一条解决路径。

这是一个起始状态的示例。空格位于中间行和中间列相交的位置：

1	4	3
7		6
5	8	2

在该状态中，有四种可选动作。我们可以将数字块 4、6、7 或 8 移动到空格处，因为这些数字块与空格相邻。如果选择数字块 4，则新的空格将位于首行中间位置，新的状态如下图所示：

1		3
7	4	6
5	8	2

然后，在下一步中，可以移动数字块 1、3 或 4，依此类推。

第二个经常研究的问题是汉诺塔问题，如图 2-2 所示。

图 2-2　三个圆盘版本汉诺塔问题的任务目标是按照规则将三个圆盘从第一个塔座移动到最后一个塔座

1883 年，爱德华多·卢卡斯（Eduardo Lucas）首次描述了这个难题。在卢卡斯的版本中，塔楼位于印度教的梵天神庙中。在更常见的版本中，山姆·劳埃德（Sam Loyd）（1914）将它描述为越南河内一座虚构寺庙中的僧侣正在解决的问题。据说，在寺庙里，僧侣必须将一叠 365 个圆盘从一个塔座移动到另一个塔座。在实验版本中，通常只使用三个圆盘。

实验版本由三个塔座和三个不同大小的圆盘组成。起始状态将三个圆盘堆叠在第一个塔座上，最大的圆盘在底部，最小的圆盘在顶部。最终目标是将圆盘从第一个塔座移动到第三个塔座，并遵守一定规则：一次只能移动一个圆盘，一次只有一个圆盘能够离开塔座，并且不可以将较大的圆盘放在较小的圆盘之上（参见 Anzai 和 Simon，1979，他们研究解决此问题的五盘三塔座版本）。

对于三个圆盘和三个塔座，只有几种可能的状态。最初，所有三个圆盘都在第一个塔座上。通过移动三个圆盘，至少可以用七步来解决这个问题：

1. 将最小的圆盘移动到第三个塔座。

2. 将中圆盘移动到中间塔座。

3. 将小圆盘移动到中间塔座。

4. 将大圆盘移动到第三个塔座。

5. 将小圆盘移动到第一个塔座。

6. 将中圆盘移动到第三个塔座。

7. 将小圆盘移到第三个塔座，我们就完成了。

与数字华容道问题一样，三个圆盘问题下的状态空间可以明确列出。因为问题很小，通过列举法就可以很快解决。然而，随着圆盘数量的增加，解决这个问题所需的最小移动次数呈指数增长。对于 64 个圆盘的问题，如果每秒移动一次，需要 5850 亿年才能解决。每增加一个圆盘，移动的数量基本上就会增加一倍。尽管解决大量圆盘的问题需要很长时间，但解决它的规则很容易描述。

在天使与魔鬼过河问题中，三个天使和三个魔鬼都希望到达河对岸（见 Jeffries、Polson、Razran 和 Atwood，1977）。但是只有一艘船，每次只能容纳两个个体（两个天使、两个魔鬼，或各一个；船往返需其中一个来掌舵，无法自动开船）。如果河流一侧的魔鬼数量超过天使，他们就会吃掉天使，所以必须确保河两岸魔鬼的数量永远不会超过天使的数量。你怎样才能在不失去任何天使的情况下运送这六个个体？

这里提供了这个问题的解决方案。"H"代表天使。"O"代表魔鬼。河两岸的天使和魔鬼的排列构成了问题的状态，而船则代表了状态之间的转换。见表2-1。

表   2-1

说明	左侧河岸	右侧河岸
6个个体都在左侧河岸	OOO HHH	
送2个魔鬼到右侧河岸	O HHH	OO
1个魔鬼随船返回	OO HHH	O
送2个魔鬼到右侧河岸	HHH	OOO
1个魔鬼随船返回	O HHH	OO
送2个天使到右侧河岸	O H	OO HH
1个魔鬼和1个天使随船返回	OO HH	O H
送2个天使到右侧河岸	OO	O HHH
1个魔鬼随船返回	OOO	HHH
送2个魔鬼到右侧河岸	O	OO HHH
1个魔鬼随船返回	OO	O HHH
送2个魔鬼到右侧河岸		OOO HHH
问题解决		目标状态

这三个问题都属于简单的问题，如围棋、国际象棋或跳棋等更复杂的问题被称为"路径问题"。它们可以由一组状态和一组用于从一个状态移动到另一个状态的动作（称为"运算符"）来描述。解决这些问题需要找到一条从初始状态到达问题目标状态的路径。这些都是艾伦·纽威尔（Allen Newell）和赫伯特·西蒙（Herbert Simon）（1972）用以实现计算机模拟人类解决问题过程而研究的问题，他们称之为通用问题解决器（General Problem Solver）。

系统从初始状态开始，并在到达目标状态时解决了这个问题。例如，在天使和魔鬼问题中，状态是河两岸的天使和魔鬼数量以及船的位置。应用"运算符"会导致状态发生变化。在天使和魔鬼问题中，运算符是将船从河的一侧移动到另一侧，船上有一些生物个体。解决问题意味着找到从起始状态到目标状态的一系列状态。我们可以说在这个框架中的问题解决相当于对状态空间（所有可能的状态和运算符的集合）进行

"搜索"，以找到通向目标的路径。

当以正确的顺序将正确的运算符应用于状态时，我们就解决了这个问题。整个问题解决的过程可以简化为通过状态空间找到这个正确的路径。

2.2.2 形式化问题

我们一直在谈论的路径问题也可以称为"形式化问题"（formal problem）。这里的"形式"是指问题的形式，而不是问题的具体内容或物理性质，这决定了问题如何解决。例如，并没有真正的天使和魔鬼让我们安排其过河，但我们可以用符号来解决问题。这些相同的符号也可以表达传教士和吃人恶魔问题，而不仅仅是天使和魔鬼问题。这些问题在形式上是相同的，并且可以以完全相同的方式解决。

路径问题通常涉及特定规则，并且定义了状态、目标和运算符。解决器所要做的就是通过状态找到通向目标的路径。问题的当前状态通常是明确的。比如河两岸有多少天使和魔鬼，船在哪，这些都一清二楚。虽然可能有大量潜在的后续步骤（运算符）需要应用，但对于可选操作是没有歧义的。

国际象棋也可以被描述为路径问题；另一种竞技游戏——足球，却不可以。虽然足球有一个明确的目标（得分超过对手）、明确的方法以评估目标实现，以及球员应该遵守的规则，但它的状态空间要复杂得多，因为每个球员都可以在球场上的任何位置。球员和球并不局限于可能的位置列表，不像棋子被限制在棋盘上的 64 个特定位置之一。而且，球并不总是朝着预期的方向移动，这意味着在应用运算符（即踢球动作）时存在不确定性。队友可能不在传球球员认为的位置，这导致比赛状态存在不确定性等。

对于路径问题，通常可以判断是否正在朝着目标前进。但是也存在其他问题，要知道是否取得了进展并不容易。例如，在确定如何解决贫困时，可能没有明确的方法告诉决策者哪个计划是有效的。

非路径问题通常不能被描述为一个循序渐进的过程。相反，它们通常需要一些思维的重组。在重组之前，实现目标几乎是不可能的；思维重组之后，它可能变得容易和明显。例如，仅仅给每个人一些钱就可以解决贫困吗？这个还不知道。

纽威尔（Newell）和西蒙（Simon）解决问题的方法以及从那时起进行的许多计算智能研究的根本问题是，他们将智能视为一个形式上的路径问题。例如，他们假设逻辑是人类思维的模型，状态是明确已知的，并且运算符总能够产生预期的效果。

标准布尔（Standard Boolean）逻辑是一个形式化系统；它可以被描述为一组公理和推理规则。推理规则的应用是一种表达式，它会产生一种新的状态（符号的新排列或表达式），就像在国际象棋中每次移动会将系统从一个状态移动到下一个状态一样。只有某些推论是有效的，因此只有某些状态是可达的。形式化系统（如逻辑）中表达式的正确性取决于其形式，而不是表达式的内容。正确形成的表达式必然是正确的，而其所陈述的内容却不相关。

如果三段论（布尔逻辑表达式）的前提为真并且三段论是正确的形式，则其结论也一定为真：

前提：Bossy 是一头奶牛。

前提：所有的奶牛都会死去。

结论：因此 Bossy 会死去。

纽威尔和西蒙的通用问题解决器是一个形式化系统，因为它由一组基本符号（公理）和引导它们进行推理的规则所组成。跳棋、国际象棋或围棋等游戏是形式化系统，因为它们由基本棋子（棋盘和棋子）和明确的规则组成。这些棋子可能具有某种意义（例如，国际象棋的骑士和主教），但人们可以在不知道其含义的情况下有效地下棋，甚至根本不需要任何物理棋子。

可以象征性地表示棋盘和棋子的位置。例如，在一种符号上，棋盘上的每个方块的位置都由一个表示方块的列的字母，以及一个表示方块的行的数字表示，类似于我们在电子表格中表示单元格的方式。每个方块由一个大写字母表示，例如，Q 代表女王，R 代表车（城堡）。每次移动行为由棋子的符号和移动到的坐标表示。移动 Be5 的意思是将一个"象"（bishop）移动到"e5 方格"。整个游戏可以使用这种符号或其他符号进行表示，而无须接触物理的棋子或棋盘。

尽管形式化推理对实现智能非常重要，但并非智能的全部。在下一章中，我们将从计算的角度来讨论这个问题。然而，从人类认知的角度来看，有证据表明人们天生就没有逻辑思维。逻辑思维需要特别的努力才能获得。

智能和形式化推理意味着理性决策。它们意味着推理器将选择将其推向目标的运算。一般而言，理性决策是基于客观事实并使预期收益最大化的决策。除非我们愿意制定混乱而无计划的目标以适配人们的随意行为，否则人类的决策往往不是理性的。即使知道吸烟会带来健康风险，有些人仍会吸烟。我们可以想象，一定还存在某个以"吸烟"为目标的理性推理过程，这某种程度上形成了循环推理（circular reasoning）。它构成了与动作相匹配的目标，然后试图通过这个假定的目标来解释动作。从运行良好的飞机上跳下或扑向手榴弹以救战友，可能会理性地推进某个目标。后一个看起来是英勇的，但这样做不符合英雄的个人利益；在人们看来，这明显不是理性的行为选择。

理性决策基于可靠的证据和统计数据。理性决策往往是更明智的选择。人们通常认为做出更好、更理性决策的人比不做决策的人更聪明。例如，逻辑的作用之一是帮助人类系统地推理其所做的选择。如果形式是正确的，那么如果人类是理性的决策者，就应该始终如一地做出正确的决策。但实际上人们的决策并非如此，至少并非总是如此理性。

例如，阿莫斯·特沃斯基（Amos Tversky）和丹尼尔·卡尼曼（Daniel Kahneman）发现了许多人们无法做出理性决策的情况。例如，他们发现人们在形式相同的情况下会根据对这种情况的描述方式做出不同的决定。一个例子是，当研究生被告知在特定日期之后注册会受到处罚时，93% 的研究生会在该日期之前提前注册。当提供相同的早期注册折扣（注册日期前后折扣优惠与处罚损失对应的价值相同）时，只有 67% 的人在该日期之前注册。这两种情况结果是相同的，也就是说提前注册带来的好处是一样的。唯一的区别是给予行动的标签（惩罚与折扣），但这个标签却产生了实质性不同。学生们试图避免被描述为"惩罚"的损失，但并没有为获得"折扣"而竭尽全力。

从历史上看，这种差异表明了决策产生过程会受情绪所干扰，并导致学生做出感性而非理性的决策。然而，还有另一种可能性表明，这种对理性决策的偏差并不是失败，而是可能在智力中发挥作用的其他过程的证据。事实上，即使对于逻辑推理而言，形式化系统仍是不够的。

形式化系统完全取决于它的内部结构，但智能却需要与一个包含不确定性的世界互动。形式化系统从一组基本前提、假设或公理开始。如果公理为真，并且陈述是正确的形式，那么结论也必然为真。形式化系统假设公理是真实的，但不能保证这个假设是正确的。也就是说，形式化系统依赖于公理的真实性，但它本身并不能确立公理的真实性。

在逻辑系统中，公理通常被称为"前提"。前提可能是错误的。例如，在奶牛三段论中，我们可以假设 Bossy 是一头奶牛，并进一步假设所有的奶牛都会死。使用系统规则，我们可以推断出 Bossy 会死。到目前为止，一切都很好，但我们怎么知道 Bossy 实际上是一头奶牛？这个假设可能是错误的，并且没有正式的方法来证明它是正确的。如果公理不正确，那么从这些错误的公理推导出的任何结论也可能是错误的。如果 Bossy 只是看起来像一头奶牛，但实际上是一个先进的机器人，它实际上可能并不会死去。

我们可能会做一些测试来证明 Bossy 是一头奶牛。但无论做了多少次测试，无论它通过了多少次测试，仍有可能会出错。也行我们进行的下一次测试就将表明它是一个机器人而不是一头奶牛。

我们无法证明公理或前提是正确的。演绎结论可以通过前提得到证明，但前提本身却不能。我们不能无误地由一些具体的观察而引出普遍的真理。这种推论已经超越逻辑。它严重依赖于现实世界的事实，并且没有形式系统可以证明这些事实是正确的。

从 20 世纪 20 年代后期开始，一群哲学家试图创造一种逻辑严谨的科学方法。在他们看来，牛顿力学将被量子力学"取代"这一现象表明科学家们之前都被误导了，即物理学的基本原理并不像牛顿所描述的那样。这群哲学家被称为逻辑实证论者，他们试图将科学简化为观察陈述以及从这些观察中可得出的逻辑推论。他们认为，如果他们能够消除科学理论中固有的草率语言，科学就再也不存在欺骗了。

他们认为，一些观察陈述（如"混合物的温度升高了 2 度"）只要是在健康的心态基础上做出的，就不会出错。也就是说，他们排除了幻觉等作为有效观察陈述的可能性。

然而，由于没有深入探讨哲学细节，逻辑实证主义的方法被证明是失败的。没有纯粹的逻辑系统可以产生科学。观察也可能是错误的，并非每一个科学陈述都可以立即得到验证。正如库尔特·哥德尔（Kurt Gödel）所表明的那样，不仅是数学，最系统和最合乎逻辑的知识方法，也不能作为一个完全基于观察陈述和逻辑推理的完整系统而存在。托马斯·库恩（Thomas Kuhn）和后来的伊姆雷·拉卡托斯（Imre Lakatos）用更心理学的科学思维方法来反驳逻辑实证论者。

因此，如果这两个可以说是人类智能最典型的例子不能基于纯逻辑而存在，那么相似的过程就极不可能成为产生人类智能的唯一原因。也就是说，人类智能超越了单纯的观察和从这些观察中得出推论的逻辑过程。

确定前提的真实性需要推理，而推理总是受制于不确定性。我们可能认为我们在玩一盘棋，但如果它实际上只是看起来像象棋，那么游戏的形式化属性可能会因此不同，形式化系统的成功也不可避免地成为空谈。

当前，关于计算机科学的大部分科学内涵均源于将计算机算法视为可被证明真实性的形式化系统。算法并不关心计算本身代表什么含义，而只关心它的形式是否正确；如果形式正确，则可以证明它是正确的。算法中变量的含义不会影响过程的有效性。无论是两只鸭子、两辆卡车还是两块钱，二加二都等于四，算法不关心它们在推理什么，但这却是人类经常关心的内容。

与形式化系统不同，人类智能通常严重依赖于我们正在思考的内容。人类有能力相信不真实的事物。人类语言可以表达如"这句话是假的"这种非真亦非假的语句。可以看出，人类是在与一个不确定的世界进行互动。

人们必须去学校学习逻辑，许多人觉得这很有挑战性。如果逻辑是人类思维的基础，那么它就会像走路一样"自然而然"地出现。受过形式化系统训练的人通常能够完成常人难以完成的任务。另外，因为复杂的形式化系统要么花费太长时间，要么受到不相关信息的过度影响，更简单、更直观的过程往往会取得成功。

正如第 1 章所讨论的，人们使用启发式方法来指导他们的许多思想。启发式是一种实践可行的方法，但与算法不同，它不能保证产生正确的结果。例如，通常情况下，较高的孩子可能是年龄较大的孩子，但有时这种启发式可能是错误的。启发式的价值之一是它允许人们得出可能不完全合理但仍然可能有价值的结论。结论可能无法证明，但可能只需要很少的努力就可以得出它，并且对于实际的目的来说仍然足够准确。启发式有时会失败，所以它们也可能导致错误的结论或偏见，有时会干扰智能行为。在潜在价值与成本之间，它们仍然可以做出积极有效的贡献。

人类常使用的一种启发式方法被称为"可得性启发法"。人们常依赖最先想到的经验和信息，并以此作为判断依据。最容易回忆的事情被视为最具有代表性的例子，因此也是做出决定的重要依据。

可得性启发法取决于没有根据的假设，但实际上，它通常是处理现实世界情况的有效方法。因为最容易记住的事情往往与判断最相关。例如，如果判断芝加哥和波士顿哪个城市更大，完整的分析可能会给出一个很好的答案，但可得性启发法也能够提供一个不错的答案。

在某些情况下，使用可得性启发法得到的结果有时会与合理的分析相冲突，但在其他情况下，它的使用可能至少与形式化过程一样准确。与详细分析不同，得到启发式答案通常比详尽分析要快得多，而且需要的精力要少得多。

使用可得性启发法来判断城市大小时，如果有关芝加哥的信息比波士顿的信息更容易获得，你将认为芝加哥是较大的城市。如果其中一个城市的相关信息更容易让人想起，那么它就可能是更大的城市。

我们难以直接知道一个人对这两个城市的可得记忆有多少，但我们可以使用另一种启发式方法来估计可得性。例如，我们可以查看这些城市在谷歌中被提及的次数。如果谷歌更频繁地提到一个城市，那么很可能这个城市的可得记忆就更多。这也是一种启发式方法。

截至 2019 年底，在谷歌中"芝加哥"的搜索量约为 30 亿次，"波士顿"的搜索量约为 19 亿次。同样根据谷歌数据，芝加哥的人口为 270 万，波士顿的人口为 685 094。如果使用谷歌搜索可以得到一个好的估计，那么它将被认为是可得性预测中一种成本低且高效的人口规模估计方法。

此外，使用相同的启发式方法可正确判断哪个篮球队实力更强。2017 年，克利夫兰骑士队进入了美国国家篮球协会（NBA）的季后赛决赛，而亚特兰大老鹰队却被淘汰出局。同样，使用谷歌搜索结果作为可得性估计，骑士队在 2017 年获得了 1270 万次点击，老鹰队则只获得了 360 万次点击，这些启发式方法再次奏效。

类似可得性这样的启发式方法不断出现和演化，一个重要的原因就是这些低成本的估计方法通常是有效的。在实践中常常使用它们可能并不意味着理性思维的失败，而可以被认为是自然认知的成功。它们可以为发明人工智能提供一种有用且高效的辅助手段。

像这样的启发式方法对于创建广泛而有效的计算智能至关重要，但计算机科学主要关注像下棋和定理证明这样结构良好的形式化问题。在处理诸如驾驶或面部识别等结构性较低的问题时，计算科学遇到了挑战。但是最近在这些不太形式化的问题上也取得了成功，因为人们认识到，虽然启发式工具可能带来一定程度的不确定性，但也可以有效地使用它们。例如，神经网络不如专家系统那样形式化，它利用连续的非符号表示来实现对世界状态的近似，而不是通过符号系统来进行形式化表达。它们通过牺牲可证明性来提高准确性，从而实现对各类问题情形的有效应对。

2.3　洞察力问题

如前所述，智力测试和智能计算方法的重点一直放在结构良好和形式化的问题上。这些问题可能很复杂，但它们很容易理解和评估，对这些结构良好问题的关注可能就像试图在光线最亮的地方寻找丢失的钥匙一般。然而，还有一些其他典型的智能问题则可能并不适合这个结构良好的框架。

人们面临的一组重要的非形式化问题（nonformal problem）是所谓的洞察力问题（Insight Problem）。洞察力问题通常无法通过像算法这样的分步程序来解决，或者即使可以，整个过程也将显得非常冗长。相反，洞察力问题的特点是对解决器解决问题的方法进行某种重构。在路径问题中，解决器会获得一个表示，其中包括一个起始状态、一个目标状态，以及一组可用于在该表示空间中移动的工具或运算符。在洞察力问题中，解决器并不能获取这些。解决洞察力问题取决于发现适合问题的表示方法，而这样的表示一经发现，其产生的解决方案往往是简单且高效的。

这里有一个典型的洞察力问题，据说阿基米德当时在解决这个难题后曾赤身穿过了锡拉丘兹街道。当时，锡拉丘兹国王希罗二世（公元前 270—公元前 215）怀疑，他委托放置在一座寺庙雕像头上的奉献皇冠并不是纯金的。阿基米德的任务是确定希罗是否被骗了。他知道银的密度比金小，所以如果他能测量出皇冠的体积和重量，就能确定它是纯金还是混合物。然而，皇冠的形状是不规则的，阿基米德发现难以使用传统的方法准确测量其体积。

根据多年后写下这一事件的维特鲁（Vitruvius）的说法，阿基米德在去罗马浴场的路上意识到，他的身体沉入水中越多，水被置换的越多。他利用这种洞察力认识到他可以使用排出的水量来衡量皇冠的体积。可以看出，一旦他洞察到该怎么做，就很容易发现皇冠是否被掺假了。

虽然阿基米德实际使用的方法可能更复杂，但这个故事给出了洞察力问题的大致轮廓。皇冠的不规则形状使得通过传统方法难以直接测量其体积。但一旦认识到可以使用其他方法来测量皇冠的密度，实际的解决方案就变得很容易了。

对于路径问题，解决器一般都可以评估系统当前状态与目标状态的接近程度，大多数机器学习算法都依赖于这种评估。而对于洞察力问题，在基本解决问题之前，通常难以确定是否取得了任何有效进展。当发现洞察力问题的解决方案时，通常会产生"原来如此"的主观感受。

有关洞察力的另一个例子是袜子问题。我们被告知抽屉里有单独的棕色袜子和黑色袜子，其中黑色袜子和棕色袜子的比例是五比四。我们必须从抽屉里取出多少袜子才能确定至少有一双同色袜子？抽出两只袜子显然是不够的，因为它们可能是不同的颜色。

许多（受过教育的）人将这个问题作为一个抽样问题来处理。他们试图根据黑色和棕色袜子的比例来推断他们需要多大的样本才能确保得到一双完整的袜子。然而，实际上，袜子颜色的比例会让人分心。不管棕色和黑色袜子的比例是多少，正确答案是需要抽三只袜子才能确保有一双同色袜子。原因如下：

有两种颜色，抽三只袜子保证会得到以下结果之一：

黑色、黑色、黑色——一双黑色的袜子

黑色、黑色、棕色——一双黑色的袜子

黑色、棕色、棕色——一双棕色的袜子

棕色、棕色、棕色——一双棕色的袜子

　　黑色和棕色袜子的比例会影响这四种结果中每一种的相对概率，但如果选择三只袜子，则只有这四种可能。选择甚至不必是随机的。一旦我们知道只有四种可能的结果，解决该问题就很容易了。

　　洞察力问题通常以这样一种方式提出，即它们可以有多种表示方式。阿基米德一想到用尺子或类似的设备测量皇冠的体积就受阻了。解决袜子问题的人只要将问题看作概率估计问题，就会陷入困境。我们如何思考问题，即我们如何对问题进行表示和刻画，对于解决洞察力问题至关重要。

　　有趣的洞察力问题通常需要使用相对不常见的解决方法。袜子问题很有趣，因为对于大多数人来说，这个问题最有可能引起以 5：4 比例为中心的思维表示，从而转移人们的注意力。解决此类洞察力问题的主要障碍是放弃默认表示，而采用更高效的表示方法。一旦确定了替代的表示方法，问题解决过程可能会非常迅速。实验室版本的洞察力问题通常不需要任何特定的技术知识，大多数问题都可以通过获得一到两个特定的洞察来解决，它们改变了解决器对问题的思考方式。

　　交给计算机解决的大多数问题都是结构良好的路径问题。程序的设计者提供问题、它的表示，以及可以使计算机朝着其目标前进的操作过程。由于涉及大量可能的状态，使用表示和运算符可能很难找到解决方案的路径，但它仍然是一个搜索和遵循路径的过程。然而，洞察力问题则通常没有明确的路径。计算智能研究并没有认真关注这些问题，但它们显然是智能计算机必须解决的问题之一。

　　这里还有一些其他的洞察力问题。Max Black 在 1946 年首次描述了残缺的棋盘问题。一个普通的棋盘格有 32 个黑色方块和 32 个红色方块。如果我们有 32 个多米诺骨牌，每个多米诺骨牌都有两个正方形的大小，很明显我们可以用这 32 个多米诺骨牌覆盖棋盘，例如，使用 8 行，每行 4 个多米诺骨牌。如果我们把棋盘左上角的红色方块和棋盘右下角的红色方块剪掉，我们现在可以用 31 块多米诺骨牌覆盖残缺的棋盘吗？

　　另一个洞察力问题——柯尼斯堡桥梁问题，如图 2-3 所示。柯尼斯堡市（现在称为俄罗斯加里宁格勒）建在普雷格尔河的两侧。七座桥连接了两个岛屿和河流的两侧。你能一次性穿过七座桥且每座桥只穿过一次吗？在图 2-3 的地图中，桥梁以灰色标记。

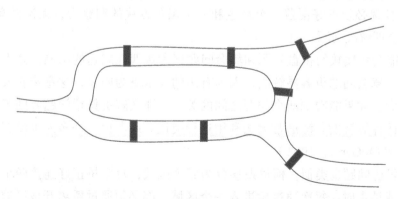

图 2-3　柯尼斯堡陆地的桥梁草图。你能穿过七座桥吗？

这是一个由四个数字组成的序列：8、5、4、9。我们能预测这个序列中的下一个数字吗？

迈尔（Maier）（1931）研究了两绳问题。我们在一个房间里，天花板上挂着两根绳子。我们的任务是将它们绑在一起。房间里有一张桌子、一把扳手、一把螺丝刀和一个打火机。绳子之间的距离足够远，我们无法同时到达它们。如何将这些绳子绑在一起？

对于残缺的棋盘问题，我们发现 8 行 4 个多米诺骨牌的方案不起作用，因为其中两行是半个多米诺骨牌。但也许有一些多米诺骨牌的排列可能会起作用。我们可以尝试在残缺棋盘上布置真实或虚构的多米诺骨牌，但是当特定模式不起作用时，就不知道是该模式不好还是没有可以起作用的模式。用多米诺骨牌和布局来表示问题会使问题更加困难。理论上，计算机可以使用这种重新排列的方法来尝试棋盘是否可以被 31 块多米诺骨牌覆盖，但这需要测试所有可能的排列方式。在缺乏洞察力的情况下，我们只能用蛮力。没有任何近似的解决方案可以用来帮助我们搜索可能的解，我们只能尝试求解。

在我们回到残缺的棋盘问题之前，请考虑一下这个问题：舞会上有 32 名男子和 32 名女子，只有异性情侣才会跳舞，派对上的每个人都可以同时跳舞吗？现在有两名女子离开了聚会，我们还能结成 31 对异性情侣吗？

在最初的棋盘格中，每块多米诺骨牌正好覆盖了一个红色方块和一个黑色方块。每对异性舞伴恰好包含一个男人（黑色方块）和一个女人（红色方块）。在残缺的棋盘上，有 32 个黑色方块，但只有 30 个红色方块，即使恰好有 62 个方格，也不可能用 31 块多米诺骨牌准确覆盖一个残缺的棋盘。残缺的棋盘问题在形式上与异性舞蹈问题相同。人们往往认为舞蹈题相对容易，而棋盘题则相对困难。

可以尝试多米诺骨牌的所有可能布局，使用蛮力解决方案来解决残缺的棋盘问题。对于 8×8 棋盘，尝试几千个潜在布局可能是可行的，但对于更大的类似棋盘，这可能不切实际。在常规 8×8 棋盘上，有 6728 种方法排列多米诺骨牌。但是如果我们扩大至 12×12 的棋盘，可能的多米诺排列数量将增加到 53 060 477 521 960 000。另外，有了多米诺骨牌必须正好覆盖一个红色和一个黑色方块的洞察力，无论棋盘有多大，我们都可以立即解决问题。

专家可能会将残缺的棋盘问题和舞会问题视为奇偶性问题的示例，并更快地解决这两个问题。舞会问题更容易解决，因为有用的表示更为明显，这意味着人们可能很快就能想出它。如果能看到两个问题之间的关系，那么解决舞蹈问题有助于解决棋盘问题。当前的计算智能方法通常无法利用这种类比。或者说，许多人也没有看到这种联系（Gick 和 McGarry，1992）。

柯尼斯堡桥问题也类似。柯尼斯堡分为四个区域，每座桥正好连接两个区域。除了步行开始或结束时，每次通过桥进入一个区域，都必须通过桥离开该区域。进入的次数必须等于离开的次数，因此接触陆地的桥梁数量必须是偶数才能恰好穿过它们一次，因为其中一半将用于进入一个区域，另一半将用于离开它。唯一可能的例外是我们开始步行和结束步行的区域。只能不重复地行走完全没有或正好有两个区域有奇数桥梁（一个是起点，一个终点）的城市。在柯尼斯堡，每个地区都有奇数座桥梁，因此不可能一次走完七座桥。

棋盘、舞蹈和桥梁问题都是相关的，它们都可以表示为图形（由弧连接的节点）。就目前的讨论而言，这三个问题说明了两件事。如何表示问题将会深刻影响解决问题的难易程度，如果能找到两者之间的相似性，则可以促进我们从一个问题转移到另一个问题。

如果对前面提到的数字序列问题有疑问，可以尝试用英文写出数字的名称：

Eight five four nine（8，5，4，9）

正确答案是 1、7、6。

完整的顺序是：

Eight five four nine one seven six three two zero（8，5，4，9，1，7，6，3，2，0）。
它们按英文名称的字母顺序列出。通常以数字排序的数字序列表示必须由英文名称按字母顺序排列的表示来代替。

两绳问题可以通过使用其中一个工具作为一根绳子末端的重物来解决，这样我们就可以在握住另一根绳子的同时摆动并抓住它。洞察是认识到螺丝刀不仅可以用来转动螺丝，还可以用作摆锤。

人们对于如何解决洞察力问题目前知之甚少。在实验中深入研究这些问题通常具有挑战性，因为很难要求人们描述他们解决问题所经历的步骤。另外，已经有关于在解决问题时适度暂停会带来影响的研究——称为"孵化效应"。这些适度的暂停往往会让人们更加容易地找到解决问题所需的洞察力。

目前还没有人实现一种改变表示的计算智能方法，或者能够识别多米诺骨牌必须覆盖红色和黑色方块的方法。我希望这样的程序是存在的，它将会采用与迄今为止不同的方法来解决问题。

路径问题（如同天使与魔鬼过河问题或汉诺塔问题）都具有从一系列可能状态中搜索路径的形式。理解路径问题的这部分形式结构有助于在路径问题上取得进展。在计算智能方面，进展则可能源于使用更快的计算机以计算出更多潜在路径，以及表明哪些路径比其他路径更有可能产生成果。

另外，洞察力问题并不具有相同的形式结构。它们不提供表示或状态空间，并且它们没有从一种状态转移到下一种状态的明确规则。事实上，它们可能只有两种状态，也可能只有三种状态（例如，错误表示、正确表示、解决方案）。人类可以解决路径问题和洞察力问题，但它们彼此之间是非常不同的，以至于理解路径问题的解决方式对于解决洞察力问题几乎没有价值。计算机科学家对路径问题进行了广泛的研究，但在洞察力问题上几乎没有做过任何工作。

有人可能会说，实现一个计算机系统以解决国际象棋或围棋等路径问题所涉及的真正智能在于状态空间的设计、表示、从一种状态转移为另一种状态的方法，以及选择潜在路径的启发式方法。在创建这些工具后，除了使用这些工具之外，就没有什么其他可做的了。人工智能的早期先驱约翰·麦卡锡（John McCarthy）曾抱怨说，一旦我们了解了如何解决人工智能问题，它也就不再被认为是智能的。

2.4   人类智能的怪癖

人们似乎通常不会对问题的形式化部分给予太多关注，尤其是在做出冒险选择时。例如，前面提到的特沃斯基和卡纳曼发现，人们在面对相同的可选方案时会做出不同的选择，这取决于这些可选方案的描述方式。我们已经研究了提前付款折扣和延迟付款罚款之间的区别。

在一项研究中，参与者被要求想象一种新的疾病威胁着这个国家，可能有 600 人死于这种疾病。他们进一步被告知，专家已经提出了两个方案来治疗这种疾病。他们被要求在两种治疗方法之间进行选择。在第一个版本中，他们被告知：

治疗方案 A 将挽救 200 条生命，而在治疗方案 B 下，有 33% 的机会拯救所有 600 人，66% 的机会不拯救任何人。

针对以上两种选择，72% 的参与者选择了治疗方案 A，他们认为确定能救 200 人比有可能失去全部 600 人更可取。

第二组被给予相同选择的不同版本：

在治疗方案 A 下，400 人将死亡。在治疗方案 B 下，没有人死亡的概率为 33%，600 人全部死亡的概率为 66%。

在第二个版本中，22% 的参与者选择了治疗方案 A。假设参与者相信每个可选方案中的数字都是准确的，治疗方案 A 对两组参与者来说都是相同的。根据推测，如果不选择治疗，将有 600 人死亡。在第一个版本中，其中 200 人将获救，这意味着其中 400 人将死亡。在第二个版本中，将有 400 人死亡，这意味着其中 200 人将获救。

一个理性的决策者应该对这两种选择的态度没有区别，但人们的偏好差异是巨大的。第一个版本强调了替代方案的积极方面，第二个强调了消极方面。戏剧性的是，人们更喜欢积极的版本。

值得注意的是，可选方案 B 在这两种情况下也是相同的。在可选方案 B 下生存的预期人数也是 200，但这个可选方案包括不确定性。当以积极的语气描述某个结果时，人们更喜欢确定的结果，而不是不确定的结果，而当以否定的语气描述某个特定的结果时，人们更喜欢不确定性的选择。可选方案的描述或基调控制了参与者接受风险的意愿。

从理性的角度来看，正面与负面描述的影响是没有意义的。形式上，这些可选方案是相同的。可以说这是人类愚蠢而不是人类智能的一个例子。另外，这个实验结果可能会告诉我们一些关于人们如何做出决策的重要信息。正确和错误的决策都是由相

同的大脑 / 思想 / 认知过程产生的。

人们在上述治疗问题中所做出的明显不太理性的选择也许是受短时间内思考问题方式的限制。人们似乎在某些认知领域具有惊人的能力，但在其他方面的能力则明显有限。

例如，人们可以识别数以千计的图片，甚至可以识别这些图片中的细节。在一个相关实验中，受验者先是被展示了 10 000 张图像，每张持续约几秒钟。然后向他们展示两张图片进行测试，其中一张是之前看过的，一张是没有看过的，他们可以在大约 83% 的测试中做出正确选择（Standing，1973）。

另外，雷蒙德·尼克森（Raymond Nickerson）和玛丽莲·亚当斯（Marilyn Adams）（1979）要求居住在美国的人们画出一美分硬币的正面和背面。试试看，看看你能想出什么。尼克森和亚当斯发现，人们几乎无法记住他们几乎每天都看到的硬币上的内容。在尼克森和亚当斯确定的八个关键特征中，人们只画出来大约三个特征。如果你认为这是因为一分钱的价值低（在 20 世纪 70 年代更值钱）或者因为我们不再使用硬币，请尝试回忆其他常见物品，例如 1 美元或 20 美元的钞票或信用卡。

与计算机不同的是，人们在活跃记忆中一次存储的内容相对有限。一些早期的智力测试中使用了数字跨度进行测试。在数字跨度测试中，考官向被测者提供一组随机数字（例如，5、1、3、2、4、8、9），并要求测试者立即重复这些数字。大多数健康的测试者可以重复大约七个数字。

大约七个项目的典型记忆限制不仅限于数字。1956 年，乔治·米勒（George Miller）发表了一篇名为《神奇的数字七，加或减二》的论文。在其中，他指出在广泛的记忆和类别中，人们只能在不出错的情况下记忆五到九个项目。

米勒是最早谈论记忆块的认知心理学家之一。人们可以采用相关知识表示来扩展记忆量。蔡司和埃里克森发现，经过长时间的练习，一个人最多可以记住 81 位数字。通过将数字组织成与他所熟知事实相关的块，例如比赛时间（他是一个狂热的跑步者）或日期，可以增加他的记忆广度。

这些心理现象表明，人类的思维和智力过程都很复杂，但这并不总对人类有利。人们总是急于下结论，更容易被自己所偏向的或在这样那样的背景下呈现的论点所说服。人们有时确实表现得像计算机，但更多时候，我们是草率的、前后不一致的，有时也显得不太聪明。

丹尼尔·卡尼曼（Daniel Kahneman）认为人类思维由两个系统组成：一个是快速、相对不准确和自动的，另一个是缓慢的、深思熟虑的，当它得出最终结论时，往往更准确。他认为，当人们看到一张图片，并注意到图片中的人生气并且可能会大喊大叫时，第一个系统开始工作。当尝试解决像 17×32 这样的乘法问题时，第二个系统开始工作。从本质上说，对愤怒的识别不需要任何努力就突然出现在我们的脑海中，但是数学问题则需要深思熟虑的努力，也许需要铅笔和纸（或计算器）。

卡尼曼将这两个系统描述为相互独立的系统可能是错误的。它们可能是连续过程的一部分，但我认为，他关于人类认知中存在这两种过程（可能是介于两者之间）的说法无疑是正确的。他所称的第二个系统与我所认为的人工智能非常接近，它涉及需要使用认知发明的那种细致的、系统性的努力。

球拍－球问题很好地显示了这两种过程的互动过程。尝试尽快回答这个问题：假设购买一个球拍和一个球需要 1.10 美元，球拍比球贵 1.00 美元，球要多少钱？

大多数人的第一反应是说它要 10 美分。然而，仔细想想，这不可能是正确的，因为这样球棒和球的总成本将是 1.20 美元，而不是 1.10 美元。1 美元只比 10 美分多 90 美分。正确答案是球的价值是 5 美分。然后球拍的价格是 1.05 美元，加起来就是 1.10 美元。对问题进行更深思熟虑的分析可能会推翻最初自动反应所做出的结论。

计算智能专注于深思熟虑的系统所做的工作，但自动系统可能同样重要或更重要。在计算机中进行模拟可能更具挑战性。这种快速学习有时可能会草率地得出一些不恰当的结论（我总是在动物园里买棉花糖），但它也可能是一个重要的工具，让人们可以在没有大量示例的情况下学习到很多东西。然而，对一个或几个例子进行简单的归纳，以涵盖整体情况，有时可能是错误的。例如，种族偏见通常源自几个例子〔每个例子都可能是另一个推理谬误的结果，称为"确认偏误（Confirmation Bias）"〕，并进而推论出在整个群体中存在这一现象。

另外，语言学习等过程则依赖于这种快速的归纳方式。一个 1 岁的孩子可能会认识几十乃至上百个单词，但一个 12 岁的孩子可能会认识 50 000 到 75 000 个单词。在这 11 年里，我们学到了很多东西，其中许多词只会被听到一两次。学习它们通常不需要刻意的努力（直到孩子开始为像 SAT 这样的考试做练习），孩子们只是从少数例子中学习它们以作为他们日常经验的一部分。他们可能会误用一些较不常见的词，但他们确实对其含义有一个概念，即使该含义与字典的含义不符。例如，我的一位语言学家朋友曾讲述了她和她儿子的一次谈话，他担心如果他表现得好（behaved），是否会在当天晚些时候得到奖励。他问他的母亲他是否" being have"。这分明是他从未听过的一句话，但他却听过" behave"" be good"这些词汇。他和他的母亲当然谈到了" being good"。因此，他认为说" being have"是合适的，这是一个很自然的延伸。

深思熟虑系统也具有其局限性。在一项著名的实验中，研究人员向人们展示了两支球队打篮球的短片。他们要求参与者数出其中一队掷球的次数，而忽略另一队。在这段视频的中间有一只大猩猩，实际上是一个打扮成大猩猩的女人，穿过现场并捶胸，然后走开了。大猩猩在视频中持续了整整 9 秒，但只有大约一半的参与者说看到了她。显然，他们用了所有的认知能力或注意力来跟踪他们正在计算的篮球投掷次数，并没有注意到大猩猩的存在。

另一个例子被称为"变化盲视"（Change Blindness）。当人们查看图片时，他们通常会说他们看到了图片的所有部分。然而，很容易证明他们的说法是不正确的。变化盲视是通过交替显示两张图片来显示的，通常在它们之间有一个小的时间间隔。这两张照片在一些微妙的细节上有些不同。例如，这两张图片可能显示同一架飞机，在一张照片中，它的左机翼下方有一个发动机；但另一个中它没有。即使经过刻意努力，很多人在多次重复两张图片后也没有发现彼此的差异。[https://www.cse.iitk.ac.in/users/se367/10/presentation_local/Change%20Blindness.html]

人们并不总是能看到他们认为已经看到的东西。他们对自己正在做什么以及如何做的自我描述并不总能很好地反映正在发生的认知任务实际情况。如果计算机要模拟人类智能，它们将需要有选择地复制人类的部分而不是全部的隐秘计算过程，如同卡尼曼系统 1 描述的那样。然而，这些过程通常无法通过刻意的描述来实现，因此没有明显的路线图来实施它们。尽管如此，它们似乎对人类智能至关重要。

谷歌的国勒（Quoc V. Le，2012）在模拟神经网络中部署了 16 000 个 CPU 内核，在三天内处理了 1000 万张图片。经过这些训练，它们的系统能够将人脸图片组合在一起。图片经过精心处理以呈现给该系统，所有图片都缩放到相同的大小（200 × 200 像素），并经过选择以尽量减少重复。研究人员将此与人们在演示几秒钟后识别数千张图片的能力进行了比较。

在所有这些训练之后，Le 和他的同事检查了系统的输出，并搜索了所输出的与面部最相关的模拟神经元。他们推断这个神经元是"人脸神经元"，因为在这个由 37 000 张图片组成的测试集中，共有 13 026 张面部照片，而该神经元对其中约 83% 的图片都显示最大的活跃性。在识别这个神经元时，他们使用了一种类似于 20 世纪 50 年代在青蛙视觉神经元分析中使用的方法。雷特温（Lettvin）和他的同事（1959）测量了青蛙视觉神经元的输出，同时向青蛙展示了不同的视觉模式，直到他们发现在神经元中产生最大反应的模式。然后，他们将这个神经元与该刺激相关联（例如，标记为"条形"神经元）。

与 Le 的系统对照片进行处理所需的巨大努力相比，儿童不需要这样的努力就可以识别人脸。在出生后的一个小时内，婴儿可以识别出相对于其他场景的人类面孔。在出生后的几个小时内，婴儿学会识别母亲的脸而不是陌生人的脸（Bushnell，2001；Bushnell、Sai 和 Mullin，1989；Pascalis、de Schonen、Morton、Deruelle 和 Fabre-Grenet，1995；Sai，2005）。他们不仅学习如何识别人脸；而且只需几次照面，他们就可以认出某个人的脸。

两个月大的时候，婴儿可以区分新的图片和他们以前看过的图片。这些证据表明，在他们两个月大的时候就能够将图片归类为新颖或者熟悉的事物——并且是在这些图片展示不到 10 次，而不是数百万次之后。在这一点上，我们对婴儿如何学习得如此之快知之甚少，但这种快速学习机制可能是人类智能的重要组成部分。

如果我们要设计智能计算机，就需要知道人类是如何很快地了解一张脸是什么样子的。婴儿的大脑正在做的事情与 Le 的计算机网络所做的事情不同，而确定这种差异可能是创建通用机器智能的重要组成部分。无论婴儿在识别人脸时做什么，都可能不是"基于随机梯度下降的拓扑独立分量分析（Topographic Independent Component Analysis）"。

最终，人们可能用不同的方法来实现类似的目标，但在我看来，在人类智能的背景下理解这一点对在机器上实现它具有重要意义。同样表现出非理性怪癖的大脑也能够进行如此高效的学习，而且这些特征很可能是相关的。

2.5   结论

如果能更好地理解智能是什么，人工智能的理论将大大受益。尽管心理学家在智能内涵上还没能达成明确的共识，但我认为很明显，它涉及的不仅仅是解决形式化问题的能力。

有关智能理论的一个重要方面是需要认识到实际上存在不同种类的问题，这似乎需要通过多种机制来解决它们。寻找可用于解决问题的表示与通过指定表示寻找路径的问题有着本质的不同。快速学习似乎是智能的另一个基本特征。在学习某些东西之前，通过数千或数百万个示例进行多次迭代是创造智能的极大障碍。洞察力——尤其是构建表征的能力——是智能的一项关键技能。我们不太了解人们是如何产生这些洞察力的，但我们将在第 7 章中描述一些线索。这些是我们将在本书其余部分继续讨论的主题。

2.6   参考文献

Anzai, Y., & Simon, H. A. (1979). The theory of learning by doing. *Psychological Review, 86,* 124–140.

Batchelder, W. H., & Alexander, G. E. (2012). Insight problem solving: A critical examination of the possibility of formal theory. *The Journal of Problem Solving, 5*(1), 56–100. doi:10.7771/1932-6246.1143; http://docs.lib.purdue.edu/cgi/viewcontent.cgi?article=1143&context=jps

Boole, G. (1854). *An investigation of the laws of thought on which are founded the mathematical theories of logic and probabilities.* New York, NY: Macmillan.

Brady, T. F., Konkle, T., Alvarez, G. A., & Oliva, A. (2008). Visual long-term memory has a massive storage capacity for object details. *Proceedings of the National Academy of Sciences of the United States of America, 105,* 14325–14329. doi:10.1073/pnas.0803390105; http://www.pnas.org/content/105/38/14325.full

Bushnell, I. W. R. (2001). Mother's face recognition in newborn infants: Learning and memory. *Infant and Child Development, 10,* 67–74. doi:10.1002/icd.248

Bushnell, I. W. R., Sai, F., & Mullin, J. T. (1989). Neonatal recognition of the mother's face. *British Journal of Developmental Psychology, 7,* 3–15. doi:10.1111/j.2044-835X.1989.tb00784.x

Chase, W. G., & Ericsson, K. A. (1982). Skill and working memory. In G. H. Bower (Ed.), *The psychology of learning and motivation* (Vol. 16, pp. 1–58). New York, NY: Academic Press.

Duncker, K. (1945). On problem solving. *Psychological Monographs, 58*(5), 1–113.

Ensmenger, N. (2011). Is chess the drosophila of artificial intelligence? A social history of an algorithm. *Social Studies of Science, 42*(1), 5–30. https://pdfs.semanticscholar.org/c9e7/3fc7ec81458057e6f96de1cba095e84a05c4.pdf

Ericsson, K. A., & Simon, H. A. (1980). Verbal reports as data. *Psychological Review, 87,* 215–251.

Gick, M. L., & McGarry, S. J. (1992). Learning from mistakes: Inducing analogous solution failures to a source problem produces later successes in analogical transfer. *Journal of Experimental Psychology: Learning, Memory, and Cognition, 18,* 623–639.

Jeffries, R., Polson, P. G., Razran, L., & Atwood, M. E. (1977). A process model for Missionaries-Cannibals and other river-crossing problems. *Cognitive Psychology, 9,* 412–440.

Kuhn, T. S. (1962). *The structure of scientific revolutions.* Chicago, IL: University of Chicago Press.

Lakatos, I., & Musgrave, A. (Eds.). (1970). *Criticism and the growth of knowledge.* Cambridge, UK: Cambridge University Press.

Le, Q. V., Ranzato, M., Monga, R., Devin, M., Chen, K., Corrado, . . . Ng, A. Y. (2012). Building high-level features using large scale unsupervised learning. In J. Langford & J. Pineau (Eds.), *Proceedings of the 29th International Conference on Machine Learning* (pp. 507–514). Madison, WI: Omnipress. https://static.googleusercontent.com/media/research.google.com/en//archive/unsupervised_icml2012.pdf

Legg, S., & Hutter, M. (2007). A collection of definitions of intelligence. arXiv. https://arxiv.org/pdf/0706.3639v1.pdf

Lettvin, J., Maturana, H., McCulloch, W., & Pitts, W. (1959). What the frog's eye tells the frog's brain. *Proceedings of the Institute of Radio Engineers, 47,* 1940–1959. https://hearingbrain.org/docs/letvin_ieee_1959.pdf

Loyd, S. (1914). *Sam Loyd's cyclopedia of 5000 puzzles, tricks & conundrums with answers.* New York, NY: Franklin Bigelow, The Morningside Press.

Maier, N. R. F. (1931). Reasoning and learning. *Psychological Review, 38,* 332–346.

Mill, J. S. (1967). On the definition of political economy; and on the method of philosophical investigation proper to it. In F. E. Mineka & D. N. Lindley (Eds.), *The later letters of John Stuart Mill, 1849–1873* (Vol. 4, pp. 309–339). Toronto, Ontario, Canada: University of Toronto Press. (Original work published 1836)

Miller, G. A. (1956). The magical number seven, plus or minus two: Some limits on our capacity for processing information. *Psychological Review, 63,* 81–97.

Nickerson, R. S., & Adams, M. J. (1979). Long-term memory for a common object. *Cognitive Psychology, 11,* 287–307.

Newell, A., and Simon, H. A. (1972). *Human problem solving.* Englewood Cliffs, NJ: Prentice-Hall.

Pascalis, O., de Schonen, S., Morton, J., Deruelle, C., & Fabre-Grenet, M. (1995). Mother's face recognition by neonates: A replication and an extension. *Infant Behavior and Development, 18,* 79–85. doi:10.1016/0163-6383(95)90009-8

Reynolds, G. D. (2015). Infant visual attention and object recognition. *Behavioural Brain Research, 285,* 34–43. doi:10.1016/j.bbr.2015.01.015; https://www.ncbi.nlm.nih.gov/pmc/articles/PMC4380660/

Sai, F. Z. (2005). The role of the mother's voice in developing mother's face prefer-ence: Evidence for intermodal perception at birth. *Infant and Child Development, 14,* 29–50. doi:10.1002/icd.376.

Spearman, C. E. (1904). "General intelligence," objectively determined and mea-sured. *American Journal of Psychology, 15,* 201–293. doi:10.2307/1412107; https://psychclassics.yorku.ca/Spearman/chap5.htm

Standing, L. (1973). Learning 10,000 pictures. *The Quarterly Journal of Experimental Psychology, 25,* 207–222.

Stanford Encyclopedia of Philosophy. (2016). Imre Lakatos. https://plato.stanford.edu/entries/lakatos/

Sternberg, R. J. (2003). An interview with Dr. Sternberg. In J. A. Plucker (Ed.), *Human intelligence: Historical influences, current controversies, teaching resources.* http://www.indiana.edu/~intell

Sternberg, R. J., & Detterman, D. K. (Eds.). (1986). *What is intelligence?* Norwood, NJ: Ablex.

Sundem, G. (2013). Study: Is complex problem solving distinct from IQ? https://www.psychologytoday.com/us/blog/brain-candy/201306/study-is-complex-problem-solving-distinct-iq

Tversky, A., & Kahneman, D. (1981). The framing of decisions and the psychology of choice. *Science, New Series, 211,* 453–458. http://links.jstor.org/sici?sici=0036-8075%2819810130%293%3A211%3A4481%3C453%3ATFODAT%3E2.0.CO%3B2-3; http://psych.hanover.edu/classes/cognition/papers/tversky81.pdf

Van Damme, E. (2010). Liquor filled chocolates. http://www.chefeddy.com/2010/09/liquor-filled-chocolates

Weisberg, R. W. (2015). Toward an integrated theory of insight in problem solving. *Thinking & Reasoning, 21,* 5–39. doi:10.1080/13546783.2014.886625

Wenke, D., Frensch, P. A., & Funke, J. (2005). Complex problem solving and intel-ligence: Empirical relation and causal direction. In R. J. Sternberg & J. E. Pretz (Eds.), *Cognition and intelligence: Identifying the mechanisms of the mind* (pp. 160–187). New York, NY: Cambridge University Press. http://cogprints.org/6626/1/Wenke_Frensch_Funke_CPS_2005.PDF

第 3 章

物理符号系统：智能的符号方法

在本章中，我们将讨论一些早期的智能计算方法。图灵机（Turing machine，一种通用的计算设备）的想法催生了智能作为计算函数的概念。图灵测试提供了一种方法（例如本章中是进行对话），来评估机器是否能够实现类似于人类智能的函数。这两个想法衍生出智能是一个符号操纵过程的概念。这种智能计算方法的思想已经在计算智能领域主导了大约 30 年。

正如我们在前一章所看到的，在人类智能的背景下精确定义智能是困难的，在计算智能的背景下定义智能就更困难了。在达特茅斯研讨会之后的早期，人工智能被认为是"让机器做需要人类智力才能做的事情的艺术"（Minsky，1968）。在最初的达特茅斯研讨会提案中，既定目标是足够精确地描述学习或智能的各个方面，以便机器对其进行模拟。具体来说，麦卡锡（McCarthy）和他的同事们认为应该集中精力研究如何让机器使用语言、形成抽象和概念、改进自己以及解决以前只有人类才能解决的问题。

达特茅斯研讨会的与会者之一赫伯特·西蒙（Herbert Simon）在会议结束后不久说：

我的目的不是让你感到惊讶或震惊，但最简单地总结来说，现在世界上有机器可以思考、学习和创造。此外，它们做这些事情的能力将迅速提高，直到在可见的未来，它们能够处理的问题范围将与人类思维的应用范围一样广泛（Simon 和 Newell，1958）。

尽管在此之前曾有人尝试构建计算设备，但这种机器智能方法的起源最直接的功劳要归于艾伦·图灵（Alan Turing）的开创性工作。

3.1   图灵机和图灵测试

1937 年，图灵提出了一个后来被称为"图灵机"的概念。图灵机不是由齿轮或晶体管构成的物理机器；相反，它是一个抽象的计算思想。它是一种可以实现任何可计算函数的理想系统的数学描述，是一种定义了基本计算过程的计算模型，理论上可以用来模拟任何算法的逻辑。

从概念上讲，图灵机由一个用方格或格子标出的纸带组成，每个单元格可以包含一个符号。因为图灵机是概念性的，所以可以假设纸带是无限长的。机器有一个磁头，可以在一个单元中读取或写入符号。还有一个状态寄存器，用于保存有关机器当前状态的信息。机器从纸带中读取的符号可以在有限数量的潜在状态中改变机器的状态，这个状态受到目前为止已读取符号的影响。状态就像一种记忆，根据当前读取的单元格中的符号、机器的状态和有限规则表，机器可以改变状态、将符号写入当前单元格或移动到纸带上的不同单元格（图灵，1965/1936）。

例如，假设机器当前处于状态 57，并且读写头下的单元格包含 0，那么机器向右移动一个单元格，进入状态 128，并在这个新单元格中写入符号 1。状态、符号和规则都是有限的，但考虑到纸带没有实际限制，时间也没有限制，图灵机在概念上可以有无限的容量。

有了这台抽象机器，图灵就能够回答有关可计算性的基本问题。现代计算机是图灵最初提议的一般化和物理实例。它有更复杂的规则集、多个寄存器（而不是一个）来保存临时信息，还有随机访问内存（相对于连续的无限磁带）。

图灵机对计算智能如此重要的原因之一是，如果智能是可计算的，那么它就可以由图灵机计算。如果它可以被图灵机计算，那么它就可以被任何等效于图灵机的机器计算出来。图灵认为智能实际上是一个可计算的函数，并提出了一个测试来评估这一观点，这个测试后来被称为图灵测试。

"可计算（computable）"一词，尤其是在"可计算函数（computable function）"的上下文背景下，在计算机科学中具有特殊含义。可计算函数是算法，由一个循序渐进的过程组成，该过程接受一个输入并产生一个确定的输出。根据邱奇－图灵论题（Church-Turing thesis）[以阿隆佐·邱奇（Alonzo Church）的名字命名，他关于该主题的论文与图灵关于可计算性的论文在同一年发表]，可计算函数是一种可以在拥有无限时间和存储空间（图灵的无限纸带）的计算设备上实现的函数。只要系统有足够的资源就可以完成该过程。这个可计算的概念涉及计算的理论极限，与实际极限无关。

要使过程可计算，该过程必须可以用精确的指令来说明。例如在计算机程序中，给定一组输入，它必须在一定的步骤数之后产生输出，并且输出必须是可验证的。

并不是所有的函数都是可计算的。即使计算机可以执行某些程序，这并不意味着该程序在邱奇图灵论题的意义上是可计算的。例如，图灵证明了所谓的停机（halting）问题是一个即使使用无限资源也无法计算的函数的例子。

停机问题是一个决策问题：根据计算机程序的描述和输入确定程序是结束运行并产生输出还是永远运行。对于非常简单的程序，做出这个决定是相当容易的，但是对于具有一定复杂性的程序，图灵认为不能可靠地做出这个决策。

如果我们运行一个程序并且它能在短时间内停止，我们就可以确定这个程序确实完成了。但是如果我们运行程序而它没有停止，是因为它永远不会结束，还是因为我们没有运行足够长的时间？如果我们运行更长时间，是否能提供更好的证据证明它不会完成？据我们所知，下一个计算步骤可能导致程序完成运行，也可能不会。有些算法需要很长时间才能运行完，有些可能永远也完成不了。我们可以证明一些程序会停止并产生输出，但我们不能证明它永远不会结束。彻底否定一个程序，认为永远不能完成运行是不可能的。

如果我们不能证明它能完成运行，那么我们就说这个函数是不可判定的。要注意可判定性和证明之间的关系。这个想法是，我们不仅要做出决策，还要验证这个决策是正确的。图灵证明，能解决所有程序和输入组合的停机问题的通用算法是无法编写出来的。

在计算机科学的意义上，函数接受输入并产生特定的输出。即使智能是一个函数，它也可能不是一个可计算函数。它还可能不是一个可证明的可判定函数，即便智能可以由计算机执行，我们也可能永远无法证明它的答案绝对正确。事实上，我认为从这个意义上讲，智能并不是一种可判定功能，但它仍然可以通过大脑和计算机来实现。换句话说，智能可能不是一种算法，而是一种不同的计算形式。

图灵认为，他的机器可以用来完成任意一台计算机的工作，只需要在纸带中包含对我们想要模拟的机器的描述。据推测，如果我们对大脑有一个恰当的描述，我们就可以把这个描述标记在纸带上，并用图灵机来模拟它。

从这个观点，很容易看出为什么图灵机对计算，特别是计算智能如此重要。它们引入了等效机器（equivalent machine）的概念。在这个概念中，任何两台能计算相同功能函数的计算机都是等效机器，无论它们是由齿轮、车轮、水银延迟线（图灵提出的）、真空管、集成电路，甚至是大脑组成。功能相同则机器等效。

图灵机的想法还表明，通过操纵符号，机器可以实现任何可以想象到的形式推理行为。如果像纽威尔和西蒙宣称的那样，人类的思维可以通过形式推理来实现，那么图灵机将证明，计算机实际上可以复制人类的思维，并成为与人类思维等效的机器。在计算智能研究的大部分历史中，至少在 20 世纪 80 年代，研究者们都在试图证明形式推理足以实现人类智能的等效物。定理证明，西蒙和纽威尔关注的主题就是形式推理的典型例子。

在接下来的 50 年甚至更长时间里，图灵的工作几乎是每一次计算进步的重要组成部分。他的关于计算相同函数的等效机器的思想，以及图灵测试的概念（下面将介绍），也都是我们理解计算智能的核心。多年后，人们才开始清楚地认识到，可计算性也是计算智能需要克服的一个限制。

图灵在 1950 年提出了"模仿游戏"（imitation game）测试，以确定计算机是否能够思考。思维的概念是无定形的，所以图灵转而问，计算机是否能在模仿游戏中做得很好。从本质上讲，他借鉴了等效机器的概念，提出了一种机器智能测试。如果一台机器能够进行一场与人类无法区分开的对话，那么我们将认为这台计算机是智能的。如果它执行对话功能的方式与人类执行该功能的方式没有区别，那么图灵将其称为等效机器。

该测试假定对话是智能的正确衡量标准。但除此之外，如果两个系统在这个功能上无法区分，那么我们就不应该给一个系统加上另一个系统所没有的属性。

智能不依赖于计算机或人的发言能力，因此，在图灵的提案中，评估者将通过打字和阅读书面答复与测试者（计算机或人）进行交流。重要的是对话的形式，而不是对话的物理渠道。如果评估者不能通过计算机终端（当时是电传打字机）判断给出的回答是来自人还是来自计算机，那么计算机就通过了这一测试。

1947 年，图灵在给伦敦数学学会做的演讲中展望了现代机器学习（Turing, 1947/1986）。他认为，人们可以建立一个图灵机或等效的数字计算机，这台机器设有一个指令表，并且机器有能力修改这些指令。他认为，在进行一些操作之后，计算机会将指令修改得超乎我们想象。他把这台计算机比作一个学生，最初的内容都是从老师那里学来的，后来学生自己又拓展出更多东西。"当这种情况发生时，我们就认为机器是在显示智能。"

一旦计算机可以修改自己的指令，计算机正在运行的函数的可计算性问题都不存在了。对其计算模式的修改意味着，我们无法确定地预测给定特定输入是否会产生特定输出。可计算性的概念包括具有有限步骤的确定过程。一旦计算机程序可以修改自己的操作，就无法保证确定过程的步骤依然是有限的。计算机可以包含任意数量的可计算功能，使其能够运行。但根据这个定义，智能的整体功能是不可计算的。不是因为我们无法确定它的状态，而是因为它不再执行特定的有效程序。

如果我们放弃邱奇－图灵（Church-Turing）有效程序的确定性这一想法，就不必再放弃计算机正在计算更通俗的意义上的有效事物的想法。图灵在 1947 年给伦敦数学学会的报告中认识到了这一点："……如果人们认为一台机器是绝对可靠、不会犯错的，那这台机器就不可能是智能的。有几个定理几乎完全证明了这一点。"

在图灵提出可计算性模型几年后，沃伦·麦卡洛克（Warren McCulloch）和沃尔特·皮茨（Walter Pitts）（1943）展示了大脑如何成为图灵等效的机器。他们表明，对神经元的概念化可以被组织起来，以实现基本的逻辑计算功能。"由于神经活动的全有或全无的特性，神经事件及其之间的关系可以用命题逻辑来处理"（McCulloch 和 Pitts，1943，p. 115）。从 70 多年对神经元及其活动的研究来看，他们关于神经元如何代表智力活动的观点过于简单化了。尽管如此，它还是代表了对思想和大脑的一种彻底的思考，对人工智能的发展具有重要影响。

麦卡洛克和皮茨的假说是最早提出的形式化心智理论之一（即心智是一个图灵等

效机器），也是最早讨论神经网络和计算的假说之一。其基本思想是，所有的逻辑关系都可以表示为与、或和非逻辑运算的某种组合。麦卡洛克和皮茨展示了神经元实际上是如何执行这些逻辑运算的。因此，通过某些组织方式将神经元组织起来就可以实现等效于图灵机的功能。

3.2　达特茅斯暑期研讨会（1956 年）

大脑是图灵等效机器的想法也是约翰·麦卡锡（John McCarthy）组织 1956 年达特茅斯夏季研讨会的主要动机之一。和图灵一样，麦卡锡对智能的数学特性很感兴趣。他曾做过一些将数学应用于常识推理的工作，还为被称为信息论之父的克劳德·香农（Claude Shannon）工作过。麦卡锡在数学方面尤其是数学逻辑上的研究背景，以及他对大脑的兴趣激发他组织了这次研讨会。这次研讨会也已经被提到过好几次，该研讨会主要探讨的内容是"猜想学习的每个方面或智能的任何其他特征原则上都可以精确地描述，以至于可以制造一台机器来模拟它。人们将试图让机器使用语言，形成抽象和概念，解决现在留给人类的各种问题，并提升自己"。

他们提议要考虑的问题包括：

❑ 如何为计算机编程使其能够使用语言？他们注意到"人类思维的很大一部分是根据推理规则和猜想规则来操纵词语的"。我们能否编写一个程序，允许语句暗示其他语句？

❑ 神经网络。"如何组织一组（假设的）神经元以形成概念［?］"

❑ 机器学习。"一个真正智能的机器可能会进行一些自我改进提升的活动。"

❑ 创造力和随机性。"创造性思维和缺乏想象力的思维之间的区别在于，创造性思维注入了一些随机性。"但这种随机性必须由直觉所引导。

这次研讨会的参与者——约翰·麦卡锡、马文·明斯基（Marvin L. Minsky）、纳撒尼尔·罗切斯特（Nathaniel Rochester）、克劳德·香农（Claude Shannon），加上艾伦·纽威尔（Allen Newell）、阿瑟·塞缪尔（Arthur Samuel）、奥利弗·塞弗里奇（Oliver Selfridge）、赫伯特·西蒙——后续编写了计算机程序。这个程序可以玩象棋、解决代数应用题、证明逻辑定理以及用英语交谈。这次会议的与会者都是未来计算智能的重要人物。

在达特茅斯研讨会上，赫伯特·西蒙和艾伦·纽威尔讨论了他们的"逻辑理论家"程序［与约翰·肖（John Shaw）合著］。事实上，他们是唯一拥有可以展示人工智能某些方面的工作程序的与会者。

他们的程序旨在证明一些数学定理，比如伯特兰·罗素（Bertrand Russell）和阿尔弗雷德·怀特黑德（Alfred Whitehead）的《数学原理》中的定理。他们的程序能证明其中很多定理。西蒙认为这项工作取得了重大成就（见第 1 章），部分原因是它符号化地使用了计算机，而不仅仅是将其看作数学计算器。

"逻辑理论家"在符号处理技术的利用上做出了尝试。纽威尔和西蒙之所以能取得这样的进步，是因为罗素和怀特黑德在他们的书中已经用精确的符号形式表达了这些定理。"逻辑理论家"的关键思想是，任何可以用某种类型格式良好的公式所表示的问题都可以通过他们的方法来解决。

与随后出现的许多计算智能方法一样，纽威尔和西蒙认为智能可以被表示为一个正式的系统，并且可以编写一个能在该正式系统中导航的计算机程序。就像玩跳棋、国际象棋和围棋的计算机最终会做的那样，它们的方法相当于一张将公理与结论连接起来的图，通常需要经过几个中间步骤。计算机的作用是在这张图中寻找从公理到结论的一系列步骤，从而证明定理。尽管在 20 世纪中叶时可用的计算能力有限，但他们的方法依然能够解决许多问题，因此他们预计，只需稍加额外的工作和更强大的计算能力，就能得到更完整的解决方案。

纽威尔和西蒙的演讲在达特茅斯会议上并没有收到强烈反响，但是它引入的将推理作为搜索的概念对计算智能产生了深远而持久的影响。他们的方法始于一个最初的假设，每个分支都是从这个假设出发，根据《原理》中描述的推理规则推导出来的。达到目标的一组推导就是这个定理的证明，这条路径可以理解为逻辑树分支之间的选择。

"逻辑理论家"还使用启发式方法来选择要尝试的路径。启发式的概念是由乔治·波利亚（George Polya）在证明定理的背景下提出的，纽威尔曾在斯坦福与他共事过，所以在选择尝试路径的背景下使用启发式也是一小步进展。启发式方法的使用对于大多数类型的问题解决至关重要，而不仅限于人工智能。启发式方法是必不可少的，特别是当有太多可能的路径或分支要遵循时。启发式方法通过选择最有可能有用的分支来限制需要遵循的分支数量。

纽威尔、西蒙和肖后来的"通用问题解决器"擅长逻辑和几何证明。它将关于问题的知识、规则与解决问题的方法分离开来，从而成为一个通用的问题解决引擎。例如汉诺塔问题或下象棋等问题，当这些问题被表示为格式良好的公式时，"通用问题解决器"就可以解决。

用来处理从公理到其结论的大量可能路径的启发式方法就是选择能使其更接近其期望结论的分支。这种启发式方法可以被称为爬山，因为它选择了将其进一步推向山顶的选项，即预期的结论。

3.3　表示

纽威尔和西蒙后来将他们解决计算问题的概念详细阐述为物理符号系统假说（1976）："物理符号系统是通用智能行为的充分必要条件。""必要"的意思是没有物理符号系统就无法实现通用智能行为。"充分"意味着物理符号系统拥有实现通用智能行为所需要的一切条件。

物理符号系统是一种将物理符号（如纸上的标记或编码到计算机中的符号）组合成结构或表达式的系统。然后，它对这些表达式进行操作，以产生新的表达式。符号是指代表其他对象的物理对象。它们可能是虚拟的，也可能是某些物理系统的状态（比如集成电路上的电荷或磁盘上的磁域），但它们仍然是物理的。它们是代表其他事物的物理对象。物理符号系统包括符号、操纵符号的规则、符号的映射、将符号组合成表达式以及转换这些表达式的规则。物理符号系统被认为是智能的基础。

物理符号系统假说意味着，只要我们给计算机适当的符号处理程序，计算机就可以变得智能。在这个假说下，人类思维就是一种符号操作，任何能够进行这种符号操作的事物都是智能的。

物理符号系统假说意味着有一组基本的、原始的、不可约的符号构成系统的核心，例如公理。其他符号由使用这些基本符号的表达式定义。物理符号系统假说将智能视为一种形式系统，这种方法来自纽威尔和西蒙最初的工作，他们曾试图在罗素和怀特黑德之后，由一组公理来证明所有的数学。

对物理符号系统假说的批评有很多［尼尔森（Nilsson），2007］。其中一个问题是，它是否意味着除了知识和智能以外的任何东西都可以数字化。如果计算机的 1 和 0 是纽威尔和西蒙意义上的符号，那他们的主张就没什么可说的了。例如，计算机中的 1 和 0 本身并不代表世界上任何事物。但是，包含数字的表达式可以表示世界上的事物。例如，数字 438（二进制：110110110）可以代表一块苹果派的卡路里，也可以代表货运清单上的 438 号物品。无论编码为 1 和 0 还是十进制数字，如果没有指定其表示关系，仅数字的存在并不能提供符号表示。符号必须代表某种东西才能成为符号，它们不能只是孤立的符号。外部参考是必要的，如果我们将从观察中推论看作正式过程，外部参考就不单单是一个正式过程。外部参考的必要性与我们在前一章的逻辑实证主义语境中所考虑的问题是完全相同的。符号如何获得其参考状态的问题被称为"符号接地过程"（symbol grounding process）。

"符号接地"是符号与自身之外的事物相关联的过程。形式化系统不能准确无误地将符号与其意义联系起来。但是，对符号或表达式执行恰当的操作又取决于该符号的"意义"。表示某一物品的符号可以被添加到货物清单上或从清单上删除，但表示一块馅饼的热量的符号只需要添加到每日热量预算中。不是所有的操作对所有的符号都有意义。

形式化系统不能完全与符号的语义（内在含义，Semantics/Meaning）分离。其语义会对符号系统运行形成负面影响，因此符号系统不足以产生智能。纽威尔和西蒙在证明《原理》的定理时可以忽略符号基础问题，因为在这种情况下定理证明已经是一个纯粹的形式系统。然而，解决其他类型的问题时确实会涉及符号接地的问题。

语言是一种典型的符号系统，纽威尔和西蒙将其作为物理符号系统假说的灵感来源。但是语言并不是一个纯粹的形式化系统。语言也受到语义的干扰，影响符号的作用。一种符号系统被干扰的例子是"位置交替"（locative alternation）。有些动词可以在不同的句子结构中使用而不改变其意思。例如，下面两个句子的意思本质上是一样的：

- Leo 用棍子打篱笆（Leo hit the fence with a stick）。
- Leo 用一根棍子打篱笆（Leo hit a stick against the fence）。

但是接下来的两个句子并不代表相同的事情，即使第二组句子的形式和第一组句子是相同的，唯一的区别是 hit 和 broke 的使用：

- Leo 用棍子打破了栅栏（Leo broke the fence with a stick）。
- Leo 在篱笆上折断了棍子（Leo broke a stick against the fence）。

在第二组中，第一句话打破了栅栏，第二句折断了木棍。

"hitting" 是所谓的处所动词，它把棍子放在了栅栏上，但"breaking"不是处所动词。放置或删除动词可以采用这种替代动词短语形式，但非处所动词不能采用。动词的意义影响句子的结构，在句子中它是用来表达特定含义的。世界和表象系统不能硬性分离。稍后我们将继续讨论符号接地问题（symbol grounding problem）。

类似的批评进一步表明，正式的符号系统不适用于计算智能。可以认为计算机只处理不接地的任意符号，但没有理由认为大脑有更好的方法来处理符号，比如"约翰的妻子（John's wife）""来自华盛顿的苹果（the apples from Washington）"或"独角兽不存在（unicorns do not exist）"这些表达中的符号。这些符号并不比计算机中的符号更正式。符号的意义应该来自其使用方式。即使不能保证用法的正确性，对符号使用方式的限制也能提供它们的意义。

尽管物理符号系统假说存在符号接地方面的问题，但其中固有的基于规则的智能方法，仍以专家系统的形式对计算智能产生着深远的影响。

在 20 世纪 70 年代，计算机科学家们开始研究构建实用推理引擎的可能性，特别是爱德华·费根鲍姆（Edward Feigenbaum）和他的同事们，这种引擎后来被称为专家系统。专家系统旨在通过模拟人类专家的推理来解决复杂问题，其中这种推理用"如果-那么（if-then）"规则表示。例如，医疗诊断系统可能有这样的规则："如果患者有皮疹，那么考虑患者是否还有其他的麻疹症状。"它们并非旨在建立通用人工智能的模型，而是解决特定问题的专用应用程序。

专家系统在很大程度上继承了物理符号系统的传统。费根鲍姆是西蒙的学生。专家系统的规则通常由知识工程师与主题专家合作制定。DENDRAL 是第一个专家系统，它旨在帮助化学家从质谱仪中识别未知的有机分子。

质谱仪是一种将复杂化合物分解成元素并描述每种元素的相对含量的设备。它有助于揭示化合物的化学组成，是确定化合物的化学结构的重要步骤。即使我们知道构成化合物的化学元素，这些元素仍然有许多种可能的组合方式。DENDRAL 系统旨在利用有关化学元素组织方式的专家知识来启发式地限制必须检查的可能组合方式的范围。

作为一个程序，DENDRAL 在其知识库（关于化学的信息）和推理引擎之间实行严格的分离。无须更改任何代码即可向系统提供新内容。从一种任务转移到另一种任务时，知识可能会改变，但推理方法保持不变。

费根鲍姆和他的同事们将 DENDRAL 和其他专家系统的成功归功于它们所包含的知识库（一组事实），而不是系统的推理能力："一个系统表现出智能的理解和这些高水平行为，主要是因为特定的知识：有关其专攻领域的概念、事实、表示、方法、模型、隐喻和启发。"

后来一个名为 MYCIN 的项目程序被用来诊断血液疾病。通过使用知识工程师与专家的广泛访谈获得的约 450 条规则，MYCIN 的表现能够达到一些医学专家水平，并且超过了大多数初级医生。

DENDRAL、MYCIN 和类似的程序是第一批发挥作用的人工智能程序，它们解决的不仅仅是游戏问题。到 1982 年，专家系统已在许多数字设备公司和其他公司投入商业运作。它们将人工智能的研究问题转化为了解决现实问题的实际应用系统。

20 世纪 80 年代末，我为当时的美国退伍军人管理局（US Veterans Administration）编写了一个诊断闭合性头部损伤的专家系统。当一个人的头部受到很重的撞击造成损伤（如脑震荡），但没有造成头骨破裂时，就会发生闭合性头部损伤。这种伤害在战斗中很常见［在国家橄榄球联盟比赛（National Football League，NFL）中也很常见］，而且通常很难将受害者送到专家那里进行诊断。这个系统的规则基于与神经心理学专家的大量采访所制定。通过采访了解到专家诊断时使用的规则，记录下来就可以很容易地将其编码到系统的知识库中。

在专家系统中，规则由知识工程师显式编码到系统的知识库中。后来开发出了让计算机自己学习规则的方法，这对人工智能来说是巨大的进步。我们将在下一章重新考虑专家系统的实现。

专家系统的出现给计算智能产生了三个有价值的影响。首先，它们证明了至少有一些问题可以通过物理符号系统的实现来解决。其次，它们将人工智能带出了实验室，用于解决现实世界的问题。最后，它们并不旨在解决通用智能问题，而是使用通用方法将解决范围限制在特定问题上。可以说，从通用智能到解决特定问题的转变是这些影响中最重要和最持久的。

正如达特茅斯研讨会提案中所描述的，这种从通用智能到弱智能的转变是一个引人注目的转折点。通用人工智能不切实际的承诺，以及最终给人们带来的失望，阻碍了该领域的长期稳定发展。每项突破似乎都很有希望，但由于通用智能未能实现，研究进展与研究资金都受到了限制。相比之下，专家系统一旦开始在实际业务环境中部署，就很容易看到具有可证明价值的明确进展。

在短短几年内，计算智能领域的大多数研究人员都放弃了公开尝试构建一台足够通用、能完成所有人类可以完成任务的机器，他们转而致力于构建"小领域的哑巴专家"（Minsky，1996），尤其在过去十年左右的时间里，弱计算智能方面获得了巨大成功。

但通用人工智能这一目标并没有被完全放弃。从很多方面来说，它仍然是计算机科学的圣杯。然而，大部分计算智能领域的工作都涉及解决具体的问题，这些问题的进展更直接、更容易评估。

早期的人工智能系统，包括早期的专家系统，都存在计算能力不足的问题。罗斯·奎林（Ross Quillian，1969）展示了一个语言理解系统，但它的词汇量只有 20 个，因为这是能存储的最大词汇量。他的 "TLC"（可教的言语理解者，Teachable Language Comprehender）系统包含了一个语义网络，这是另一项基本创新，它代表了关于世界的事实以及这些事实之间的联系。这个网络包含了表示词语或概念的单位和表示这些词语或概念特征的属性。奎林于 1969 年发表的关于 TLC 系统的论文只不过是一张期票或解决方案的草图。要想真正实现出来并发挥作用，它需要对基本事实和关系有更大的存储空间，能更好地理解句子结构，有更强大的推理规则。但它只是一种概念证明。

计算机资源的短缺持续阻碍着 AI 工作的发展，但是，从以 64 万字节（640K 或 64 万字符）作为系统可容纳内存量的标准开始，摩尔定律（大约每隔 18 个月计算机性能提高一倍）和其他计算相关的进展带我们走过了很长一段路。现在我手腕上的计算机的功能比我在 20 世纪 70 年代第一次学习编程的大学计算机系统的功能还要强大。1976 年，汉斯·莫拉维克（Hans Moravec）指出，要想真正发挥出人工智能的潜力，计算机需要比目前可用能力多出数百万倍的能力。

有用的计算智能需要考虑的可能路径的数量也是成功的一大障碍。除了简单的游戏问题之外，所有可能的解决方案的组合意味着，它将消耗大量的空间来存储备选方案，还要耗费大量时间来尝试所有方案。一些启发式方法可以减少空间和时间负担，但无法消除负担。所以从这一点看来，计算智能的进步都来自计算能力的提高和新的启发式方法的发明 / 发现。我们在这一章的末尾处将再次说明这个观点。

对物理符号系统假说的挑战在 20 世纪 70 年代末和 80 年代初非常普遍。其中大部分批判来自哲学家，还有一些来自计算机科学家。这些批判的观点大致可分为两类。第一，如前所述，符号接地问题是指符号需要在现实世界中建立某种联系，才能用作智能的基础。第二，物理符号系统假说所描述的计算类型不是创造智能的正确计算类型。

符号接地的问题是，物理符号系统所操纵的符号如果被写下来就是弯弯曲曲的笔画，如果被编码到计算机里就是 1 和 0。根据这个论证，系统不知道这些符号代表什么，而实际上符号代表了某些事物。苹果这个词只是物理符号系统在纸上的标记，但对一个拥有智力的人来说，这个符号"指代（refer）"水果。他们认为，真正的理解不仅仅是操纵符号，符号必须与现实世界相关联。真正的理解需要的不仅仅是一个正式的符号操纵系统。

符号如何指代任意事物的本质，这是一个我们在这里无法解决的哲学问题，更不用说计算机了。词汇的含义可能是模棱两可的［苹果（Apple）也可指一家公司］，词语的含义和指代称呼也是不同的［一个经典的例子是短语金山（Golden Mountain）］在句子中的意思，"金山不存在"（the Golden Mountain does not exist）不能指代任何东西，因为这个东西不存在]。但撇开这些问题不谈，我们仍然可以说，物理符号系统包含符号和规则，与自身之外的任何事物没有联系。产生争论的观点在于有人认为智能需要与外界联系。

约翰·塞尔（John Searle）提出了一个思想实验，他称之为"中文房间"（Chinese room）。想象一下，我们在一个满是成筐汉字的房间里，但我们并不会说或读中文，但是我们有一本完整的规则手册和一套无限的物理中文符号。一个会讲中文的人在房间外通过一扇窗户把汉字和符号推进房间。屋外的人懂中文，但屋内的人不懂。

当收到符号时，可以查阅规则手册并将符号从第二个窗口中推出。因为规则手册已经足够完整，所以我们做出的每一个回应都是对收到的输入的恰当回应。换句话说，这个系统也就通过了图灵测试。

就屋外讲中文的人而言，她是在与人对话，尽管用的是一种有趣的符号传递方式。但在房间里的我们除了查阅规则手册和按它说的做之外，仍然对发生的事情一无所知。中文房间是一个物理符号系统的完美体现，但是，塞尔说，它什么都不理解，所以它不可能是智能的。

可以公平地说，房间里的人仍然不懂中文，但我们可以认为这个房间里的人不存在。当我们能用中文对话时，就认为我们懂中文。我们的神经元和在大脑中负责处理的细胞都不懂中文，但我们懂。这个房间可能不懂中文，但这个房间的运作过程表现得好像它会一样。规则书、符号和规则书中规则的执行一起表现出它们懂中文的现象，也许它们确实懂。

如果往房间里看，可能会看到我们在摆弄中文符号，但无法以同样的方式看我们的大脑。如果能，可能会看到神经元以不同的模式放电，但这不能直接表明我们是否理解中文。无法观察到我们大脑中对中文的理解，就像无法观察到中文房间里的中文理解一样。我们把理解归因于讲中文的人，但他们理解的证据并不比我们从中文房间的系统中得到的证据多。我看不出有什么区别，但对塞尔来说，这存在本质上的区别。

整个思想实验都基于这样一个观点：语言的完整属性可以写在一本规则书上。我觉得这个假设不可信。塞尔的论点是计算机只能遵循规则，而遵循规则不足以创造智能。大脑不仅仅遵守规则，还会去理解。然而，我们还不清楚究竟什么是理解，大脑可以拥有理解，而计算机却不能。在下一章中，我们将回到专家系统背景下的符号接地问题。

对物理符号系统假说的另一种批判主要集中在计算机能够进行的计算类型上。这一论点的一种说法是智能依赖于非符号或模拟过程。

一个形式系统，就像物理符号系统假说中提出的那样，取一组符号组成的表达式，然后产生涉及这些符号或不同符号的其他表达式。不过，它假定存在一组基本符号，这些表达式可以用这些符号来表示。这些基本符号被认为是原子单位。原子单位是最基本的构造块，它不能再被简化。在语言中，意义的原子单位是语素（morpheme）。例

如 "unfriendly" 可以被分为三个语素: "un", 意思是不; "friend", 大意是陪伴; "ly", 表示这个词是副词。

原子符号可以组合成表达式, 比如短语或句子。水果 "李子" 象征李子而不是 "杏"。但是现在我们有了一种新的水果——杏李——李子和杏的结合体。我们现在需要一个新的原子符号来表示杏李吗? 我们到底需要多少个原子符号? 我们如何决定哪些符号是原子的, 哪些是由表达式定义的? 我们能识别智能的基本原子单位或公理吗? 识别这些基本元素符号的前景暗淡。将数学公理化的努力失败了 (Gödel, 1931/1992), 也没有理由认为它在智能方面能获得成功。

"美味的苹果" (delicious apple) 代表一种类型的苹果。理论上, 它由原子符号 "delicious" 和 "apple" 组成。实际上, "horse apple" 和 "wax apple" 都不是苹果的种类。所以即使 "apple" 是一种符号, 它也不是原子符号, 因为它并不总是有相同的、不变的含义, 其含义会随着所出现的语境而变化。

试图推导出关于世界的一组公理或基本原子事实的尝试并没有取得成功。事实似乎取决于环境, 而且在我们可能想出的任何两个类别之间好像总能再出现其他类别。

道格拉斯·莱纳特 (Douglas Lenat) 已经研究 CYC 系统 30 多年了。CYC 系统旨在对日常常识知识进行综合表示。1986 年, 该项目启动后不久, 莱纳特估计该项目将包含 25 万条规则, 需要 350 个人年的努力。自 CYC 公开至今已经有一段时间了, 在其最新版本中, 描述了 239 000 个概念以及 200 多万个关于这些概念的事实。该系统的商业版本包含了额外的基本事实, 但在常识性推理方面仍然不是很成功。现实世界的知识很难简化成一套公理和推论。

自然界中的智能似乎需要一些非符号化的过程。所谓非符号化, 通常是指某种模拟信号以及对该信号的处理。例如, 作为符号的不是声音的存在与否, 而是声音的振幅 (响度) 和频率的模式随时间的变化, 这些变化传递了进行对话所需的信息。振幅和频率都可以连续变化, 使它们具有模拟属性。

可以肯定的是, 我们可以使用符号表示任何模拟属性, 比如用数字 0 到 9 表示响度的增强 (参见上面关于物理符号系统假设的数字版本的讨论), 但这些符号只能模拟或近似模拟过程。比如说, 响度不会离散地出现在 10 个不同类别中。电影和黑胶唱片是模拟录音的例子, CD、DVD 和蓝光是这些模拟信号的数字近似示例。

诸如下棋、化学结构分析和微积分等任务相对容易用计算机执行, 而那些连一岁的人类或老鼠都能做的活动用计算机执行要困难得多。这就是所谓的 "莫拉维克悖论" (Moravec's paradox), 我认为最好叫它 "莫拉维克反论"。人们觉得困难的事情让计算机做就会相对容易 (下棋、推理、逻辑), 但人们觉得容易、自动、甚至无意识的事情对计算机来说则是挑战。例如, 制造一个可以帮助家人折叠衣物的机器是非常困难的。曾有两家公司承诺要构造出衣物折叠机, 但目前两家公司都没有产品上市, 并且在研究过程中的某些方面都需要帮助 (李, 2018)。尽管其中一家公司已取得了一些进展, 但都还没达到制造出衣物折叠机的地步 (李, 2019)。

回想一下达特茅斯人工智能大会上的主要猜想："学习的每个方面或智能的任何特征原则上都可以被精确地描述，所以就可以制造一台机器来模拟它。"计算智能成功实现的任务都比较容易精确描述细节，而在难以详细描述的任务上成功程度较低。到目前为止，描述的可访问性是计算智能成功的关键。

人类的大脑经过数百万年的进化，已经形成了执行基本运动功能的机制。我们可以接球、辨认面孔、判断距离，所有这些似乎都毫不费力。另外，智能行为是最近才发展起来的，我们可以通过大量的努力和训练来完成这些任务，但我们不应该认为是这些能力造就了智能而不是智能造就了这些能力。推理和类似的过程可能仅仅是智能的冰山一角，它建立在一个不那么正式和结构化的基础上，但却是必不可少的。

神经元本质上并不是符号化的。虽然人类的大脑可以努力模拟一个物理符号系统，例如我们可以尝试逻辑思考。然而，证据似乎表明，思维本质上是模糊的。我们必须去学校培养逻辑思维，但逻辑思维也不总能让我们避免做出错误的决定。考虑前一章讨论的框架效应（framing effect），卡内曼（Kahneman）和特沃斯基（Tversky）发现人们会根据问题的呈现方式或框架做出不同的决定。如果人类只是模拟物理符号系统，而我们的底层过程是模糊的、不合理的，那么这就会证明物理符号系统假说是不正确的。这也说明布尔（Boole）和西蒙错了，物理符号系统既不是智能思维的基础，也不是智能思维的必要条件。

规模是物理符号系统假说所提出的方法面临的另一个重大挑战。下围棋对计算机来说是一个严峻的挑战，因为必须考虑到所有可能的走法组合。随着基本事实数量的增加，这些事实组合的方式也呈爆炸式增长。这种情况就被称为"组合爆炸"（combinatoric explosion）。

考虑一个简化的国际象棋程序，并假设平均每一步只有20种可能的选择。进一步假设我们想要选择一组能让我们成为胜利方的棋步，所以我们试着预测15步之后的情况。按照第一步20种可能的走法，每一种走法的下一步都会产生20种可能走法，所以即使向前看两步，也需要评估400种可能的选择。要想知道接下来的15步，我们就需要研究2015种可能的走法，也就是大约3.3×1019步（33 000 000 000 000 000 000）。如果我们的程序每秒能够计算10亿次移动，那么计算得出一步移动也需要9 000万小时（10 000年）。

20世纪60年代到80年代的大多数计算智能演示项目都集中在简单的游戏问题上，因为没有足够的计算机资源来处理更现实的问题。回想一下，奎林的语言理解器只掌握了大约20个单词。这些问题的研究人员认为，更快的处理器和更多的内存可以让他们轻松地扩大表示的范围。但事实证明，他们低估了这种需求，因为他们没有考虑到扩展表示的组合。例如，定理证明程序无法证明有几十个以上事实的定理。

显然，我们的国际象棋程序将需要某种方法来限制它要考虑的组合数量，这就需要启发式方法发挥作用。当详尽的分析不可行时，我们必须找到一些可管理的分析，以便在大多数情况下得到近似正确的解决方案。一些开发人员必须对问题有足够的专业知识和洞察力来生成合理的启发式方法。

国际象棋问题的挑战在于，并不是所有的路径问题都可以直接解决，即使它们可以被直接描述。还有一类问题更加棘手，尽管它们听起来很容易解决。其中一个就是背包问题。给定一个有最大容量的背包和一组对象，其中每个对象的重量和价值都已知，我们需要确定背包里要包含的物品，使物品总重量小于背包的容量，同时背包内物品的总价值要尽可能高。

只有一个小背包，问题并不难，但背包问题的框架可以应用在很多情况下。例如，职业运动队可能会限制球队在球员工资上的支出总额，这就是背包问题的一个例子，即找出如何安排使球队在预算限制范围内仍能赢得比赛。再比如，如何以最节约的方式削减原材料，构造所投入原材料的组合。背包问题在密码学中也发挥着作用。

背包问题已经被研究了 100 多年。随着需要考虑的对象数量的增加，解决问题的复杂性也会增加。每增加一个需要考虑的对象，解决问题的复杂性会随之增加一倍。实际上，即使计算机的能力有了很大的提升，也很难处理类似于背包问题的组合性质的中等复杂问题。如果没有某种高级的启发式方法来限制必须考虑的备选方案的范围，具有类似结构的搜索问题是不可能被解决的。事实上，背包问题的近似解已经使用了很多年。

尽管某些形式的计算智能（如专家系统）取得了成功，但在 20 世纪 70 年代和 80 年代初期，人们对计算智能的兴趣和资金投入都有所下降。无论是计算机资源还是构建人工智能的手段，都不足以处理哪怕是中等规模的问题。关于计算机很快就能完成人类能做的任何工作的承诺，提高了人们原本就无法实现的期望，由此产生的失望也导致了所谓的"人工智能寒冬"（AI winter）。

最终，图灵声称智能可以通过一个有效程序实现，并且可以通过对话来衡量。纽威尔和西蒙将这个概念扩展到物理符号系统假说，结果证明物理符号系统假说实际上干扰了计算智能。图灵（1947/1986）的另一个想法也被证明对计算智能的发展非常有用，即一个可靠的计算机不可能是智能的。如果我们放弃计算机应该是绝对可靠的这一观念，那么我们就有可能让计算机产生智能。这一观点与前一章讨论过的拉卡托斯（Lakatos）的立场是平行的。逻辑实证主义试图创造一种绝对可靠的科学，最终却根本无法实现科学。拉卡托斯和其他人为了批评和比较分析而放弃了可靠性，认识到科学做出的承诺可以被判断，但不能被证明。换句话说，启发式方法是最基本的，但不能保证是有效的。它们的使用有时可能会导致错误的答案，但没有它们，我们根本得不到任何答案。

在 20 世纪七八十年代，即使当时被夸大的物理符号系统方法未按预期目标实现，关于智能易出错的观点也并未广为人知。人们对物理符号系统方法中的计算智能的兴趣和拥护在很大程度上消失了。20 世纪 80 年代中期，由于联结主义和其他形式的机器学习的引入以及互联网和万维网的爆炸式增长，人们对计算智能的研究热潮再度袭来。但复苏的研究兴趣里不包括一种与物理符号系统假说不那么密切相关的人工智能，这种人工智能将是下一章的讨论主题。

3.4　通用智能的定义

与人类智能的研究和测试一样，为通用人工智能制定一个广泛适用的定义仍然具有挑战性，而且许多挑战与人类智能所涉及的挑战类似。但是，当设计计算智能系统时，问题不是如何像斯皮尔曼（Spearman）那样发掘什么是通用性，而是如何设计计算智能系统。

与智能测试一样，将特定形式的智能表述为解决特定类型问题的能力相对容易。当问题形式良好并且已知特定的解决方案时，很容易评估成功。在某些观点中，通用人工智能只不过是将一组足够多的特定问题解决模块组合在一起。如果我们有足够多正确的"模块"组合来解决相应问题，那么通用智能的问题就归结为如何选择一个正确的模块来应用于新情况，或者至少作为一种思路。我们将在第 12 章更深入地考虑这种方法，同时更详细地介绍通用人工智能可能是什么样子。

此时，我们再讨论一下通用智能的特征。当前的人工智能方法之所以有效，是因为它们的设计者已经弄清楚如何构造和简化问题，以便现有的计算机和程序能够解决这些问题。为了创造出真正的通用智能，计算机要能定义和构造自己的问题。在人类智能的背景下，罗伯特·斯腾伯格（Robert Sternberg）（1985）认为智能应包括三种适应性能力：分析能力、创造能力和实践能力。目前的计算智能方法在分析方面做得很好。计算机的计算速度比人类快很多倍；可以通过内存保存更多的变量；最重要的是，它们的行为比人类更系统。在严重依赖这些能力的任务上，计算机可以比人类做得更好，但遗憾的是，它们在创造和实践这两种适应性能力方面表现较差。

计算机所能展示出的创造力是有限的。如果这种创造力可以通过参数优化来实现，那么计算机就可以为某些类型的问题提供创造性解决方案。例如，计算机可以制造出一些以前可能从未被听到过的令人愉悦的音乐，这些音乐是通过对计算机科学家创建的音乐表示进行操作实现的。科学家提供给计算机可执行的分析结构，让其挑选可能最重要的音乐特征，并提供一些音乐示例，让计算机从中提取出这些特征所代表的模式。计算机通过调整参数产生音乐，以便更接近已知示例的某种组合。产生的音乐也许是新颖的，但是音乐的制作过程仅仅是对其所训练的模式的一种推断。

实践智能是斯腾伯格为摆脱将人类智能工作视为智能成就所做出的尝试。即使没有受过正规教育的人也可以很聪明。他们可能缺乏分析能力，但他们有其他的实践能力。实践智能包括通常所说的"常识"，即人们知道这些东西，不需要通过学校教育就能学会。常识性知识关注的是有关个人世界的事实。常识性的事实广为人知，但很少被明确描述，这也是迄今为止计算机难以学会常识的原因之一。

一个通用智能系统应该能够解决多种类型的问题。当它学会解决新问题时，它应该扩展自己的能力，而不是取代现有的能力。目前许多计算机系统都遭受着"灾难性遗忘"（catastrophic forgetting）的困扰。当它们学习执行一项新任务时，它们会"忘记"如何执行之前学习过的任务。尽管已有一些关于迁移学习的研究，但目前大多数可用的应用程序一次只能解决一个问题。

通用智能系统还必须能够从特定问题归纳出更通用的原则，并能够利用通用原则构建特定问题的解决方案。它必须能够将一个领域的知识学习应用于另一个领域的问题。

虽然这并不是通用智能的确切定义，但这一系列特征是我们可能在通用计算智能体中寻找的一个开端。具有这些特征所对应能力的智能体能够识别出哪些问题需要解决方案，并可以构建和解决甚至是非结构化的问题。本书其余的大部分内容都是针对进一步明确这些特征以及如何实现它们的。

3.5　结论

符号方法是尝试构建智能机器的第一步。它基于这样一种观点：构建智能的过程是可以被精确描述的。因此，它侧重于解决易描述步骤的任务。智能是受过良好教育的人所做的事情，比如证明定理和下象棋，这种想法进一步强化了上述观点。在麦卡洛克和皮茨证明可以将大脑看作一个物理符号系统之后，人们认为可以用相同的方式构建人类和机器智能。在下一章中，我们将讨论一些非符号化的智能研究方法。

3.6　参考文献

Church, A. (1936). A note on the Entscheidungsproblem. *Journal of Symbolic Logic, 1,* 40–41.

Colombo, F., & Gerstner, W. (2018). BachProp: Learning to compose music in multiple styles. https://arxiv.org/pdf/1802.05162.pdf

Cooper, S. B. (2004). The incomputable Alan Turing. In J. Delve & J. Paris (Eds.), *Proceedings of the 2004 International Conference on Alan Mathison Turing: A Celebration of His Life and Achievements.* Swindon, UK: BCS Learning & Development. https://arxiv.org/pdf/1206.1706.pdf

Fernández, J. D., & Vico, J. (2013). AI methods in algorithmic composition: A comprehensive survey. *Journal of Artificial Intelligence Research, 48,* 513–582.

Gödel, K. (1931/1992). *On formally undecidable propositions of Principia Mathematica and related systems.* New York, NY: Dover. (Original work published 1931)

Harnad, S. (1990). The symbol grounding problem. *Physica D, 42,* 335–346.

Kellerer, H., Pferschy, U., & Pisinger, D. (2004). *Knapsack problems.* Berlin, Germany: Springer-Verlag.

Lee, D. (2018, January 10). This $16,000 robot uses artificial intelligence to sort and fold laundry. The Verge. https://www.theverge.com/2018/1/10/16865506/laundroid-laundry-folding-machine-foldimate-ces-2018

Lee, D. (2019, January 7). Foldimate's laundry-folding machine actually works now. The Verge. https://www.theverge.com/2019/1/7/18171441/foldimate-laundry-folding-robot-ces-2019

Lenat, D. B., & Feigenbaum, E. A. (1987). On the thresholds of knowledge. In *Proceedings of the Tenth International Joint Conference on Artificial Intelligence, Milan Italy* (pp. 1173–1182). San Francisco, CA: Morgan Kauffmann.

Lindsay, R. K., Buchanan, B. G., Feigenbaum, E. A., & Lederberg, J. (1993). DENDRAL: A case study of the first expert system for scientific hypothesis formation. *Artificial Intelligence, 61,* 209–261. https://pdfs.semanticscholar.org/68fd/f29cd90a4e7815d1b41ae5ee51f3e78ba038.pdf

McCarthy, J., Minsky, M. L., Rochester, N., & Shannon, C. E. (1955, August 31). *A proposal for the Dartmouth Summer Research Project on Artificial Intelligence.* http://jmc.stanford.edu/articles/dartmouth/dartmouth.pdf

McCulloch, W. S., & Pitts, W. (1943). A logical calculus of the ideas immanent in nervous activity. *Bulletin of Mathematical Biophysics, 5,* 115–133.

Minsky, M. (1968). *Semantic information processing.* Cambridge, MA: MIT Press.

Minsky, M. (1996). In D. Stork (Ed.) *Hal's legacy: 2001's computer as dream and reality.* Cambridge, MA: MIT Press.

Newell, A., & Simon, H. A. (1976), Computer science as empirical inquiry: Symbols and search. *Communications of the ACM, 19*(3), 113–126.

Nilsson, N. J. (2007). The physical symbol system hypothesis: Status and prospects. In M. Lungarella, R. Pfeifer, F. Iida, & J. Bongard (Eds.), *50 years of artificial intelligence* (Lecture Notes in Computer Science, Vol. 4850, pp. 9–17). Berlin, Germany: Springer-Verlag. http://ai.stanford.edu/~nilsson/OnlinePubs-Nils/PublishedPapers/pssh.pdf

Piccinini, G. (2004). The first computational theory of mind and brain: A close look at McCulloch and Pitts's "Logical calculus of ideas immanent in nervous activity." *Synthese, 141,* 175–215. http://www.umsl.edu/~piccininig/First_Computational_Theory_of_Mind_and_Brain.pdf

Quillian, M. R. (1969, August). The Teachable Language Comprehender: A simulation program and theory of language. *Communications of the ACM, 12*(8), 459–476.

Searle, J. (1980). Minds, brains and programs. *Behavioral and Brain Sciences, 3,* 417–457. http://cogprints.org/7150/1/10.1.1.83.5248.pdf

Searle, J. (1984). *Minds, brains, and science.* Cambridge, MA: Harvard University Press.

Simon, H. A., & Newell, A. (1958). Heuristic problem solving: The next advance in operations research. *Operations Research, 6,* 1–10.

Sternberg, R. J. (1985). *Beyond IQ: A triarchic theory of human intelligence.* New York, NY: Cambridge University Press.

Sternberg R. J. (2018). Speculations on the role of successful intelligence in solving contemporary world problems. *Journal of Intelligence, 6*(1), 4. doi:10.3390/jintelligence6010004

Turing, A. M. (1965). On computable numbers with an application to the Entscheidungsproblem. In M. Davis (Ed.), *The undecidable* (pp. 116–154). New York, NY: Raven

Press. (Original work published in *Proceedings of the London Mathematical Society*, Ser. 2, Vol. 42, 1936–7, pp. 230–265; corrections ibid., Vol. 43, 1937, pp. 544–546)

Turing, A. M. (1950). Computing machinery and intelligence. *Mind, 59,* 433–460.

Turing, A. M. (1986). Lecture to the London Mathematical Society on 20 February 1947. In B. E. Carpenter & R. N. Doran (Eds.), *A. M. Turing's ACE Report and other papers.* Cambridge, MA: MIT Press. http://www.vordenker.de/downloads/turing-vorlesung. pdf (Original work published 1947)

第 4 章

计算智能与机器学习

机器学习在某种程度上是一种机制,通过这种机制,计算机可以扩展能力,使其能力超越那些直接被编入程序的计算机。通用人工智能需要能够从其经验中学习。另外,目前的机器学习方法很大程度上依赖于人类设计师如何构建问题。在本章中,我们将讨论机器学习的基本原理,以及机器学习如何依赖于设计者所做的选择。

早期基于规则的系统(如通用问题解决器)将智能视为一个正式的符号操纵问题。如果我们能够足够精确地描述智能的过程,那么就可以设计一套规则,由计算机来模拟它们。然后,它们着手在其他正式系统的背景下展示这种智能,例如下棋和定理证明。这些活动完全可以在计算机的"头脑"中进行,而不必处理世界的混乱现实。

4.1 专家系统的局限性

与定理证明不同,专家系统的目标(见第 3 章)不仅仅是操纵符号,而是解决世界上的问题,例如从气相色谱仪中识别样品的化学性质,在油田中寻找石油,或诊断医学疾病。专家系统中的符号建立在它们与物质世界的特定特征相关的基础上。基础来自知识工程师编码到系统中的规则,来自在日常实践中使用类似规则的主题专家。

专家系统需要可靠的证据,并产生可验证的预测。它们一直依赖于这样的假设——世界,或者至少是它们所关心的那部分世界,可以用足够的细节描述一组规则,这样的规则足以解决它们旨在解决的问题,但它们是扎根于那个世界的。

专家系统主要包括一个知识库和一个规则库,前者包含专家系统所处理的那部分世界的事实,后者包含对这些事实进行推理的工具。它根据主题知识和规则的正式表示进行推理。在规则的背景下,符号并不代表任何武断的事实,而只代表某些非常特定的事实。

如果世界不同，符号也会不同。例如，第 3 章讨论的 DENDRAL 专家系统提出了可能通过测量物质的分子量得到分子结果。它解决了这个问题：什么样的原子组合可以返回 X 的分子量？水的分子量为 18（两个氢原子各贡献 1 个单位，两个氧原子贡献 16 个单位）。因此，当质谱仪检测到一个分子量为 18 的分子时，最有可能返回这个分子量的分子是水。如果氢更重，那么当专家系统发现一个分子量为 18 的分子时，水就不会出现在该符号中。

专家系统利用了这样一个事实——计算机是通用的符号操纵设备，因此事实、启发式和数学都可以在这些程序之一中表示。推理规则通常被组织到所谓的"专家系统外壳"中，并且它们可以与不同的事实集合在一起重用。逻辑是形式化的，它不关心我们在推理什么，但事实是特定于某些任务的。专家系统的推理将有关主题的知识与有关推理的知识相结合来产生结果。

专家系统中的规则是条件"句子"，例如：

❑ A 隐含 B；

❑ 如果 A 为真，那么 B 同样为真。

这种形式的论证被称为"演绎推理"，它独立于 A 和 B 是什么。当正式论证与一些专业领域知识结合起来时，我们可能会得到如下规则：

❑ 如果 X 是一个动物，它在水中生活，并且有鳞片，那么 X 是一条鱼。

构建一个有效的规则集是相当具有挑战性的。专家系统通常需要三组人员：编写运行专家系统（通常是 shell）代码的软件开发人员、了解需要解决的问题的主题专家，以及知道如何将主题专家的知识转化为计算机可以使用的规则的工程师。构建专家系统是一个定制项目，通常非常困难，实际只能捕获相当狭窄的主题。它们从来没有真正取代人类专家的效果，但是当它们被使用时，有时可以对专家进行辅助。

MYCIN 由大约 450 条规则和大约 1000 条医学事实组成，大部分是关于脑膜炎的。按照今天的标准，这是一个稍微复杂的系统，但它花了数年时间开发。MYCIN 的目标是帮助诊断患者染病并推荐适当的治疗方法。

专家系统的见解包括：

❑ 知识是智能的主要组成部分。

❑ 专注于一个对新手来说仍然困惑的相当狭窄的任务就足够了。

❑ 通过将知识应用系统化和自动化，可以获得实际的成功。

这些见解是计算智能方法的一个重大转变，一直延续到今天。数据是当前任何人工智能项目中最关键的部分。这些项目倾向于解决特定的问题，比如检测垃圾邮件。尽管今天的计算方法与开发 DENDRAL 和 MYCIN 时的计算方法有很大的不同，但我们能够系统化和自动化知识应用的想法仍然是当前计算智能的关键。

专家系统是后来被称为"优秀的老式人工智能"的一个例子［约翰·豪格兰德（John Haugeland）于 1985 年将其命名为 GOFAI，带有一点贬义的意图］。规则是明确的，由知识工程师和主题专家"手工"构建。

例如，用于下井字棋（noughts-and-crosses）的 GOFAI 算法可能是这样的：

- ❏ 如果我们或我们的对手在一行（行、对角线或列）中有两个（X 或 O），则在该行的剩余方格上下棋。
- ❏ 否则，如果有一个方格产生两条两行，则在该方格下棋。
- ❏ 否则，如果中间的方格是空的，就在该方格下棋。
- ❏ 否则，如果我们的对手已经走了一个角，就走相反的角。
- ❏ 否则，如果有空角，则在该方格下棋。
- ❏ 否则，在任何空方格上下棋。
- ❏ 重复，直到没有更多选择。

井字棋非常简单，我们可以轻松地列出系统中的所有规则。但随着问题变得越来越复杂，由于"维度诅咒"（curse of dimensionality），列出所有规则变得越来越具有挑战性。变量或维度越多，它们的组合方式就越多。

列出规则的方式也是极其脆弱的，这意味着问题中的小变化可能会导致 GOFAI 系统的大问题。对于像井字棋这样简单的游戏，我们可以很容易地将传统的基于规则的 AI 方法与机器学习方法进行比较。在机器学习系统中，规则没有明确列出，而是被发现的。

4.2　概率推理

在我们深入研究机器学习之前，还需要考虑一项创新。在专家系统之前出现的计算智能项目对不确定性没有容忍度。事实要么是真的，要么不是。例如，在国际象棋中，棋子在棋盘上的位置没有不确定性。但世界并不完全如此确定。专家系统引入了这样一种观点，即给定一些证据，规则可能无法确定地预测某件事，而只能预测概率。

如果它在海里游泳，那么它可能是一条鱼。

MYCIN 会报告一组特定事实可能表明某种感染的概率。

下面是来自 MYCIN 的一个变体——EMYCIN 的示例规则（Buchanan 和 Duda，1982）：

规则 160

如果：

（1）患者的头痛是急性的

（2）患者头痛发作突然

（3）头痛严重程度大于 3（使用 0~4 的等级，最大值为 4）

那么：

（1）有提示性证据表明患者的脑膜炎是细菌性的概率为 0.6

（2）有微弱的提示性证据表明患者的脑膜炎是病毒性的概率为 0.4

（3）有提示性证据表明患者蛛网膜下腔内有血液概率为 0.6

当然，在内部，这些规则并没有用如此清晰的语言来表达，而是用计算机语言 LISP 来表达。

在 MYCIN 中使用的扩展方法导致了概率推理模型的发展。这种模型允许系统用不确定的数据和不确定的规则进行推断。例如，不确定的事实可能来自不可靠的传感器，来自主观的病人报告，或来自其他不完善的测量。当我们感到疼痛时，可能很难决定头痛是 3 级还是 4 级（最大值为 4）。不确定的规则可能源于不完善的关系，例如，其他未测量的变量可能导致复杂的关系。

在表示不确定推理的系统中有贝叶斯网络，它将事实表示为网络中的节点，并将这些事实之间的关系（包括预测）表示为与概率程度的联系。登普斯特 - 谢弗（Dempster-Shafer）理论由亚瑟·登普斯特（Arthur Dempster）提出，并由格伦·谢弗（Glenn Shafer）扩展，提供了证据的数学理论，并提供了一个综合不同来源的证据以产生一定程度信任的一般框架。

莱斯利·瓦利安特（Leslie Valiant，1984）的近似正确学习框架描述了机器学习系统如何学习近似函数、决策规则等，而无须对其近似的事物有明确的理论。根据学习系统在训练期间收到的反馈，它可以学习一个大致正确的规则，即使学习准确的规则要困难得多。

最后，霍普菲尔德（Hopfield，1982）以及辛顿和斯诺基（Hinton 和 Sejnowski，1983）介绍了另一种概率学习，它是一种叫作"玻耳兹曼机"的网络学习系统。玻耳兹曼机是由对称连接的节点组成的网络。每个节点根据它从其他单元接收到的输入做出开或关的概率决策。

尽管在 20 世纪 80 年代中期之前，有几个项目在面临不确定性时着眼于概率推理，但当时人们兴趣的大幅飙升重塑了计算智能研究领域。这些系统和其他系统也为机器学习的出现铺平了道路，机器学习是取代或增强精心构建的专家系统规则的一种方式。最后，它们对人工神经网络的发展至关重要，而人工神经网络在过去的几十年中已经成为计算智能的主要形式之一。

4.3　机器学习

构建定制专家系统的复杂性和工作量意味着这些系统从根本上是不可扩展的。很少有组织有资源或兴趣去建立它们。在那些专家系统能够成功的领域中，目标是使专家掌握的知识的应用自动化。如果要向系统中添加新知识，就必须从领域专家那里获取知识并由知识工程师进行编码。如果专家和工程师想到了一种情况，那么专家系统可能有一个规则来处理它。如果他们没有这样做，而系统遇到了没有规则的情况，那可能是运气不好。

学习能力也是智能的标志之一。尽管 20 世纪 50 年代最初的感知器（本章后面介绍的早期神经网络）包含了学习能力，但到了 80 年代中期，机器学习新信息和新规则的能力迅速增长。这些新系统不仅可以完成专门编程的任务，还可以将其能力扩展到以前未见过的事件上，至少是在一定范围内的事件上。机器学习不是为机器提供一套明确规则，告诉它在每种情况下该做什么，而是为机器提供一套隐含规则，使它能够学习在各种情况下应该做什么。

作为迈向可以玩井字棋的机器学习系统的一步，我们可以将规则集简化为一个：

❏ 在可用的动作中，选择估值最高的那个。

当然，现在的问题变成了系统如何估计每个移动的价值？从本质上讲，给定每个当前位置（哪些方格用 X 标记，哪些用 O 标记），系统必须学习赢得游戏的估计概率。

一组可能的值可以是：

❏ 获胜 +100（连续三次得到满分）；

❏ 每行两个 +10（两个标记加一个空单元格）；

❏ 每行一个 +1（一个标记中有两个空单元格）；

❏ 将我们的标记放置在对手的旁边 +1；

❏ 创建一个分叉 +20（两行带有两个标记和一个空单元格）；

❏ 一个方格 +10（将空单元格与对手的两个标记排成一行）；

❏ 否则 0 分。

最好的做法是选择得分最高的单元格。与 GOFAI 系统一样，这一系统也倾向于赢得游戏或至少平局，但因为该系统使用的是未改变的分数，所以它仍然不涉及任何实际的学习。这只是一种选择由规则决定的走法的更动态的方式。在这种情况下，计分规则决定机器将如何运行。

从机器学习的角度来看，更有趣的是我们可以从每个可能的动作的随机分数开始，然后根据游戏的结果添加一个调整分数的方法。如果一个移动导致一次胜利，那么它的价值小幅增加。如果它导致了损失，那么它的价值就会小幅减少。如果它导致了平局，那么选择可能会小幅增加。这个过程被称为"强化学习"。就像心理行为学家一样，这个系统会因为胜利而得到奖励。

因为井字棋是一个正式的问题，所以两台计算机可以进行对弈。游戏不需要纸和笔，只需要记录哪些方格持有 X，哪些方格持有 O，以及记录哪些移动会导致获胜、平局或输。

其中一台机器与另一台机器对弈时，可能会首先使用 GOFAI 方法，而另一台机器可能会使用求和方法，根据每一步的输赢调整自己对价值的估计。起初，机器学习系统会输掉比赛，但最终它会调整自己的选择模式，至少让它打成平手。

或者，两个系统都可以使用求和方法，并且都可以在此过程中学习。在一系列游戏中，导致获胜或平局的选择会慢慢增加它们的分数，而导致失败的选择则会降低它们的分数。同样的方法也适用于其他游戏。事实上，AlphaGo 在学习下围棋的过程中也部分使用了这种方法（在第 6 章详细讨论）。

在强化学习过程中，系统"试图"在许多学习过程中最大化整体奖励水平。当结果是积极的，导致结果的步骤就会得到加强。当结果是消极的，导致结果的步骤可能会受到惩罚。从这种经验中，系统学习了一种策略来选择移动。链中的早期选择可能比后期选择更加模糊，有时会导致有利的结果，有时会导致损失，但经过足够多的游戏，有些策略会比其他策略更有效，并会被学习系统选择。

机器学习的多样性

机器学习至少有三种类型。它们的特征是系统从哪里得到反馈。我们已经描述了强化学习，另外两种形式被称为"监督学习"和"无监督学习"。

监督学习是一种更直接的提供反馈的方法。它通常用于需要系统将项目分类为两个或多个类的情况。在监督学习中，一个专家为类别标记几个训练实例。例如，一个人可以将一组图片标记为包含人，而另一组图片则标记为包含猫。然后系统可以通过学习这些图片中的特征来学习如何区分猫和人，从而得到更准确的分类。这个过程被称为监督学习，因为训练实例会监督系统产生正确的响应。起初，系统可能会随机地将一张图片分配给一个或另一个类。如果它将图片分配到正确的类别中，那么图片的特征就会更接近于正确的类别。例如，棕色斑块可能更适合与猫联系在一起，而不适合与人联系在一起。如果系统没有正确地对图片进行分类，那么这个连接就会被削弱。

在无监督学习中，系统从其工作的数据中获得反馈，而没有任何明确的人类反馈。之所以被称为无监督学习，是因为不需要人工提供标记示例。例如，一个系统可能学会将类似的图片组合在一起——称为"聚类"。如果给系统提供一些人和猫的图片，那么人的图片之间可能比人与猫的图片之间的相似度更高，而猫的图片之间可能比猫与人的图片之间更相似。反馈隐含在评估物品相似性的系统设计中，以及根据相似性对物品进行分组的规则中。如果愿意，监督来自这些反馈机制的设计方式。最终，系统会找到具有最高组内相似性和最低组间相似性的组。

在监督学习和无监督学习中，系统都被赋予了一个目标。例如，目标可能是最大化准确性或最大化相对于不同聚类中项目的相似性的聚类内相似性。

即使在监督学习和无监督学习中，也有很多机器学习方法，这些方法表面上看起来不同，但实际上在更抽象的层面上非常相似。例如，根据佩德罗·多明戈斯（Pedro Domingos）的说法，每个机器学习系统都包含三个关键特征：

1. 要学习的项目、它们的特性和问题结构的表示。

2. 用来评估系统工作情况的一种评价方法。

3. 用来调整系统以提高其评价方法所衡量的质量的一种优化方法。

根据多明戈斯的说法，

学习 = 表示 + 评估 + 优化

为了进一步简化，机器学习将它要解决的问题表示为三组数字。第一组数字表示系统接收的输入，第二组数字表示系统产生的输出，第三组数字表示机器学习模型。

例如，当一个系统对猫和人的图片进行分类时，输入可能会将图片表示为一个像素矩阵。例如，图像中的每个点（像素）可以表示为三个整数的组合，一个代表该点的红色亮度，一个代表绿色亮度，一个代表蓝色亮度。一幅图像可能包含 200×200 像素或 40 000 个三元组。

系统的输出可能只有两个数字，一个表示图片是猫，一个表示图片是人。

系统的学习部分在第三组数字——模型中。模型的作用是将输入映射到输出，以便实际包含猫的图片生成猫的输出，将其值设置为 1.0，将人的输出设置为 0.0。类似地，包含人的图片将猫的输出设置为 0.0，将人的输出设置为 1.0。模型组中的数字反映了模型的参数，这些参数可能非常复杂。某种优化方法被用来调整它们以产生正确的映射。

音乐推荐系统"潘多拉"（Pandora）根据大约 400 个特征对每首歌曲进行了分类，称这些特征为音乐的基因组。这些特征包括曲子是否涉及原声节奏吉他、重复的合唱、和声、节奏、旋律。这些特征最初是由音乐专家选择的。它们被专家分配到每首歌。每首歌都是由这 400 个特征的数字形式组合而成的。

潘多拉使用机器学习系统来识别人们喜欢的音乐的特征，然后推荐类似的音乐。潘多拉的机器学习系统就是监督学习的一个例子。听者对歌曲的选择提供了一种监督，使系统能够识别出其他极有可能被欣赏的歌曲。

表示的模型部分涉及系统如何表示音乐选择问题。如果它依赖于两段音乐之间的相似性，那么它就必须选择用来衡量相似性的特征，并就如何比较这些特征做出统计选择。

推荐系统模型通常表示歌曲之间的相似性和用户之间的相似性。它创建了一个复杂的模型，向用户推荐与以前喜欢过的歌曲相似的歌曲，以及类似用户过去喜欢过的歌曲。目标是最大限度地提高用户喜欢推荐歌曲的可能性。输入是关于每首歌和每个用户的信息，输出是推荐的歌曲。

一旦意识到象棋游戏可以用一棵动作树来表示，计算机程序就变得容易多了。每个回合都呈现出一系列可能的移动。每一次潜在的移动都是树上的一个分支，从那里开始的每一次潜在的移动都是该分支的一个分支，以此类推。一旦国际象棋被表示为一棵树，问题就变成了选择树的分支的子集进行分析，因为国际象棋树有太多的分支，无法及时地对它们进行评估。围棋被认为是无法解决的，因为这棵树包含的分支比宇宙中估计的粒子数量还多。所以表示的一个关键部分是一组启发式方法，以允许问题在可接受的时间内得到解决。

表示是由系统的设计者选择的。在许多方面，表示是设计机器学习系统最关键的部分。到目前为止，还没有一个现有的计算机系统能够创建自己的表示。在过去的 30 年里，计算智能的进步很大程度上是由灵巧的表示所驱动的，尤其是计算机科学家发明的启发式。

一旦选择了表示，下一个最重要的选择是评估函数。与前面描述的简单的井字棋点数系统一样，评估函数决定玩家与目标或学习目标之间的距离。评估方法允许系统在可选的移动之间进行选择。通常情况下，系统倾向于让它更接近目标的移动。

在井字棋的情况下，方法是选择预期收益最高的方格，这个方格由分配给每一步的点表示。在国际象棋中，目标当然是赢得比赛，而最好的棋步是使得赢的可能性最大的棋步。大多数机器学习的一个隐含假设是，在每个时间点，都有可能评估可用的选择，并选择最有利于实现目标的选项。

最后，每个机器学习系统都需要一个优化函数。优化函数是关于如何做出选择的计划，使系统更接近它的目标。在井字棋学习方法中，优化函数根据机器的输赢来调整模型的权重。然后，在游戏过程中，它将选择在该移动中获得点数的方格。点数是一种估算每一步移动选择的获胜可能性的方法。

设计者可以选择许多不同的优化方法。其中一些函数比其他函数更适合某些表示。其中许多涉及启发式，允许系统避免对所有选择进行详尽的评估。

一种优化方法是基于所谓的"梯度下降"（gradient descent，见图 4-1）。每一个让系统更接近目标的选择都是减少与目标的距离，通常称为"误差"。所以系统可以选择减少这个距离的移动。

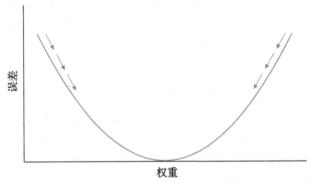

图 4-1　梯度下降的一个例子。机器学习调整参数以降低误差，即系统所在位置与其目标之间的差异

当我们单独观察每个参数时，梯度下降的概念很容易理解。每个参数通常以一个随机值开始。然后，在学习过程的每一步，优化方法或大或小地调整参数。如果参数太大而不能得到想要的结果，则将其调小。如果参数过小而不能给出所需的结果，则将其调大。调整模式遵循调整对误差的影响的斜率（梯度），始终致力于降低误差，从而降低梯度。

所有类型的机器学习都符合多明戈斯对抽象机器学习的描述。在这一点上，这些类型的机器学习是否是通用智能所需要的，是一个悬而未决的问题。我们将在本书后面重新考虑这个问题。首先，让我们更详细地了解机器学习。

4.4　感知器和感知器学习规则

弗兰克·罗森布拉特（Frank Rosenblatt）在 1957 年将麦卡洛克（McCulloch）和皮茨（Pitts）的神经学思想发展成一种叫作感知器（perceptron）的算法。感知器被认为是一种神经网络，其中的神经元被电路或软件模拟。感知器工作的直接目标是获取输入的模式，比如一幅简单的图片，并对它们进行分类。

在一个早期的实现中，一个感知器装置由 400 个光电池组成的阵列组成，排列在一个矩形矩阵中。这些光电池随机地连接到电子电路"神经元"上。当其中一个光电池在那个位置被光激活时，它就会向它所连接的所有神经元发送电信号。例如，图案可能由一个字母组成，它会照亮一组光电管，或者另一个字母会照亮另一组光电管。

该系统会使用感知器学习规则，通过调整连接的权重，学会对其光电池上的模式进行分类，类似于前面描述的梯度下降的思想。在一些版本的感知器中，权重是使用可变电阻（电位器）实现的，这可以减少从一个神经元传递到另一个神经元的电压。在计算机模拟版本中，权重是纯数学的，它可以是正的，也可以是负的。权重越高，传递的激活就越多。见图 4-1。

呈现给光电池的每一种光和暗的模式都激活了模拟神经输入的一种模式。每个被照亮的光电池将传输 1.0，而每个黑暗的光电池将传输 0.0 到它们所连接的神经元。每一种模式都是为了打开一个输出神经元，并关闭另一个。感知器学习规则指定如何调整权重来实现从输入模式到输出模式的映射。

例如，输入可能会点亮光电池，形成字母 H。网络的期望输出是，第 8 个输山神经元的输出值为 1.0，其他所有神经元的输出值为 0.0。当字母 A 的模式出现时，另一个神经元（比如第一个）的输出值应该是 1.0。

图 4-2 展示了一个感知器的小例子。被照亮的光电池将提供输入。在这个例子中，第一个和第四个单元被照亮，其他两个单元是暗的。加权连接将其活动传递给输出。输出单元对它们收到的加权输入进行相加，如果加权和高于阈值，它们就会响应高输出；否则它们就会响应低输出。在本例中，第二个输出被激活，而第一个输出没有被激活。

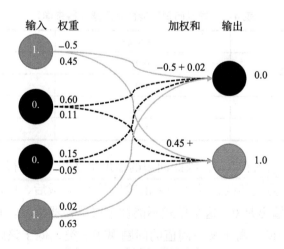

图 4-2　一个感知器的小例子

感知器学习规则将观察到的每个给定模式的输出与期望的输出进行比较。一开始，所有的连接权重都是随机的，所以在训练开始时，感知器随机响应每个输入模式。当每个模式被呈现给感知器时，如果网络从某个特定神经元产生 1.0 的输出，而这个输出应该是 0.0，那么所有导致这个输出的活动输入的连接都会减弱。如果输出是 0.0，而它应该是 1.0，那么所有来自活动单元的连接都将被加强。经过一定数量的训练后，感知器权重收敛于一个模式，该模式将为每个训练模式产生正确的输出。感知器学习规则保证学习感知器能表示的任何模式，但不是每个模式都能被感知器表示。

表 4-1 显示了感知器可以表示的一种问题的示例。如果输入是 1.0，那么输出应该是 1.0。

表 4-1   或（OR）问题可以很容易地被单层感知器学习

输入 1	输入 2	输出
0.0	0.0	0.0
0.0	1.0	1.0
1.0	0.0	1.0
1.0	1.0	1.0

第一列显示第一个输入，第二列显示第二个输入，第三列显示所需的输出。第一行显示两个输入都是 0，因此期望的输出也是 0。另外三行显示至少有一个输入处于打开状态（即值为 1.0），因此期望的输出为 1.0。感知器还可以学习如何解决 AND 问题，如果两个输入都是 1.0，那么输出应该是 1.0，否则应该是 0。

单层感知器无法学习的模式之一称为"异或"（exclusive OR，XOR）问题。异或问题涉及两个输入和两个类，就像表 4-1 中描述的 OR 模式一样。然而，在 XOR 问题中，一个类反映 1、0 或 0、1 的模式，而另一个类涉及输入模式 0、0 或 1、1。也就是说，如果输入不同，输出就会打开，但如果输入相同，输出就不会打开，见表 4-2。

表 4-2   异或问题不能由单层感知器来学习

输入 1	输入 2	输出
0.0	0.0	0.0
0.0	1.0	1.0
1.0	0.0	1.0
1.0	1.0	0.0

第一行显示两个输入都是 0，因此期望的输出也是 0。第二行和第三行显示一个输入是打开的，另一个是关闭的，因此期望的输出是 1.0。最后，第四行显示两个输入都是 1.0，因此期望的输出是 0。这个模式不能被单层感知器学习。它只能学习"线性可分"的问题，也就是说，高于某一阈值的问题属于一类，低于该阈值的问题属于另一类。XOR 问题指定中间值在一个类中，而极端值（高和低）在另一个类中。这个模式

不是线性可分的。

XOR 模式是逻辑中的基本模式，所以一个不能学习这种关系的系统在它能做的事情上会有非常严格的限制。最终，我们发现多层感知器可以学习这个模式。史蒂芬·格罗斯贝格（Stephen Grossberg，1973）描述了一个网络，其中第一组感知器的输出作为第二组感知器的输入。当时他还不知道如何训练这样一个多层网络。当这一规则在 1986 年左右广为人知时，多层感知器的使用激增。

4.5　机器学习入门

我想强调感知器的两个特性。首先，不像一般问题解决器或其他类似工具，感知器不依赖于手工编码的规则，而是从样例中学习这些规则。这些样例包括输入和输出模式。

其次，感知器采用了一种优化过程——感知器学习规则。在每个时间点，感知器权重被调整以实现其目标，在这种情况下，最小化期望输出和观察输出之间的差异。

在感知器模型中，模型参数是连接权重，它将激活从输入传递到输出。同一个模型可以通过改变参数来计算不同的结果。例如，上面描述的简单 OR 模型有两个输入和一个输出，它有两个输入参数：每个对应一个输入。如果两个权重都设置为 1.0，那么如果两个输入中有一个在（1.0）上，输出将接收 1.0 的激活；如果两个输入都在（1.0）上，输出将接收 2.0 的输入。任何满足或超过阈值（第三个参数）的输入都将打开输出，任何小于阈值的输入都将关闭输出。使用与 OR 网络相同的网络结构但不同的权重可以解决 AND 问题：输入权重为 0.5，输出激活阈值为 1.0。有了这些权重，两个输入都必须提供 1.0 以使输出匹配其阈值 1.0（来自输入 1 的输入乘以 0.5 加上来自输入 2 的输入乘以 0.5）。

机器学习是统计学和人工智能的结合，引导人工智能研究人员以概率的方式思考，强调数据而不是知识。已经存在了 100 多年的统计技术可以应用于机器以进行估计和分类。

机器学习可以应用于更传统的计算智能问题。例如，汉诺塔问题和魔鬼与天使问题之前都是基于特定的规则而呈现在当前状态中。这些状态转换规则是由了解游戏和解决方法的人明确编写的。在这些游戏中不可能出现意外的状态，潜在的移动数量也很小，以至于一个人可以把它们全部写下来。

然而，国际象棋就不是这样了，更不用说象棋了。亚瑟·塞缪尔（Arthur Samuel，1959）在描述一个学习下国际象棋的程序时创造了“机器学习”这个术语。他选择国际象棋作为一种具有代表性的问题，这种问题最终可能引领解决更具挑战性的问题。国际象棋是一款相对简单的游戏，但其复杂性足以让人感兴趣，特别是在 20 世纪 50 年代的计算机能力范围内。

在这个机器学习的例子中，塞缪尔使用了许多现代工程师所熟悉的技术。他将游戏表示为一棵树，代表游戏中任何一点都可以触及的所有合法安排。他没有足够的资源来全面评估这棵树，所以他使用启发式方法来选择哪些分支可能最成功。他使用得分功能（包括每种颜色棋盘上的棋子数量、每一方拥有的国王数量以及提升棋子成为国王所需的移动数量）来估算每个分支的价值。他的启发式选择了在假设对手也以这种方式选择走法的情况下能够获得最高分数的走法。

　　这个程序记录下了它在比赛中看到的每一个位置，以及比赛的最终结果。然后，它使用历史信息来增强移动 – 选择启发式算法。他使用专业人士录制的游戏来进一步训练他的系统，甚至让一台计算机与另一台计算机进行比赛。到 1961 年，他的国际象棋程序击败了美国排名第四的国际象棋选手。到 20 世纪 70 年代中期，他的程序已经足够好，可以经常击败受人尊敬的选手。

　　机器学习提供了一种机制，通过这种机制，人们可以学习每一个动作的价值，而不是规定特定的规则来选择动作。在塞缪尔的程序中，记住已经见过的棋盘位置的价值在于，他的程序将有一组从该配置引出的完整分支的记录。可以肯定的是，这一记录只包含了每一场游戏在树中的一条路径，但他可以非常自信地知道这条路径的结果是什么。它有效地用数据（过去经验的结果）代替了广义推理。事实证明，这是现代机器学习的另一种常见技术。数据（特别是成功解决问题的样例）对机器学习来说比问题状态转换本身的详细知识更重要。

　　机器学习方法的表示、评估和目标组合描述了学习状态转换的方法。例如，前面描述的井字棋学习者的"元规则"规定，它应该选择具有最高值的方块。另一个元规则规定，当转换导致赢得游戏时，它应该增加转换的值。

　　另一种说法是，机器学习问题的表示指定了可能的状态转换操作符的范围。评估和优化方法允许系统选择合适的评估方法。按照这种观点，机器学习的学习部分就是选择合适的值放在每个状态转换操作符上的过程。

　　就像感知器中的权重一样，机器学习中的参数值通常不是直接从观察中得出的，而是从样例中估计出来的。这些估计可能并不完美，但经过一些训练后，它们大致是正确的。例如，知道一个人的身高，我们就能预测出这个人的体重，真实值与我们的预测可能相差 2 磅○或 5 磅。我们可以说预测大概是正确的。身高和体重是可以观察到的，但这两者之间的关系，即身高和体重之间线的斜率，是一个我们可以用机器学习的"回归"形式估计的参数。

　　假设在我们的模型中，身高和体重之间存在直线关系。为了用回归估计身高权重，必须估计两个参数：一个叫作"斜率"（slope），另一个叫作"截距"（intercept）。斜率是体重随身高变化的估计值。如果一个人比另一个人高 1 英寸（2.5 厘米），平均来说，高的人会多重 5 磅（2.3 千克）。斜率告诉我们，身高的每一单位变化都会引起体重的极大变化。

　　○　1 磅＝ 0.454 千克。——编辑注

截距是数值上期望的零身高权重。实际上，我们并不期望任何人的身高为零，但 0 在数学上是一个方便且明确的值，可以用来定义线的位置。一旦对这两个参数有了估计，就完全定义了估计的体重和身高之间的关系。如果测量了一个人的身高，就可以用这条线来估计这个人的体重。

从身高和体重的样例中找出两个变量之间关系的参数是一种标准的统计技术，被称为"回归"（regression）。人们不需要编程估算斜率和截距，它们是从样例数据中学习到的。

回归是机器学习的一种简单形式，尽管直到最近大多数人认为它是一个统计过程。让它学习的是，它的参数是从样例数据中估计出来的，然后用来预测以前从未见过的其他数据的值（例如，从未见过的人的身高）。这些预测可能并不完美，但如果给系统提供足够的样例，它们就大致正确。

类似的技术可以用来从更复杂的数据组合中做出预测。复杂的预测可能涉及许多预测因素（例如，身高、种族、性别、邮政编码等）的组合，而不是只有一个估计因素（本例中为身高）。

从网络搜索引擎到垃圾邮件过滤，再到推荐电影的推荐系统，再到信用评分，机器学习在很多地方都有应用。机器学习被用来预测物品的类别，或者像回归一样，根据输入数据来预测后续值。例如，机器学习可以被用来判断摄像机中的斑点是由于灰尘引起还是由前面道路上的障碍物所导致的。

垃圾邮件过滤是机器学习分类的一个熟悉的例子，它是有效的，也相对容易理解。我们很多人收到的大部分电子邮件都是未经请求的商业信息——垃圾邮件。就像其他机器学习任务一样，垃圾邮件过滤器也是通过样例来工作的——在这种情况下，垃圾邮件是我们不想看的，而"有效"邮件是我们想看的。获得这些样例的一种方法是要求用户在收到电子邮件时进行分类。用户可以将不想要的邮件分类为垃圾邮件，将想要的邮件分类为有效邮件。

在一种基本形式中，垃圾邮件过滤器从每封邮件中提取单词或其他线索，并使用这些线索预测最合适的类别。在这个样例垃圾邮件过滤器中，系统计算一个单词在垃圾邮件中出现的频率和在有效邮件中出现的频率。然后，它利用这些计数来估计"万艾可"（Viagra）这个词出现在垃圾邮件中的概率和出现在有效邮件中的概率。它会为每封邮件中的每个单词重复这个过程。然后，当用户收到未被标记的新邮件时，系统使用这些概率来决定新邮件应该被归类为垃圾邮件还是非垃圾邮件，根据是哪个更有可能是正确的。

虽然我稍微简化了过程，但这个垃圾邮件过滤器是所谓的"贝叶斯分类器"的一个示例。它是以 18 世纪数学家及牧师托马斯·贝叶斯（Thomas Bayes）的名字命名的，贝叶斯描述了分类器所依据的基本规则。贝叶斯分类器是一种机器学习方法，在区分垃圾邮件和有效邮件方面特别有效。我们将在第 10 章再次讨论贝叶斯学习。

垃圾邮件过滤器使用单词在这两类中的分布来推断特定电子邮件中的单词集更有

可能来自垃圾邮件还是有效邮件。它从用户标记的电子邮件中获知这些分布。每个类别的每个单词的概率是系统必须学习的参数，所以这种形式的机器学习涉及很多参数。

学习过滤可疑电子邮件是监督学习的一个例子，因为它使用"监督者"（邮箱所有者）提供的标签来学习重现该用户的决策模式。

贝叶斯分类器非常适用于机器学习的多明戈斯框架（Domingos framework）。如上所述，该框架的关键特性是表示、评估和优化。

表示 垃圾邮件过滤器将其判断的电子邮件表示为"词袋"。系统使用的是单词和它们的频率，而不是它们的顺序。这就好像我们把一封电子邮件中的所有单词都扔进了一个袋子里。它以数组或数字列表的形式表示电子邮件中每个单词的存在。每个单词在列表中都有一个位置，如果单词出现在电子邮件中，该位置设置为 1.0，否则设置为 0.0。

评估 对垃圾邮件过滤器的评估包括对样例进行正确分类的概率的测量。也就是说，它能将垃圾邮件和有效邮件正确区分多少次？

优化 贝叶斯分类器有非常简单的优化。随着我们收集越来越多的垃圾邮件和有效邮件例子，我们可以更好地估计出现在垃圾邮件或有效邮件中每个单词的概率。我们还需要估计一个阈值，以决定是否将一封电子邮件归类为垃圾邮件。概率高于阈值的电子邮件称为垃圾邮件，其他邮件称为有效邮件。

如何表示要解决的问题决定了可能的解决方案范围。每一个潜在参数值的组合都是一个关于如何解决问题的假设。评估和优化允许系统在这些假设中进行选择，但是系统不能选择一个不在潜在解决方案集合中的解决方案。它不能当下就决定，要将这个问题当作一种回归问题来求解。

如果一个问题被表示为一棵树，那么唯一可以达到的解决方案就是可以按照树的分支来描述的解决方案。机器学习可以用来在树中选择路径。但至少到目前为止，机器学习无法告诉我们一棵树是错误的表示，并建议正确的表示。

优化方法是指系统在可能的解中寻找"最好的"或尽可能接近最好的解。有许多优化方法。

回到空间隐喻，优化方法使系统更接近它的目标。与目标的接近程度由评估过程来衡量。

如果只有几个参数需要调整，那么我们可以使用蛮力来尝试所有参数。但当有很多参数时，它们可以组合的方式数量将变得很大。我们需要启发式方法来选择所要评估的组合。机器学习的改进通常依赖于找到更好的方法来预测哪些变化是有用的，并把重点放在这些变化上。

如前所述，分类机器学习将模式划分为由分配给样例的标签决定的类别。希望系统从这些样例推广到以前未见过的项目。用户 / 监督者告诉系统如何将样例组织到类别中，然后系统学习如何再现这种组织。

除了聚类，另一种无监督机器学习方法叫作"关联规则学习"（association rule learning）。例如，在市场购物篮分析中，每个买家在去超市的过程中选择的所有商品都会被跟踪。例如，购买土豆和洋葱的人可能比一般购物者更有可能同时购买汉堡包。如果这种规则是一致的，那么这些信息就可以用来改进市场营销。

几年前流传着一个故事，讲的是零售公司塔吉特（Target）如何分析顾客的购买模式。根据这篇报道，塔吉特百货公司发现，购买钙、镁和锌等补充剂的女性同时也会购买更多无味乳液。该公司首先观察到这一点，同时还发现那些女性预约登记迎婴聚会（baby shower），这表明她们怀孕了，并借此预计其何时分娩。塔吉特可以利用这些信息向这些女性推销其他婴儿相关产品。机器学习被用来寻找这些关系，塔吉特则利用所发现的关系来进行商品推荐。这个故事可能不是真的（Piatetsky，2014），但它说明了使用机器学习的关联规则学习的想法。

机器学习高度依赖于它所训练的样例。正如多明戈斯所指出的，成功更多地依赖于良好的数据，而不是良好的算法。更糟糕的是，质量差的数据可能会对用户造成欺骗，让他们认为有一个有效的机器学习过程，而实际上系统只是学习了一些人为的数据。例如，如果一个人正在训练一个神经网络机器学习系统来识别有猫的图片，系统的学习过程将同时依赖于所呈现的其他可能分散注意力的图片类别（非猫的图片）。例如，如果其他类别只包含风景，系统可能会学会识别大量绿色和蓝色图片与大量黑色、棕色、橙色或灰色图片之间的区别。该系统可以在这些特定图片的背景下适当地区分猫和风景，但学习按颜色来分类图片和学习按是否包含特定物体来分类图片是完全不同的。

看到图片的人可能会得出这样的结论：系统学会了识别猫，但这并不意味着"猫"这个类别就是它真正学会的。事实上，拉加文德拉·科蒂卡拉普提（Raghavendra Kotikalapudi）最近的一项分析发现，一个网络实际上是在学习根据图片中物体的一般属性来分类这些物体。例如，它用来识别企鹅照片的特征是腹部大面积的白色区域。机器学习系统受到设计表示的限制，但它仍然可以学习到令人惊讶的表示特征，这些东西不一定符合它的设计者的期望。

一个相关的问题被称为"算法偏差"（algorithmic bias）。一个机器学习系统可能被认为是客观的，在它训练所依赖数据的背景下，它确实是客观的，但是这个系统不能比它被训练的数据更客观。例如，2015年，谷歌的图片分类软件因为将一张21岁的非洲裔美国程序员的照片错误地分类为大猩猩（以及黑猩猩）而受到指责。问题的关键不在于软件是愚蠢的——也许是这样——而在于计算机并不总是能学到它的设计者希望它所学习到的区别。例如，更好的数据、更多标记的黑人例子，也许能避免这个问题。

训练机器学习系统所使用的特定样例以某种方式进行选择，这种选择影响机器学习模型的结果。系统设计者还选择要使用的特征作为机器学习模型的元素。例如，机器学习已被用于创建"累犯模型"（recidivism model），累犯是指罪犯在未来实施另一项犯罪的可能性。出于很多原因，这类模型备受争议，但我在这里想谈谈其中两个原因，两者都涉及系统建议的可感知的公平性。

从法律上讲，每个人都有权作为个人受到政府的公平对待，包括法院。审判一个人应该根据其是非曲直来进行。然而，当分析累犯程序的结果时，研究人员发现，它对待黑人被告与白人被告是不同的。

当系统在白人被告身上出了错时，它的错误在于预测了这个白人不会再犯其他罪行，而这个人最终却犯了其他罪行。当系统在黑人被告身上出了错时，它的错误在于预测这个人会犯罪，而这个人并没有犯罪。总的来说，这个系统是比较准确的，但是白人和黑人被告在错误类型上的差异被认为是不公平的。

解决这种偏见的方法是在系统目标的定义中体现公平性。目前，大多数机器学习的目的是最大化预测的正确性，但它很容易被设计成最大化预测的正确性和公平性。如果一个系统的目标中没有包含公平性的定义，那么任何有关公平性的实现都只是偶然的。公平性太重要了，我们不能听任偶然事件的摆布。

4.6　强化学习

强化学习是在早期学习玩井字棋时引入的。作为机器学习的一种形式，它介于监督学习和非监督学习之间，因为单个样例没有被标记，但当系统达到或未能达到其目标时，仍然会得到反馈。学习者没有被告知要采取哪些行动，但必须形成一种策略，选择一系列有效的行动，最终导致预期的结果（和强化）。

强化学习系统的目标是最大化累积"奖励"。一个主要问题是，最终奖励可能取决于一系列动作，因此会延迟一段时间直到这些动作完成后才能得到。将强化学习与有监督的机器学习进行对比，我们知道在机器学习中，反馈会立即跟随每个动作产生。强化学习优化方法面临的挑战是确定如何将观察结果的功劳分配给最终导致奖励的动作。

一般来说，强化学习和信用分配（即如何将部分最终奖励分配给早期选择）是很难完美解决的问题。获得奖励可能需要从更多可能的动作中选择大量步骤。除了一些琐碎的系统，我们不可能检查所有可能的动作组合是否能够获得奖励。与其他机器学习情况一样，需要启发式来将问题简化为更容易处理的问题，即使不能保证产生可能的最佳答案。

在任何时间点，玩家都可以选择若干动作，但唯一可用的信息是机器的当前状态，包括动作的历史和过去的强化学习结果。

强化学习系统需要了解每个动作导致强化结果的概率。每个单独的动作和最终得到的强化之间的关系可能是脆弱的。动作不一定总是成功。因此，系统的学习方法必须能够处理错误和对奖励的似然影响微乎其微的行为。

强化学习的代表例子包括如何让机器人学会在空间内导航和如何进行股票市场投

资。在一个特定的时间选择一只股票并不会立即产生利润。相反，利润只是在一段时间后，当股票被出售时才会出现。选择种植哪种作物以及何时种植它也可以通过强化学习来解决。

强化学习特别适用于交互式问题（interactive problem），智能体只能通过与它交互来对场景进行理解。在这种情况下，很难找到正确的、能够代表智能体可能遇到的各种情况的期望行为的例子。

4.7 总结：机器学习系统的几个例子

机器学习应用到各种任务的数量正在迅速增加。在许多情况下，使用机器学习成功地解决问题会导致机器学习有效地从用户的视线中消失。例如，语音识别的成功很大程度上是因为有效的机器学习将语音映射到文本，但在这一成功之后，人们通常就不再认为语音识别是机器学习问题。

信用和欺诈   几年来，机器学习一直被用于将信用卡交易分类为潜在的欺诈或真实交易。可能存在欺诈的交易将被进一步处理和跟踪。它们可能在销售点被停止。

产品推荐   当在亚马逊或其他在线零售商那里买东西时，它们通常会提供我们可能喜欢的其他产品。同样，Netflix 推荐电影。这些推荐来自推荐系统。机器可以通过几种不同的方式学习我们可能喜欢的东西。例如，系统可能已经知道买洗发水的人也倾向于买除臭剂。如果我们买洗发水，它就会推荐除臭剂。

人脸识别   脸书等应用程序可以通过分析照片来识别照片中描绘的人。人脸识别结合了几个机器学习问题，首先识别出图片中有一张脸，然后识别出这是谁的脸。这两种识别都可能依赖于识别面部部位（如鼻子或眼睛）或面部的其他特征。

人们发现识别面部很容易。然而，由于大多数人的面部可以出现在一张图片中，以及人脸几何的复杂性，计算机人脸识别是一个具有挑战性的问题。

人脸识别的机器学习包括一系列步骤，每一个步骤都是一个机器学习问题，都涉及大量训练样本。然而，当把它们放在一起时，就产生了一种有效的方法来识别照片中各种位置和背景下的个体。但它与人类显式使用的过程几乎没有相似之处，所以当它出错时，很可能会犯与人类不同的错误。

4.8 结论

机器学习是一个非常活跃的研究领域。机器学习是计算智能的重要组成部分，其重要性还在不断增长。通过使用各种技术和巧妙的表示，它允许机器完成没有被编程完成的任务，以响应可能从未见过的物体。引领机器学习的主要观点是统计与概率学习的结合。

4.9 参考文献

Buchanan, B. G., & Duda, R. O. (1982). Principles of rule-based expert systems. In M. Yovits (Ed.), *Advances in computers* (Vol. 22) (pp.163–216). New York, NY: Academic Press.

Domingos, P. (2012). A few useful things to know about machine learning. *Communications of the ACM, 55*(10), 78–87. doi:10.1145/2347736.2347755; http://homes.cs. washington.edu/~pedrod/papers/cacm12.pdf

Dressel, J., & Farid, H. (2018, January 17). The accuracy, fairness, and limits of predicting recidivism. *Science Advances, 4,* eaao5580. http://advances.sciencemag.org/ content/4/1/eaao5580

Duhig, C. (2012). How companies learn your secrets. *The New York Times Magazine.* http://www.nytimes.com/2012/02/19/magazine/shopping-habits.html

Geitgey, A. (2016). Machine learning is fun! Part 4: Modern face recognition with deep learning. https://medium.com/@ageitgey/machine-learning-is-fun-part-4-modern-face-recognition-with-deep-learning-c3ffc121d78#.kleeml9o7

Grossberg, S. (1973). Contour enhancement, short term memory, and constancies in reverberating neural networks. *Studies in Applied Mathematics, 52,* 217–257.

Haugeland, J. (1985). *Artificial intelligence: The very idea.* Cambridge, MA: MIT Press.

Hinton, G. E., & Sejnowski, T. J. (1983, May). Analyzing cooperative computation. In *Proceedings of the Fifth Annual Congress of the Cognitive Science Society.* Rochester, NY.

Hopfield, J. J. (1982). Neural networks and physical systems with emergent collective computational abilities. *Proceedings of the National Academy of Sciences of the United States of America, 79,* 2554–2558.

Howley, D. (2015, June 29). Google Photos mislabels 2 black Americans as gorillas. Yahoo Tech. https://www.yahoo.com/tech/google-photos-mislabels-two-black-americans-as-122793782784.html

Koerth-Baker, M. (2016). The calculus of criminal risk: The justice system has come to rely heavily on quantitative assessments of criminal risk. How well they work is a complicated question. http://undark.org/article/of-algorithms-and-criminal-risk-a-critical-review

Kotikalapudi, R., & Contributors (2017). Keras-vis. Github. https://github.com/ raghakot/keras-vis

Lindsay, R. K., Buchanan, B. G., & Feigenbaum, E. A. (1993). DENDRAL: A case study of the first expert system for scientific hypothesis formation. *Artificial Intelligence, 61,* 209–261. doi:10.1016/0004-3702(93)90068-M; https://profiles.nlm.nih.gov/ps/access/ BBABOM.pdf; https://stacks.stanford.edu/file/druid:jn714xp6790/jn714xp6790.pdf

Piatetsky, G. (2014). Did Target really predict a teen's pregnancy? The inside story. http://www.kdnuggets.com/2014/05/target-predict-teen-pregnancy-inside-story.html

Samuel, A. L. (1959). Some studies in machine learning using the game of checkers. IBM *Journal of Research and Development, 3,* 210–229.

Shafer, G. (1976). *A mathematical theory of evidence*. Princeton, NJ: Princeton University Press.

Shafer, G. (1985, July). Probability judgment in artificial intelligence. In L. Kanal & J. Lemmer (Eds.), *Proceedings of the Workshop on Uncertainty and Probability in Artificial Intelligence* (pp. 91–98). Corvallis, OR: AUAI Press. https://arxiv.org/ftp/arxiv/papers/1304/1304.3429.pdf

Valiant, L. G. (1984). A theory of the learnable. *Communications of the ACM, 27*(11), 1134–1142.

Valiant, L. G. (2013). *Probably approximately correct: Nature's algorithms for learning and prospering in a complex world*. New York, NY: Basic Books.

第 5 章

人工智能的神经网络方法

本章我们继续对机器学习进行讨论，将讨论的内容扩展到模拟神经网络。本章讨论的系统从上一章中讨论的感知器开始，这些系统受到神经元（神经元是大脑的计算元素）操作的启发。

人类智能是精神操作的产物，通过人脑的神经元实现。第 4 章中描述的感知器就是通过类脑过程来实现机器学习系统的一项尝试。有人推断，既然大脑可以实现智能，那么也许我们可以通过模拟大脑的计算方法来获得类似的结果。神经科学的进展，尤其是对大脑神经元和关于这些神经元构成的基本网络是如何工作的新认识，进一步激发了人们对这种方法的研究热情。但是这些不断增长的神经科学知识也提醒我们在尝试模拟人脑时要谨慎。据我们对神经科学的了解，我们仍然远未完全理解大脑是如何实现智力的。尽管如此，模拟神经元为机器学习提供了极其强大的模型。

模拟神经元网络，其中最简单的便是感知器，它已经能够解决许多其他形式的计算智能难以解决的机器学习问题。这些神经网络通常由模拟神经元的分层集合组成，其中每一层（除第一层外）从前一层中的神经元接收输入，并（除最后一层外）向后续层提供输出。这些模拟神经元是对实际生物神经网络的抽象和简化。

生物神经元由三个主要部分组成：细胞体、轴突和树突。细胞体控制细胞的生物活动。轴突是将信息从神经元传递到其他神经元树突的纤维。树突是树状结构，通常有许多分支，从其他神经元的轴突接收信息。一个给定的神经元可以连接到数以千计的其他神经元。

神经元并不直接相互连接。相反，神经元通过一个微小的间隙"发送"小包化学信号，这个间隙被称为突触。传输神经元的轴突释放一包神经递质，然后被动地扩散穿过突触间隙并与接收神经元树突上的受体结合。神经递质与树突结合的过程会在接收细胞中引起一系列化学反应。

　　简单来说，当神经元接收来自其他神经元的信号时，它们会将接收到的激活累加。一些传输神经元向接收神经元提供兴奋信号，而一些则提供抑制信号。每种类型的信号都由不同的神经递质（neurotransmitter）传递。如果神经元受到足够的刺激，它就会变得活跃，从而导致电活动激增，并从其轴突释放自己的神经递质。由于神经元的活动会导致电流通过细胞膜，因此可以用电方法测量电活动的峰值。

　　计算神经元通常不描述峰值的细节，而是模拟神经元的整体活跃状态。它们汇总了从其他模拟神经元接收到的输入，其中一些具有正权重并有助于激活，而另一些具有负权重并抑制激活。如果抑制和激发的总和超过某个阈值，则模拟神经元的输出通常为 1.0，否则通常为 0.0（或在某些网络中为 –1.0）。其他模拟神经元输出一个与它们接收的活跃程度的总和相关的值。在低和时，输出实际上是 0.0；在高和时，输出实际上是 1.0；在两者之间，活跃程度大约与输入的总和成正比。

　　计算神经元的另一个简化是它们的角色在它们构成的网络中是固定的。相比之下，最近的一些实验发现，生物神经元可能会随着时间的推移而改变它们的作用。当持续数周记录神经元的活动时，那些曾经可靠地表示小鼠会做出一种反应的神经元会在数周后发出相反的信号。

　　神经网络模型中使用的计算神经元简化模型使每个神经元在训练过程中改变其活动模式，以优化其为每个输入产生所需输出的作用。相反，像这样的小鼠研究表明，大脑是动态变化的，单个神经元所扮演的角色可能会在相对较短的时间内发生变化。我们还不知道这种动态变化对智力有什么影响，但这至少表明我们对神经元如何调节大脑智力仍然知之甚少。

　　在对感知器的研究之初，模拟神经方法存在三大问题。一是普遍缺乏计算能力——这一问题至今仍在限制计算智能。如果没有足够的计算能力，神经模拟实际上可能最终能够展示智能，但设计人员可能无法在有限的生命时间内见证问题的解决。

　　感知器等方法的第二个主要问题是对其能力的过度自信。感知器可以计算的逻辑函数种类存在严重局限性。例如，如第 4 章所述，感知器无法学习异或（XOR）模式（如果两个输入之一处于活动状态，则该模式会做出积极响应，否则会做出消极响应）。没有这些模式，感知器就不能作为一个完整的逻辑模型，更不用说作为智能的基础了。马文·明斯基（Marvin Minsky）和西莫·帕珀特（Seymour Papert）对感知器的批判工作对感知器和其他神经网络系统产生了毁灭性影响，尽管该工作直到 1969 年才发表。到 20 世纪 70 年代，只有少数神经网络研究在积极开展工作。

　　将神经网络作为智能基础的早期方法的第三个问题是缺乏一种学习规则以使得网络学习到从输入到输出的映射（单层系统除外）。

　　麦卡洛克（McCulloch）和皮茨（Pitts）已经展示了利用神经元网络实现图灵机的所有必要属性，但除了手动设置网络之外，他们没有其他方法来生成具有这些属性的结构。他们不知道神经元自组织的方法，尽管神经元在人类大脑中显然可以自组织。

　　感知器学习规则是有效的，但它们只能应用于单层网络。明斯基和帕珀特（1972，

p.32）认为，如果我们有训练多层网络的方法，同样的限制将适用于多层网络。然而事实证明他们错了。

虽然当时并不为人所知，但贝尔蒙特·法利（Belmont Farley）和韦斯利·克拉克（Wesley Clark）在 1954 年就已经提出了一种训练两层网络的方法，并在早期的数字计算机上对其进行了模拟。法利和克拉克的网络包含多达 128 个神经元，经过训练可以识别简单的模式。他们使用了类似于后来成为感知器学习规则的学习规则。

1986 年，随着大卫·鲁梅尔哈特（David Rumelhart）、杰弗里·辛顿（Geoffrey Hinton）和罗纳德·威廉姆斯（Ronald Williams）在 *Nature* 上发表关于反向传播的文章以及由大卫·鲁梅尔哈特、詹姆斯·麦克莱兰（James McClelland）和 PDP 研究组编辑的两卷技术书籍问世，自组织网络的情况发生了巨大变化。这些书描述了他们所谓的"并行分布式处理"（Parallel Distributed Processing，PDP）——神经网络和相关结构。可以说，这项工作最大的影响来自他们对可用于多层网络的"反向传播"学习算法的描述。反向传播的基本思想是每个神经元将根据该神经元对整个网络误差的贡献调整其权重。

他们的方法是对类似于罗森布拉特、法利和克拉克等人所描述的感知器学习规则的扩展。他们的具体方法早先由保罗·沃尔博斯（Paul Werbos）在他 1974 年的论文中描述过，但在 PDP 书籍普及之前，它基本上没有被注意到。反向传播可以允许多层感知器学习设置其权重。那些让感知器感到困惑的问题现在可以很容易地通过感知器网络来解决，即通过反向传播训练的多层感知器。

PDP 书籍对人工智能和一般的认知科学产生了深远的影响，人们对 PDP 模型的研究兴趣激增。这些书所产生的影响怎么说都不为过。

5.1 神经网络基础

神经网络的基本思想是信息及其处理是由神经元类单元网络中的激活（activation）模式以及这些单元之间的连接来表示的。每个单元都处于不同程度的活动状态，并且可以将此激活传输到与其连接的其他单元。每个单元从输入它的神经元接收激活并将激活传输到它输出的单元。

在一个多层感知器中，这些单元被组织成层。初始层接收来自环境的输入，例如图案或亮（开）或暗（关）。然后输入层的单元输出给第二层（通常称为"隐藏层"）中的单元，隐藏层再输出给输出层。在多层感知器中，一层中的单元只与下一层中的单元相连，而不是彼此相连。一个给定的单元可以从上一层的多个单元接收输入，并可以将输出发送到下一层的多个单元。

每个单元都有一个激活阈值。如果它接收到的输入总和低于阈值，则该单元将关闭或不活动。如果接收到的总和高于阈值，则该单元将打开或激活。学习包括调整一个神经元和下一个神经元之间的连接权重。较高的权重对接收单元的总和贡献更大；

较低的权重贡献较小，甚至是负值。

网络中的知识由这些单元之间的连接强度和模式表示。与专家系统不同，知识和对这些知识的处理在神经网络中是不可分割的。

感知器学习规则展示了如何调整从单层输入到输出的连接权重，以补偿网络输出中的误差。例如，网络的目标可能是区分男性和女性图片。如果当前输入代表"男性"模式，那么所需的输出将是代表"男性"决策的输出神经元处于活动状态，而另一个神经元处于非活动状态。如果当前输入代表"女性"模式，则所需的输出将相反。回想一下，感知器学习规则将通过这种方式调整这些单元的输入权重，以更接近期望的模式。

反向传播学习规则将类似的学习方法扩展到多层网络。网络在一组带标签的样本上进行训练，其中标签指定每个输入所需的输出。每个连接权重由反向传播学习规则调整，与该神经元对误差的贡献成正比。所述误差从输出层前向传播，随着它的进行调整连接权重。如果与隐藏层单元的连接很强，并且该隐藏层单元导致了输出误差，那么这个强权重将被削弱。

无论网络是由单层还是多层组成，神经元的输入都可以被描述为一个向量，它只是一个有序的数字列表。回想一下最早的感知器之一有 400 个光电池作为输入。投射到这 400 个光电池中每一个上的光量可以表示为一个数字（例如，介于 0 和 255 之间）。如果我们将光电池从 1 编号到 400，那么每个光电池接收到的光可以写在一个列表中，其中列表中的第一个数字代表光电池 1 的输入，下一个数字代表光电池 2 的输入，以此类推，那便是一个向量。

网络的输出也可以描述为一个向量。有时只需要一个输出神经元打开（具有很强的正输出值），而所有其他神经元都关闭。如果该网络的目的是识别投射在光电管上的大写字母字符，那么我们可能有 26 个输出，每个字母一个。如果目的是将猫图片与其他图片区分开来，那么我们可能只有两个输出。当呈现一张猫的图片时，所需的输出向量可能是 [1.0，0.0]，而当呈现一张人的图片时，所需的输出向量可能是 [0.0，1.0]。

神经网络之所以成功，是因为它们的操作不是基于分类规则，而是基于模式识别。它们认识到 99.9 华氏度[⊖]的发烧几乎与 100 华氏度的发烧一样危险。它们可以从概率上进行推理，例如，随着某人体温的升高，增加指出此人应该接受阿司匹林治疗的可能性。

人工智能的神经网络方法的隐喻是以类似大脑的方式，而不是以计算机或图灵机一样的方式解决问题。不像专家系统那样基于适用或不适用的分类规则，神经网络视输入彼此间或多或少地相似，使用可能或多或少活跃的单元。有些人称这种计算方式为子符号（subsymbolic），因为信息是用单元的激活来表示的，而非写在虚拟磁带上的符号。

⊖　1 摄氏度＝33.8 华氏度。——编辑注

神经网络使解决物理符号系统方法（包括专家系统）难以解决的问题成为可能。符号要么全有要么全无。在图灵机或其等价物中，符号要么被写入，要么不被写入；规则要么被应用，要么不被应用。相比之下，在神经网络中，一种表示可以处于一种介于完全存在和完全缺失之间的状态。

神经网络专门研究模糊表示。符号系统专注于"清晰"的表示。通过一些努力，每个系统都可以模仿另一个。数字计算机可以模拟模糊神经元，而模糊神经元可以模拟离散类别。例如，CD、DVD和蓝光光盘或下载的音频或视频程序是模拟表演的数字副本。人类的大脑可以进行逻辑思考和象征性说话。麦卡洛克（McCulloch）和皮茨（Pitts）展示了神经元网络如何实现图灵机，虽然这两种方法的基本构建块明显不同。

神经网络更多的是关于模式，而不是符号和规则。相似性是一个关键的关系。例如，人脸识别更多是关于识别与我们所知道的人相似的人脸。相似性的整体模式很重要：没有一个特征，甚至没有一小组特征可以定义这种关系。当与高效的机器学习方法相结合时，神经网络可以在计算中考虑数千个变量，每个变量的贡献很小，但所有这些变量共同形成一个模式。神经网络可以考虑的因素数量之多足以让任何试图制定可比规则的知识工程师不知所措。

5.2　海豚生物声呐的例子

例如，我和我的同事使用神经网络来模拟海豚如何使用它们的生物声呐来识别水下甚至泥下的物体。海豚和蝙蝠一样，使用声音作为探测周围环境及其中事物的主动信息来源。当光线充足时，这两种动物都可以直接看到物体，但在黑暗的洞穴（或夜间）飞行的蝙蝠、在深水中游泳的海豚可能没有足够的光线来有效地观察物体。尤其是海豚的视觉与许多陆地哺乳动物的视觉相似，但海豚在利用声波获取有关海底世界的信息方面确实非常有效。

在实验中，我们发现海豚可以在8米（约26英尺）深的水下分辨出两个粗细不同的圆柱体之间的差异，这个差异与人类头发的宽度相差无几。除非水很清澈，否则人们甚至看不到那个距离的圆柱体，更不用说区分它们了。

海豚使用生物声呐发出非常短暂的咔嗒声，这是在它们头部产生的。咔哒声通过海豚头部前部的球状结构传入水中。咔哒声的持续时间约为50微秒（5000万分之一秒）。它以紧密的束状穿过海水，直到它从物体反射，产生回声。海豚通过其下颚的脂肪通道接收回声，将声音传输到内耳。

声音的音高以赫兹为单位（千赫的缩写为Hz或kHz；1千赫为1000赫兹）对应于声音的频率，就像钢琴上的琴键一样。键盘左侧的钢琴键是低音，对应于低频（约27.5Hz）。键盘右侧的键是高音（最高约4kHz）。人们可以听到高达约20kHz的声音，至少在我们年轻的时候是这样。但海豚的听觉一直延伸到150kHz。我们人类需要特殊的设备来检测那么高频率的声音，但海豚天生便能听到它们。

当海豚咔哒声的回声从物体反射回来时，它是一种包含许多不同频率声音的混合。根据我们的研究和其他相关研究，海豚使用这种混合物的模式来识别物体及其特性。

哺乳动物的耳朵，包括海豚的耳朵，机械地将声音的频率模式转换为包含在内耳中的耳蜗上的空间模式。空间模式会产生一种神经模式，然后传递到海豚的大脑。

我们在研究中使用了一种称为"快速傅立叶变换"（fast Fourier transform）的技术来类似地测量信号中的频率混合并获得其"频谱"。频谱在数学上或多或少地产生了海豚的耳蜗在生物力学上的作用。频谱是跨频率的信号幅度的度量。

我们训练一只海豚漂浮在水中，它的头在水下的一个铁环中。然后，我们在海豚旁边放置一个特殊的水下麦克风（称为"水听器"），并记录从三个物体之一返回的回声。海豚发出它的声呐信号，大概是听到了回声，随后触摸三个"目标极"中的一个来告诉我们它发现的是哪个物体。如果海豚对了，我们就奖励它一条鱼。

我们对埋在泥土里的这些目标也做了同样的实验。海豚能够分辨出由珊瑚、空心铝和泡沫填充铝制成的圆柱体，而且精度很高。

然后我们使用一个三层神经网络代替海豚重复这个实验。我们发现网络的准确率与海豚相当，通常都在90%以上的范围内。

正如预期的那样，模式识别对神经网络和海豚的表现至关重要。我们做了很多后续的实验，发现可以从频谱中去除一些频率，仍然可以获得很好的准确度。我们消除的具体频率无关紧要，但回声衰减得越多，海豚的表现和我们网络的性能就越差。显然，重要的是回声的整体模式，而不是回声的任何特定特征。

我和我的同事将这种网络构建成一种水下机器人，它可以使用海底声呐四处移动，并识别埋在其前面泥浆中的物体。YouTube（https://www.youtube.com/watch?v=fP9k0eLP4ws）上有这个机器人的视频。

对神经网络的研究热潮在20世纪90年代和21世纪初有所减弱。像许多有趣的工具一样，它们在很多方面都有用，但没有达到所预期的效果。它们在降噪耳机和一些相机等方面仍然发挥着重要作用。在其他应用程序中，它们仍然是信用评分的重要组成部分。

神经网络的使用受到可伸缩性问题和通过反向传播学习算法训练具有多个隐藏层网络的能力限制。理论上，具有一个隐藏层的网络应该与具有多个隐藏层的网络一样好，但是多层网络的构建或训练可能更实用。多层网络可能需要更少的模拟神经元，更重要的是，可能需要更少的连接，以达到仅有单个隐藏层的网络相同的性能。与单隐藏层相比，多层网络也可能需要更少的训练样本和更短的训练时间。

神经网络的进步来自计算能力的提高，就像在人工智能领域经常发生的那样。但另外两个发展也促成了神经网络的重新出现。其中一个因素就是所谓的大数据（big data）时代的到来。从信用卡使用数据库到谷歌查询，这些系统提供了大量可用于训练大规模神经网络的标记数据。这些数据提供了训练样本，而这些样本的生成成本非常高（因为它们需要人工提供标签）。在这些大数据集中，标签来自被记录的交互的自然结果。第二个进步来源是新神经网络架构的开发和更强大的训练方法。例如，扬·勒丘恩（Yann LeCun）开发了卷积神经网络（convolutional neural network）来识别手写数字。受生物视觉处理中感受野模式的启发，卷积神经网络中的神经元也具有重叠的感受野。这种网络设计方式和一些关联产物在计算智能中变得非常重要。

卷积神经网络和其他神经网络［如循环神经网络（recurrent neural network）］形成了一类新的神经网络——深度学习网络（deep learning network），其涉及的层数可能不止三层。深度学习网络可以在一层内包含更复杂的连接，而不是严格地从一层到下一层进行传输。此外，深度学习网络每一层都可以使用不同的学习规则进行训练。有些可以通过监督学习进行训练，例如使用反向传播，而另一些则可以使用无监督学习。

在不同层上使用不同训练方案的想法可以说是深度学习中最大的创新与突破。与更传统的神经网络的工作方式以及机器智能的大部分工作一样，真正的天才来自系统的设计方式，而不是其自身的任何自主智能。聪明的表示，包括聪明的架构，可以产生聪明的机器智能。

深度学习网络通常被描述为学习它们自己的表示，但这是不正确的。网络的结构决定了它可以从输入中得到什么表示。如何表示输入以及如何表示解决问题的过程，对于深度学习网络和任何其他机器学习系统来说都是一样的。

每个具有隐藏层（不是输入层或输出层）的网络都会学习跨输入层的激活模式中固有的表示。这种表示模式可能与输入模式或输入模式的可命名特征没有明显的关系。与多层感知器相比，深度学习网络可能使用不同的学习规则来形成那些隐藏层的表示，但隐藏层的表示仍然只是原始输入的转换，而不是新的表示。网络可以在可用的模式种类中进行选择，但它不能构建新的模式种类，它选择什么取决于其设计者提供的隐藏层的结构。

例如，回想一下国·勒（Quoc Le）和他的同事（2012）在1000台机器的集群上使用16 000个计算核心构建了一个涉及十亿个连接的九层神经网络。他们在一组1000万张200×200像素的图像上训练了三天。然后检查了这个系统中的一些模拟神经元，尽管这些图像没有被标记，但其中一些模拟神经元能对猫的图片反应积极，而另一些则对人的图片反应更敏感。

勒和他的同事说，这个系统已经学会了如何对包含猫和人的图像进行分类，但它实际上学到的是图像的统计特性。它学会了通过相似性对图片进行分组，因为网络中的一些隐藏层旨在以相似的方式处理相似的输入模式。一些输出单元对应于猫和人，因为许多猫的图片共享一些统计特征，而人的图片则共享另一些。这项工作有1000万个训练样本，从而有足够的机会观察到这种相关性。勒和他的同事通过展示图片并识别与其他事物相比而言对猫最活跃的神经元，确定了他们认为代表猫的神经元，但这是循环推理。网络并不知道这个神经元是否代表猫，只有勒和他的同事知道。就网络而言，它只是对图片做出响应，其中一些图片会导致输出某种激活模式。系统没有创建类别，而是选择了相关性。是设计者而不是网络将这种相关性称为一个类别。即使图像随机分布到输出单元，仍然会有一些对猫的反应更多，有些对人的反应更多。说这些单元代表猫或者计算机学会了自己分类是不准确的。

诚然，勒的实验是一项艰巨的任务，但人们很容易忽略，拥有10亿个变量，几乎可以拟合任何函数。夸大这个项目所取得的成就也很容易。像他们这样的自动编码网络可能有助于提高使用有标签样本的效率，但它们仍然不能完全取代标签。勒和他的同事在网络完成学习后而不是在训练期间应用标签，但真正应用标签的是他们。

尽管可以说深度学习网络比多层感知器更像大脑，但它们仍然面临无法实现其所预期的能力的风险。它们不是灵丹妙药。它们确实比其他网络更好地解决了一些问题，但并不是任何其他神经网络或机器学习算法的通用解决方案。

深度神经网络擅长模式识别。识别手写数字或任何类型的笔迹，已被证明是计算机学习的一个非常困难的问题。然而，深度神经网络在这方面取得了很大的进步。人们的书写时常模棱两可或者不完整，甚至人类本身也很难解读某些笔迹，例如医生在处方单上的笔迹。

深度神经网络在识别交通标志、分割电子显微镜图像中的神经元结构和识别可能会产生新药的分子结构等方面都取得了人类水平的表现。

神经网络已经更普遍地用于各种应用，包括：
- 汽车导航系统；
- 集成电路布局；
- 计算机网络异常检测；
- 直升机传输故障识别；
- 财务分析；
- 股票交易策略；
- 癌细胞识别与分析；
- 面部识别；
- 语音理解；
- 信用申请评估。

神经网络在自动驾驶汽车和学会下围棋的系统中发挥着重要作用。它们在计算智能过去几年取得的进展中起着至关重要的作用，因为它们可以实现对符号系统而言十分困难的那种模式识别。

阻止神经网络得到更广泛应用的最大限制之一是它们需要大量训练样本。在没有大数据的情况下，实现深度学习网络是不可能的。向这些网络提供大量交互数据（例如数十亿次谷歌搜索）的能力使它们的学习方式成为可能。训练深度学习网络可能需要几天甚至几周的时间。

深度学习网络可以由"模块"构建这一事实有助于训练深度学习网络。深度网络的不同部分可以独立于其他部分进行训练。无监督层可以与监督层分开训练，相同的学习结构可以在不同的监督学习子网络中重用，而无须从头开始重新训练整个网络。

尽管如此，训练神经网络至少在一定程度上仍然是艺术与科学。复杂网络的变量太多，无法全部通过算法进行设置。例如，没有精确的方法来确定应该在隐藏层中放置多少模拟神经元。

仍然需要设计神经网络。在这一点上，没有算法和启发式方法来帮助我们构建这些复杂网络。深度学习网络可能涉及数十亿个参数。设计者不需要选择它们每一个的值——这就是学习算法所做的——但他确实需要选择这些连接的组织方式。当神经网络能够解决新类型的问题时，该解决方案首先来自组织网络的新方法。到目前为止，仍然需要人类来做这个设计。这样，神经网络与其他形式的机器学习就没有什么不同了。

我们不需要把多米诺骨牌放在残缺的棋盘上，就能发现棋盘不能被一套多米诺骨牌覆盖。在我看来，调整深度神经网络的权重与之类似。将棋盘表示为涉及成对的红色和黑色方块的奇偶校验问题与将其表示为一系列红色和黑色方块有着根本的不同。二者之间不存在衍生或转化关系。

二者做出决定的过程从根本上是不同的，这取决于我们如何表示残缺的棋盘。一旦我们认识到每块多米诺骨牌必须正好覆盖一个红色和一个黑色的方块，就不必布置任何多米诺骨牌来认识到我们无法覆盖棋盘。布局方法不会告诉我们如何解决由 126 个红色方块和 128 个黑色方块组成的被修改的棋盘，但奇偶校验方法会告诉我们，如果红色方块的数量不等于黑色方块的数量，则将其用多米诺骨牌覆盖是不可能的。

即使是深度神经网络也无法学习那些无法从前一层或输入的转换中导出的表示。即使深度神经网络能通过解空间实现搜索，但残缺的棋盘问题需要完全不同的解空间。我们还没有提出一种可以改变解空间的计算方法。

但也许如果我们实现了一个真正的大脑，就能拥有一个实现类人智能的系统。正如约翰·塞尔（John Searle, 1990）所说，大脑产生思想。也许如果我们能够模拟一个完整的大脑，就会自动获得通用智能。

5.3 全脑假说

如果我们有一个爱因斯坦的大脑的运行实例，我们会拥有爱因斯坦，甚至是一个同样聪明的人吗？有一种极端的假设是，如果我们有一个足够复杂的神经网络，我们就会拥有智能。如果我们有一个模拟完整人类大脑的神经网络，就会拥有一台具有人类智能的机器，也许还有我们正在模仿的大脑的人的性格。与今天的人工神经网络相比，这种全脑仿真中的神经元必须更类似于哺乳动物实际的神经元，但根据"可以计算相同函数的两个系统是等效的"这一观点，我们就会产生一个新的想法。

并非大脑神经处理的每个细节都可以或需要被模仿。事实上，有一些人［比如尼克·博斯特罗姆（Nick Bostrom）］认为我们真的不需要太了解大脑是如何工作的。我们只需要将其结构复制到某个级别。大脑的生理机能不能被完全忽略，但最低层次的特征和过程必须被模拟而不是模仿。允许离子流过神经元细胞膜的钠通道是神经元工作机制的重要组成部分，但计算机芯片并没有类似的钠通道，因此必须通过计算模拟这种特性。全脑仿真的支持者认为，可以找到某种合适的抽象级别，在该级别上，可以说计算机能够模拟大脑，而不仅仅是模仿。

博斯特罗姆认为，对大脑进行分子级扫描将提供我们复制其结构及其功能所需的所有必要信息，但即使我们知道大脑的完整结构，仍然需要对它的功能有深刻的理解，从而不是将其作为神经元而是作为电路复制。我认为需要知道的远不止这些。例如，我们拥有小型蛔虫（C.elegans）的完整连接组（每个神经元的完整结构以及它如何与其他神经元连接），但这些信息甚至仍不足以解释它的行为。

全脑仿真假说中包含很多假设。它假设我们可以在适当的分析水平上获得对大脑动力学的适当解释。它假设我们可以很好地理解大脑的动力学和结构，从而可以解释智力。它假设拥有这些知识将使我们能够实现智能。它假设我们有计算能力来复现这些动态。

在这些假设中，最容易满足的可能是最后一个，即我们可以有足够的计算能力来模仿大脑。人脑包含80~1000亿个神经元，其中大约有100万亿个突触。根据抽象的程度，我们可以合理地将大脑的周期时间描述为大约50毫秒。相对于计算机，大脑中的事情的发生速度并不是很快。出于许多目的，如果我们能每50毫秒描述一次大脑的状态，就可能对其进行一个合理的模拟。

模仿可能需要更高的时间分辨率。神经元不会将它们的活动与任何类型的内部时钟同步，它们是异步工作的。例如，当条件合适，而不是当某个整体时钟表示一切正常时，神经元会激发动作电位。神经活动的异步性质使得用计算机对其进行建模变得非常困难，因为计算机倾向于根据固定时钟同步运行——例如，每50毫秒滴答一次。尽管如此，一组足够快的计算机可能能够模拟大脑的异步操作。

由于神经元或多或少是并行运行的，因此大脑的计算能力估计约为1 exaFLOP，大约相当于每秒百亿亿（10^{18}）次计算。可能更恰当的说法是，一台实时模拟大脑的计算机必须达到1 exaFLOP的速度。世界上已知最快的超级计算机——神威太湖之光可以达到大约93×10^{15}（93 petaFLOPS），不到对整个人脑进行模拟所需的估计速度的1%。美国能源部和中国都声称将在2021年之前拥有一台exaFLOP计算机原型。即使实际需要的时间比这略长，但可以公平地说，模拟（如果不是模仿）人类大脑的计算能力在未来几年内很有可能出现。

我们已经对人类大脑的某些部分进行了成功的模拟。例如，阿南他那亚南（Ananthanarayanan）及其同事（2009）使用147 456个处理器和144TB的主内存对大脑视觉皮层的一小部分进行了简单的模拟，这一小部分由10^9（10亿）个神经元和10^{13}（10万亿）个突触组成。该工作花费了大约300万个核心处理小时进行了400次模拟。他们的模型模仿了所选大脑区域中神经元及其连接的统计特性，但并未尝试复制完整的神经元集合。即使是对大脑的这个小而简化的部分进行模拟，每一秒钟的模拟也需要使用所有处理器上的总计 7500 小时的分布式计算机时间，运行大约 200 秒。

最近，由马库斯·迪斯曼（Markus Diesmann）和阿比盖尔·莫里森（Abigail Morrison）领导的团队模拟了一个由 17.3 亿个神经元和 10.4 万亿个突触组成的网络。使用 82 944 个处理器和 1PB 的内存，一秒钟的神经活动需要 40 分钟才能完成模拟。他们的模型并不是对大脑模拟的尝试，而只是对具有所谓的"生物学真实连接性"的尖峰神经元小型网络的模拟。它没有复制它所模拟的大脑组织，而只保留了神经元之间连接数量的统计特性。

尽管在绘制果蝇的连接体和阐明其大脑中的信息流模式方面已经取得了相当大的进展，但仍存在果蝇大脑结构自身的复杂性，以及我们对其神经回路知识不完全了解等问题，这些挑战超出了计算果蝇的大脑模型的足够计算能力的范畴。

简而言之，拥有足够的计算能力可能是支持大脑模拟的必要条件，但这还远远不够。与我们可能需要知道的知识相比，神经科学实际上处于科学发展的初级阶段。我们今天对神经科学有很多了解，但实际上只知道我们进行模拟所需知识的很小一部分，就更不用说模仿人脑了。

全脑模拟的一个问题在于这样的假设：知道大脑的结构，即神经元如何相互连接，就足以复制其功能。大脑结构的确与神经元如何进行认知活动的特性有关，但仅有结构是不够的。我在前文提到神经元可以随着时间的推移改变它们的角色，一次表示一种行为，另一次却表示另一种行为。如果我们不知道单个神经元是如何执行其任务的，那么同时对数十亿个神经元进行建模还有什么成功的希望？

大脑不仅是一个静态的结构，而且是一个随时间变化的复杂的动态系统，发生在个体的成熟和时间的推移中。我认为，我们不仅要映射它的结构，还要映射它的动态特性。虽然理论上我们可以将大脑的结构映射到分子水平，但我们不知道如何映射它的动态特性，甚至是它的当前状态。假设一种分子扫描足以捕获其状态，但这样的扫描很可能不是瞬时的。当我们绘制出大脑的一部分时，其他部分的状态可能已经发生了变化。扫描开始时大脑的状态可能与扫描结束时的状态不同。死亡的大脑在短时间内不会发生太大的变化，但能否从死亡大脑中收集有关大脑认知过程的完整信息是值得怀疑的。

映射如大脑一样的动态系统的状态将面临类似量子力学中在亚原子水平上遭遇的挑战。我不认为困难是由量子力学引起的，但神经元的状态至少在一定程度上取决于统计学家所说的随机事件（stochastic event）。随机事件是指具有一定发生概率的事件。在任何时候，它可能会或可能不会发生。我们可以预测随机事件的期望，但很难准确预测每个单独的事件。例如，神经递质分子随机扩散穿过神经元之间的突触间隙，因此每个神经递质分子在一段时间后以一定的概率到达接收神经元。一旦到达突触的接收端，神经递质分子就会再次以一定的概率与受体结合。

我们不知道在进行大脑映射时保留神经元、突触或神经递质分子状态的细节究竟有多重要，也确实对它们在实现人脑思维中所扮演的角色没有很清晰的认识，因此我们还远不能模仿甚至模拟这些功能。

经验在确定大脑结构的某些特性方面以及在确定这些结构的功能方面（这更为重要）起着重要作用。胡贝尔（Hubel）和维塞尔（Wiesel）在 20 世纪 60 年代的工作中，研究了感觉剥夺（sensory deprivation）对发育中的大脑的影响。例如，正常大脑包含对左眼或右眼做出反应的神经元，这些细胞通常被组织成"眼优势"柱（"ocular dominance" column），柱中的神经元交替对左眼或右眼做出反应（被控制）。在发育过程中只有一只眼睛作为输入的大脑不会让这些列中的一半失效（闲置）；相反，这些神经元都会对同一只眼睛做出反应。

在后来的实验中，神经科学家发现，如果将视觉神经元重新定位到大脑中通常处理听觉信号的部分，动物仍然可以使用它们进行视觉导航。此外，重新连接的听觉皮层——现在对视觉刺激做出反应——显示出近似于通常在视觉皮层中出现的细胞反应模式。天生失明的人在阅读盲文时，初级视觉皮层也会出现活动。

但是我们不必去产前发育中寻找大脑可以对环境做出反应的证据——倒视眼镜就足够了。1896 年，乔治·斯特拉顿（George Stratton）发表了一篇论文，描述了他对自己进行的一项实验，在实验中，他戴着带有棱镜的特殊护目镜（可以反转视野）。不久之后，他就可以戴着这副眼镜在室内区域穿行了。伊沃·科勒（Ivo Kohler）是 20 世纪 50 年代的一名研究生，他发现戴上倒视眼镜大约两周后，佩戴者已经适应了这种巨大的感知变化，甚至可以骑自行车或接球。这个实验表明，大脑即使在成熟之后仍然能够适应它所接收到的输入中发生的巨大变化。

构建超大规模的大脑模拟作为一种研究工具可能很有用，但并不会自动为我们提供机器智能。没有理由认为如果我们建造了爱因斯坦的大脑，我们就会拥有爱因斯坦的智力，甚至是拥有类似智力的大脑。例如，同卵双胞胎出生时大脑近乎相同。一起抚养的同卵双胞胎具有相似的智商分数，他们的相似性约为 86%；但是分开抚养的同卵双胞胎的相似性要低得多，约为 76%。生物大脑和计算大脑就可以说是两个分开抚养的大脑。

这是一个不完美的论点；智商测试并不是衡量真实智力的完美指标，遗传可能性也不是衡量两个大脑完全相同的完美指标……然而，它确实表明构建一个模拟大脑可能并不足以产生高水平的智力。据推测，一起抚养的同卵双胞胎的智商比分开抚养的双胞胎的智商更相似的原因是一起抚养的双胞胎有更多相似的经验。如果经验对于智能来说是必要的，那么如何将这种经验提供给计算大脑就成了我们面临的问题。

如何提供经验的一种假设是将一个真实的人的思想从她的生物大脑"上传"到计算大脑中。我对这种方法可以成功不抱多大期望，一如我对旧《星际迷航》系列中的物质传输器可以被建造出来没有抱多大期望。要记录和传输的数据量实在太大了。在捕捉一个人的思想方面，我们也面临着传感器的限制。我们无法直接读取活体大脑中每个神经元的状态，而且我们面临动态局限性。一个活生生的大脑是在不断变化的。我认为成功上传思想的可能性基本上为零。

无论如何，全脑仿真将继续面临严峻的挑战。这当然不是迫在眉睫的。这些挑战包括：

❑ 我们没有模仿大脑的计算资源（这可以说是最简单的问题）。

❑ 我们对大脑实际是如何工作的知之甚少。

❑ 我们没有方法同时记录一个完整大脑中的 1000 亿个神经元。我们甚至不知道我们需要记录什么。

❑ 我们不知道什么样的经验对于大脑产生智力是必不可少的。

❑ 我们对经验的影响知之甚少，无法对其成功建模。

❑ 我们对大脑的动态特性知之甚少。

❑ 我们对大脑如何储存记忆知之甚少。

❑ 我们不知道意识究竟意味着什么，它在大脑中是如何表现的，甚至不知道它对智力是否重要。

❑ 我们不知道如何记录一个人的个性或意识。

❑ 我们不知道如何描述和复制负责智力的大脑过程。

❑ 我们不知道如何应用机器学习来让大脑在相对简单的能力之外推进其功能。

这些障碍有可能最终被克服，但在可预见的未来不太可能发生。计算机资源将继续改善，我们的神经科学知识也将继续提升。但其他障碍似乎仍然难以逾越。

5.4 结论

从早期的专家系统时代以及物理符号系统是产生智能的充要条件的思想开始，神经网络已经带领计算智能走了很长一段路。人工神经网络不会强求将世界的特征转换为清晰的类别。它们不要求对象之间的关系是全有或全无，允许看起来更适合实际情况的连续和渐进的表示。然而，由于它们涉及许多参数，它们能够解决可以转换为函数的问题，可能只是因为这些参数有着大量的组织方式。

全脑仿真的概念很有吸引力，然而即使有计算能力来实现它，我们仍对许多需要建模的属性一无所知，这需要进行更多的探索。

5.5 参考文献

Ananthanarayanan, R., Esser, S. K., Simon, H. D., & Modha, D. S. (2009). The cat is out of the bag: Cortical simulations with 109 neurons, 1013 synapses. In *Proceedings of the Conference on High Performance Computing Networking, Storage and Analysis*. New York, NY: ACM. doi:10.1145/1654059.1654124; https://people.eecs.berkeley.edu/~demmel/cs267_Spr10/Lectures/RajAnanthanarayanan_SC09-a63.pdf

Carpenter, G. A., & Grossberg, S. (2009). *Adaptive resonance theory* (CAS/CNS Technical Report No. 2009-008). Boston University. https://open.bu.edu/bitstream/handle/2144/1972/TR-09-008.pdf?sequence=1

Clark, W. A., & Farley, B. G. (1955). Generalization of pattern recognition in a self-organizing system. In *Proceedings of the March 1–3, 1955, Western Joint Computer Conference* (pp. 86–91). New York, NY: ACM. doi:10.1145/1455292.1455309

Driscoll, L. N., Pettit, N. L., Minderer, M., Chettih, S. N., & Harvey, C. D. (2017). Dynamic reorganization of neuronal activity patterns in parietal cortex. *Cell, 170,* 986–999.e16.

Givon, L. E., & Lazar, A. A. (2016). Neurokernel: An open source platform for emulating the fruit fly brain. *PLoS ONE, 11*(1), e0146581. doi:10.1371/journal.pone.0146581; https://www.ncbi.nlm.nih.gov/pmc/articles/PMC4709234

Grossberg, S. (1976a). Adaptive pattern classification and universal recoding: I. Parallel development and coding of neural feature detectors. *Biological Cybernetics, 23,* 121–134.

Grossberg, S. (1976b). Adaptive pattern classification and universal recoding: II. Feedback, expectation, olfaction, and illusions. *Biological Cybernetics, 23,* 187–202. In R. Rosen & F. Snell (Eds.), *Progress in theoretical biology* (Vol. 5, pp. 233–374). New York, NY: Academic Press.

Grossberg, S. (1988). Nonlinear neural networks: Principles, mechanisms, and architectures. *Neural Networks, 1,* 17–61. http://www.cns.bu.edu/Profiles/Grossberg/Gro1988NN.pdf

Harvard Medical School. (2017). Neurons involved in learning, memory preservation less stable, more flexible than once thought. https://www.sciencedaily.com/releases/2017/08/170817122146.htm

Hodgkin, A. L., & Huxley, A. F. (1952). A quantitative description of membrane current and its application to conduction and excitation in nerve. *The Journal of Physiology, 117,* 500–544. PMC 1392413 Freely accessible. PMID 12991237. doi:10.1113/jphysiol.1952.sp004764

Hopfield, J. J. (1982). Neural networks and physical systems with emergent collective computational abilities. *Proceedings of the National Academy of Sciences of the United States of America, 79,* 2554–2558.

Karn, U. (2016). An intuitive explanation of convolutional neural networks. https://ujjwalkarn.me/2016/08/11/intuitive-explanation-convnets/

Kohonen, T. (1984). *Self-organization and associative memory.* Berlin, Germany: Springer-Verlag.

Le, Q. V., Ranzato, M. A., Monga, R., Devin, M., Chen, K., Corrado, G. S., . . . Ng, A. Y. (2012). Building high-level features using large scale unsupervised learning. International Conference on Machine Learning. https://arxiv.org/pdf/1112.6209.pdf

Leonard-Barton, D., & Sviokla, J. (1988). Putting expert systems to work. Harvard Business Review. https://hbr.org/1988/03/putting-expert-systems-to-work

Minsky, M., & Papert, S. (1969). *Perceptrons. An introduction to computational geometry.* Cambridge, MA: MIT Press.

Minsky, M., & Papert, S. (1972). Artificial intelligence progress report (MIT Artificial Intelligence Memo No. 252). https://dspace.mit.edu/bitstream/handle/1721.1/6087/AIM-252.pdf?sequence=2

Morrison, A., Mehring, C., Geisel, T., Aertsen, A. D., & Diesmann, M. (2005). Advancing the boundaries of high-connectivity network simulation with distributed computing. *Neural Computing, 17,* 1776–1801. https://pdfs.semanticscholar.org/1bfb/a5de738f12afc279200e92f740f0d02cd964.pdf

Rochester, N., Holland, J. H., Haibt, L. H., & Duda, W. L. (1956). Test on a cell assembly theory of the action of the brain, using a large digital computer. *IRE Transactions on Information Theory,* 80–93.

Rosenblatt, F. (1958). The perceptron: A probabilistic model for information storage and organization in the brain. *Psychological Review, 65,* 386–408. doi:10.1037/h0042519

Rosenblatt, F. (1962). *Principles of neurodynamics: Perceptrons and the theory of brain mechanisms.* Washington, DC: Spartan.

Sardi, S., Vardi, R., Sheinin, A., Goldental, A., & Kanter, I. (2017). New types of experiments reveal that a neuron functions as multiple independent threshold units. *Scientific Reports, 7,* Article No. 18036. doi:10.1038/s41598-017-18363-1; https://www.nature.com/articles/s41598-017-18363-1

Searle, J. (1980). Minds, brains and programs. *Behavioral and Brain Sciences, 3,* 417–457.

Searle, J. (1990). Is the brain's mind a computer program? *Scientific American, 262,* 26–31.

Staughton, J. (2016). The human brain vs. supercomputers . . . which one wins? https://www.scienceabc.com/humans/the-human-brain-vs-supercomputers-which-one-wins.html

Werbos, P. (1974). *Beyond regression: New tools for prediction and analysis in the behavioral sciences* (Doctoral dissertation). Harvard University.

Widrow, B., & Hoff, M. E., Jr. (1960). Adaptive switching circuits. In *1960 IRE WESCON Convention Record* (Part 4, pp. 96–104). New York, NY: Institute of Radio Engineers.

第 6 章

人工智能的最新进展

在本章中，我们将讨论一些在计算智能领域最新的成功案例。IBM 的 Watson 之所以重要，是因为它向公众展示了计算机在几乎任意自然情境下回答问题的能力。而 Alexa、Siri 和其他数字助手很重要，因为它们将问题的回答扩展到更实用、更普遍的应用程序中。AlphaGo 展示了以前可能难以解决的复杂问题最终可以通过创新的启发式方案解决。无人驾驶技术和扑克游戏则展示了另一种创新，即能够应对处理更非结构化和更不确定性问题的计算能力。尽管上述系统在解决特定问题方面都取得了重要进展，但它们并没有更显著地拉近我们与通用智能之间的距离。

人工智能已经逐渐颠覆很多以前需要大量人力的行业。计算机和机器人已经开始在法律文件审查、医疗诊断等领域取代白领工人。尽管这些变化可能具有一定的"破坏性"，但围绕计算智能的过分"炒作"甚至更糟糕。

每天都有无数谈论人工智能如何改变世界的文章。许多公司都在追赶人工智能的潮流：如果它们的产品中有任何计算成分，就可能会宣传自己使用了人工智能。超过 1000 家公司声称自己是人工智能的提供商。上述这股热潮与 20 世纪 90 年代的情况很类似，当时似乎所有企业都在一夜之间转型成为电子商务企业。

尽管存在夸大宣传，但计算智能的真正价值还是远远超出了玩复杂棋类游戏之类的意义。保护计算机和计算机网络免受恶意攻击的网络安全，就是一个机器学习应用非常富有成效的领域。

公司被成功攻击的速度似乎每周都在增长——网络安全是一场消耗战。随着黑客对如何隐藏攻击（例如，将攻击隐藏在电子邮件的附件中）变得越来越老练，机器学习在识别这些附件中攻击行为的应用也越来越成功。黑客使用机器学习来伪装他们的恶意软件，安全公司则也使用机器学习来识别它们。例如，最近的一些安全工作发现了附件中包含的恶意软件等，它们甚至隐藏于 20 个附件的深度之下。每个附件层都通过编码信息来模糊其下一层的内容，因此在不使用机器学习的情况下找到被模糊的恶意软件是非常具有挑战性的。

计算智能长期以来一直活跃在金融领域。它被用来揭露诈骗和识别具备潜力的成功投资。同时，医疗保健也是计算智能中受到广泛关注和投资的活跃领域。从头发脱落到癌症诊断，计算智能被广泛用于医学问题中。

投资医疗保健的科技巨头包括 IBM，该公司正在多个医疗保健子领域部署 Watson 技术；Philips 公司正在研究从智能牙刷等产品得到的健康信息；Google 的母公司 Alphabet 正在与几所大学合作，利用深度学习来改善医疗保健。医疗保健领域的计算人工智能正在以每年数十亿美元的速度高速增长。

电子医疗记录利用每一条基于实验研究、诊断报告、医生笔记的记录，为未来患者健康状况的建模和预测提供了机会。例如，里卡多·米奥托（Riccardo Miotto）、Li Li、布莱恩·基德（Brian A. Kidd）和乔尔·达德利（Joel Dudley）使用无监督学习建立了每个患者的健康概括表示方法，其可以用来预测人们未来患上共 78 种疾病中每种疾病的风险概率。他们的系统在预测严重糖尿病、精神分裂症和某些癌症方面尤其准确。

电子医疗记录与文本记录的文档面临同样的棘手问题。记录中包含许多常以不同形式表达的变量。例如，糖化血红蛋白值大于 6.5%，空腹血浆葡萄糖水平为 126 mg / dL，存在 250.00 的 ICD 9 诊断代码或 E11.65 的 ICD 10 代码以及在临床记录中提及的"糖尿病"一词，都可以用于诊断 2 型糖尿病患者。而这些所有同义词都加大了将记录中的特定特性与特定结果联系起来的难度。

除了从电子医疗记录的文本中预测疾病之外，其他的项目也致力于从图像中诊断癌症。例如，计算机已被用于筛查乳房 X 光片和判断皮肤损伤的图像是否存在皮肤癌。这些系统的准确性达到与人类放射科医生和皮肤科医生相当的程度。

其中，需要解释判断的图像以一组像素的形式呈现给计算机，其中像素点通常是彩色的。这些图像大小不一，病变的位置、光照甚至采集的方法都不同。

安德烈·埃斯特瓦（Andre Esteva）和他的同事们用包含 129 450 张皮肤图像的数据集训练了一个深度学习神经网络（就像前一章描述的那样）。他们将系统的性能与 21 名皮肤科医生的诊断结果进行了比较，这些诊断结果通过活检证实是恶性癌还是良性脂溢性角化病，是恶性黑色素瘤还是良性痣（一种胎记或皮肤痣）。上皮组织癌（Carcinomas）是最常见的皮肤癌，而黑色素瘤是最致命的。美国每年约有 540 万皮肤癌新病例。早期发现黑色素瘤意味着患者存活 5 年的概率高达 97%，而晚期的存活率只有 14% 左右。因此，早期发现黑色素瘤是至关重要的。埃斯特瓦和他的同事们发现，他们的系统在区分良性病变和癌变方面比皮肤科医生还要稍好一些。

一个类似的网络被用于诊断乳房 X 光片，同样具有很高的准确性。该系统为每张乳房 X 光片整合四张图像（顶部、底部和两张侧面）。克里斯托弗·杰·倪克斯（Krzysztof J. Geras）、斯塔塞·沃尔夫森（Stacey Wolfson）、吉恩·金姆（S. Gene

Kim)、琳达·茉依（Linda Moy）和楚敬贤（Kyunghyun Cho）发现图像的分辨率越高，用于训练的图像数量越多，诊断结果越准确。

Yun Liu 和他的同事使用深度学习神经网络来识别"转移"——当癌症从一个器官扩散到另一个器官时，就会发生"转移"。有许多可能成为转移目标的候选组织，每一个都必须由放射科医生仔细检查，而这样的工作是劳动密集、代价昂贵且容易出错的。组织的全分辨率显微镜图像可以达到 10 万 × 10 万的像素。他们的网络识别了图像中 92% 的肿瘤，而人类病理学家的平均识别率为 73%。

这项检测癌症病变的工作虽然很有前途，但仍以实验性为主。所使用的模型涉及许多计算神经元，它们被组织成具有复杂结构的网络。类似的系统是否能有效地部署在更自然的情况下，在数据收集方式上更具有可变性，上述内容还有待观察。而很少有放射诊所可能具备用于这些实验的资源。尽管有相反的主张。但放射科医生不久后会失业的概率很小［见 Siddhartha Mukherjee（2017）引用的文献］。

在本章的其余部分，我想阐述几个人工智能项目，我认为它们对各自的领域和计算智能的发展产生了重大影响。这些项目基本上都是旨在扩展计算智能能力的学术尝试。比起直接的商业适用性，更重要的是它们所打破的基准。

Watson 在电视游戏节目《危险边缘》(Jeopardy!) 中轻松获胜。这促使 IBM 生产了一整套它们称之为认知计算的产品。它们的目标是使用在游戏节目中获胜的技术来解决其他类型的问题。也许更重要的是，Watson 引起了公众的注意，人们可以看到计算机能够完成被认为是人类智能才能完成的任务。很明显，计算机可以在现实生活中像人类一样工作，而不仅仅是在科幻小说中。

Siri、Alexa 和类似的程序把自然语言理解和问答提高到了新的水平。几乎每一部智能手机都至少拥有一个虚拟助手程序，它可以回答问题、预约或做其他简单的任务。这些程序或许以有限的方式将 Watson 显而易见的能力引入了日常生活。现在每个人都可以直接与这种能够在《危险边缘》中获胜的能力进行互动，并从他们的手机或茶几上类似的智能语音设备中获取答案。

Google 于 2014 年以 5 亿美元收购了初创公司 DeepMind。DeepMind 正在开发一个人工智能程序来进行围棋比赛，这个游戏曾被认为是人工智能在可预见的未来无法完成的。当然，Google 的兴趣远不止是开发一个能玩游戏的程序。与 IBM 一样，它们也在寻找能够推广并应用于更广泛环境中的技术。

过去几年里，人工智能领域最引人注目的进步之一是无人驾驶技术的出现。美国国防高级研究计划局（DARPA）的大挑战赛（Grand Challenge）对人工智能系统的发展产生了深远的影响，该系统可以安全导航车辆。这些交通工具虽然尚未普及，但已经改变了人们的驾驶方式。这些技术预示着卡车运输、仓储物流、出租车驾驶和其他领域的经济将发生改变，让驾驶变得更安全，同时也更高效。

我想强调的最后一个项目是关于"扑克游戏"的学术尝试。尽管它还没有产生巨大的公众影响，但它对于解决不同于其他游戏系统所解决的问题非常重要。像围棋、国际象棋、跳棋,甚至《危险边缘》都是完美的信息游戏——所有玩家都能接触到全局的游戏信息。扑克的不同之处在于,游戏中的每个玩家只能获得手中纸牌的私人信息——这对于游戏的结果是有帮助的。人工智能系统如何处理这种信息不平衡是学习玩扑克的关键特征。无人驾驶技术和玩扑克的计算机在计算智能中开辟了重要的新领域。

6.1　Watson

2011 年,IBM 的 Watson 参加了《危险边缘》并战胜了两名人类冠军选手——布拉德·拉特(Brad Rutter)和肯·詹宁斯(Ken Jennings)。这是一台可以回答现实世界中真实事物问题的计算机。人们熟悉储存大量知识的计算机,例如 Google,但在他们的经验中,计算机返回的网页可能只是包含回答他们问题的信息,而 Watson 实际上直接返回答案。

《危险边缘》中问题的范围是极其广的。为了获胜,Watson 必须拥有同样广泛的知识,它使用了大量文本处理工具,收集了超过 2 亿页、不低于 4TB 的文本和结构化内容,包括维基百科。此外,Watson 还利用了一些数据库、词典、分类系统和其他参考资料。

在这次节目中,Watson 使用了一个由 90 台服务器组成的集群,其中包括 16 TB 的内存。它可以同时管理 2880 个进程,每秒处理 500GB 的文本数据,这相当于它能够每秒阅读一百万本书。

Watson 使用了超过 100 种技术来分析自然语言、识别来源、制定假说,并对证据和潜在答案进行评分。其中一种技术——DeepQA——不仅仅在问题和答案的数据库中进行查找,而且分析问题的语言及其来源的语言,以找到潜在的匹配答案。然后,它会使用各种分析技术对答案进行评分。DeepQA 使用机器学习来学习如何权衡这些来源和分析。

当遇到一个问题时,Watson 会把问题解析成关键词和句子片段,然后用这些关键词和句子片段来查找相关短语。举个简单的例子,如果问题问的是"Who",那么正确答案必须是一个人的名字、头衔或描述。如果问题问的是"When",那么答案一定是时间。如果问题中包含了代词,就必须解释代词的所指。它使用这个解析过程的结果在知识库中寻找匹配的信息。

各种分析技术所返回相同的答案越多,Watson 对答案的信心就越高。然后,其通过数据库检查答案,以确定答案是否有意义。然而,Watson 仍然面临一个问题,即非常简短的问题不能提供大量的材料来进行回答。非常有名的是,当被要求为美国的两座机场命名时,一个以二战英雄的名字命名,另一个以二战战役的名字命名,Watson却回答多伦多。很明显,多伦多不是美国城市,正确答案是芝加哥。当 Watson 确实犯错误时,它的错误往往不像是人类会犯的。

另外，人们当然也会犯类似于"多伦多"的错误。请迅速回答一个问题："摩西在方舟上各带了多少牲畜？"。大多数人会立即回答"2"，但正确答案实际上是"0"。因为根据圣经所述，是诺亚把动物带上了方舟，而不是摩西。

DeepQA 将问答视为一个从问题分析和可用知识中生成假设的过程，然后其根据证据对这些假设进行排序。

在这方面，Watson 非常注重物理符号系统或专家系统的精神。不同之处在于，它使用了机器学习，比较了相互竞争的假设（而不是遵循一系列选择的逻辑路径），使用了流程来消除歧义问题，以及具备了从非结构化来源中提取信息的能力。

传统的专家系统依赖于手工编码的规则，即从证据推理到结论（给定证据，得出什么样的结论）或从结论推理到证据（为了证明给定结论，需要什么样的证据）。DeepQA 的自然语言处理和机器学习则将知识与接收到的问题进行近似匹配的过程自动化。

除了在电视游戏节目中通过巨大胜利而获得营销光环之外，IBM 对 Watson 的研究还有很多原因。它们希望创建一个通用的自然语言处理、知识表示和推理系统，可以在许多不同的领域（如医学）进行重用。它们想要一个从结构化来源（如数据库）和非结构化来源（如文本）中都能获得知识的系统，这个系统能够快速学习和回答问题，同时又非常准确。

它们成功地想出了一个有效的解决方案，即如果在《危险边缘》上获胜是图灵测试的标准，那么它们就可以排除任何合理的怀疑。虽然它可以回答的问题非常广泛，但它仍然是一个特定的系统，可以解决一些特定的问题。根据所接受的训练过程和所拥有的处理能力，它无法完成围棋或国际象棋比赛。也就是说，即使对事实拥有广博的知识，也不足以使之成为"通用"的智能——当时，它无法在《危险边缘》之外的领域中完成推理。

Watson 帮助我们清楚地看到了计算智能的巨大潜力，但它并没有真正让我们更接近通用人工智能。《危险边缘》中 Watson 的竞争者之一肯·詹宁斯，过早欢迎了这个他认为的计算机霸主的到来。

虽然 IBM 希望 Watson 帮助它们开发未来的计算智能，但在使 Watson 变成一个有利可图的商用业务上，IBM 显然仍然面临众多挑战［斯特里克兰（Strickland），2018］。

6.2　Siri 和同类应用程序

数字语音助手（如 Siri、Alexa 和 Google 助手）是一种通常存在于手机或智能语音设备中，允许用户使用他们的声音与各种服务进行交互的应用程序。这些应用程序有两点值得注意：第一，它们能够理解语音命令，而不是强迫用户输入它们想要的内容；第二，它们有时能够执行复杂的任务，以响应收到的请求。这些系统可以执行操作，而不是简单地在数据库表中查询一些结果。它们会播放音乐，安排两个人可以见面的时间，或者推荐一个餐厅并预定一张桌子。它们跟踪用户请求的上下文情境，比如食物偏好，并且在后续利用这些信息。虽然大多数这种类型的互动仍然是相对基础的，但它们也在不断"学习"新的"技能"。我把"学习"加了引号，因为不清楚它们是否真的使用了机器学习来获得新技能。

语言为人们提供了一种与各种技术互动的"自然"方法。人们习惯了与他人交谈，而与数字助手进行交谈仍处于初级阶段。这些助手提供了一种与广泛的专业服务进行互动的统一方法，避免了学习每个单独系统的特性。它们结合了机器学习来发现用户偏好，用神经网络来解释语音，以及用其他可能的人工智能来组织和执行用户行为。

尽管大多数数字虚拟助手仍然相当原始，但它们的对话界面鼓励用户将它们拟人化，并赋予它们更多的智能。此外，即使是相当简单的任务，这种执行任务的能力都意味着用户可以摆脱这些任务的负担。

数字虚拟助手执行的一些任务是通过遵循一套程序设定的规则来控制的。规则由条件和行动组成。例如，如果微软的股票下跌了 10 点，那么卖出它。这类规则要求系统识别所指的股票，跟踪其价格，然后在满足条件时采取行动。它需要记忆来知道之前的价格，并将其与当前的价格进行比较，同时需要一种执行股票交易的方法。另一个例子，比如当我们在 Facebook 上给照片"点赞"时，可以将照片复制到 Google 照片账户，同时还可以自动为照片中的人添加标签。或者，当牛奶盒是空的时候，它可以把牛奶添加到我们的购物清单上。

助手还可以告诉我们所在地点的天气情况，并在合适的时候提醒我们带伞。它们可以从拼车服务公司叫车，甚至可以从 WebMD 或其他来源提供医疗建议。当然，这些系统不能做所有的事情。例如，它们回答一般信息问题的能力仍然有限，换句话说，它们仍然缺乏所谓的"常识"。

在许多方面，助手更重要的发展是它们识别语音的能力。虽然语音识别系统现在已经很常见，且很广泛地存在于生活之中。但作为计算智能和机器学习的一个应用例子，研究如何开发这种能力仍然是一个有趣的过程。

1952 年，贝尔实验室（Bell Labs）的研究人员开发了一个名为 Audrey 的系统，可以识别单个语音设备说出的单个数字。第一个进行语音识别的商业应用是 1962 年推出的 IBM Shoebox。它可以识别 16 个单词：从 0 到 9 的数字、"plus"、"minus"、"subtotal"、"total"、"false"和"off"。值得注意的是，虽然单词"false"包含在这个列表中，但它的反义词"true"却没有。我推断，他们的方法无法区分"true"和"two"。

从 1971 年开始，美国国防高级研究计划局资助了一项多年的研究，以开发能够处理 1000 个单词的语音识别技术。卡耐基梅隆大学的 HARPY 系统就是这项研究的成果之一，它能以相当准确的精度识别 1011 个单词。

1990 年，针对单词之间不需要停顿的连续语音识别技术由 Dragon System 的 DragonDictate 实现。在用一个声音进行了长时间的训练之后，这个价值 9000

美元的 Dragon 程序可以相当准确地转录语音。1997 年，它们发行了"Dragon NaturallySpeaking"，当时售价仅为 695 美元。经过 45 分钟的训练，该系统可以识别说话人的声音模式，且可以管理单个用户每分钟约 100 个单词的连续语音。

2008 年，Google 在 iPhone 上推出了语音搜索。不久之后，它们让其他程序能够使用 Google 的"语音到文本"转换。现在有很多系统，其中一些是免费的，在语音识别方面非常准确。2011 年，苹果在 iPhone 上发布了第一个版本的 Siri。此前一年，苹果收购了 Siri 公司，获得了 Siri 的核心业务。Siri 公司是 SRI 国际研究所（SRI International）的一个分支，该研究所为美国国防部提供了大量成果。

从 20 世纪 50 年代到今天，语音识别已经从能够识别一个人说的 16 个单独的单词发展到能够识别 110 种语言中的数百万个单词。语音识别是一个困难的问题，过去 60 年的进展主要是由两种发展推动的：改进语音问题的表示方法，提高语音和文本示例的可用性。从这方面来讲，语音识别是计算智能进步的一个典范——例如更好的表示和更多的数据。

语音识别是如此地耳熟能详，以至于把它看作一个计算上的挑战可能看起来很奇怪。但实际上，语音信号非常模糊。使用语音识别来驱动智能体行为则更加困难。要建立一个声音控制的智能体需要我们完成整个从空气中的振动信号至对应正确的智能体行为的相关过程。

这个过程需要几个步骤（每个步骤都不明确）：

❑ 将声学（acoustic）或声音（sound）事件映射到音素（phoneme）。

❑ 将音素映射到单词。

❑ 将单词与意图联系起来。

❑ 将意图映射到行为。

语音（speech sound）和它们所代表的语言（language）之间的关系本身就非常复杂。语音的声音是声学模式（acoustic pattern），是空气的物理振动。语音的声学特性可以用其时变的功率谱来表示（见第 5 章）。功率谱表示声信号在频带中的每个频带所包含的能量大小。时变频谱表示每个频带中随着声学模式的变化而产生的能量。如前所述，在计算机中，时变频谱使用快速傅里叶变换进行估测。在耳朵里，耳蜗的物理特性则产生了等效转换。

这些时变谱必须转换成语音的语言表示（linguistic representation），即"音素"（phoneme）。英语大约有 42 个音素（根据方言而定），例如从长音 /A/（如"hay"中的 /A/）到 /ks/（如"axe"中的 x 或"nose"中的 /z/）。

因为在声学信号和它们对应的音素之间没有一个简单或直接的映射，所以语言表示是必要的。例如，音节中的 /p/，"pi"（听起来像豌豆）实际上与音节"ka"中的 /k/ 具有相同的声学模式［库珀（Cooper），德拉特（Delattre），利伯曼（Liberman），博尔斯特（Borst）和格斯特曼（Gerstman），1952］，但人们听到的却完全不同。

同一个声学事件（acoustic event）可以对应一个以上的语言事件（linguistic event）。

音素就属于语言范畴。当学习说一种语言时，孩子必须学会将她听到的声学模式与适合该孩子的语言的音素联系起来。而正如 pi 和 ka 的实验所示，这种联系取决于环境。一般来说，一个特定声音前后的其他声音会影响这个声音如何被解释为音素。语音识别系统必须处理这种歧义。

前面提到的 HARPY 系统使用图搜索算法来识别音素。它记录了与最近接收到的语音模式相一致的替代音素或单词，然后选择了与语音模式序列最一致的音素序列。HARPY 将语音识别系统的初始部分表示为一个约束网络，然后通过这个网络来确定声音模式所代表的最佳猜测。

一旦识别了语音中的音素，下一步就是将这些音素映射到潜在的单词上。这个映射过程也具有歧义。例如，一组特定声音可以被解释为"visualize whirled peas"或"visualize world peace"。很多单词在日常使用中发音相同，例如"ladder"和"latter"。还有同音异形异义词，如"wear"和"where"。所以音素和单词拼写之间也存在很大的歧义。

将把声音模式映射到音素的声学模型（acoustic model）加入到语言模型（language model）中后，语音识别取得了很大的进展。语言模型表示一个词在其上下文中出现的可能性。例如，在句子"climbed the corporate..."中，"ladder"一词出现的概率远大于"latter"。而在例子"given a choice, he chose the..."中，实际情况却是相反的。语言建模使用机器学习来估计这些概率，然后使用这些概率来解释实际上会说的单词。

由于大量文本以一种计算机可以轻松访问的方式存储，这些统计模型的创建变得更加容易。例如，Dragon 模型通过表示大量文本数据来进行专门的题材训练。文本不需要被读出来，因为它的作用只是表明哪个词在上下文中更有可能出现。当然，Google 拥有几乎每一种书面语言的无限数量的文本和数十亿的查询列和结果。此外，当它们引入 Google Voice 时，它们还获得了包含大量不同口音和风格的语音示例。

更进一步的"歧义"来自代词的使用，如"he"或"it"。例如在句子"Find me an online store that has a pashmina shawl and buy it"中，系统必须确定"it"指的是披肩（pashmina），而不是商店（store）。这句话也说明了自然语言理解领域的计算机必须解决的另一个问题，即说话人的意图。

在句子"He poured the milk from the bottle into the bucket until it was empty"中，"it"一定指的是瓶子。但在对应的句子"He poured the milk from the bottle into the bucket until it was full"中，"it"一定指的是桶。这种歧义不能通过句子的结构来解决，因为这两个句子的结构完全相同。只有现实世界的知识才能解决这个问题，即倾倒液体会改变两个容器的内容，倾倒出去的容器变得更空，而被倾倒进入的容器变得更满。

更困难的例子是像"The police would not stop drinking"或"They are cooking apples"这样的句子。上述第一句话难以知道，是警察还是其他被警察勒令的人在喝酒？第二句话则难以分辨句意是，它们是适合烹饪的苹果，还是有人（they）在烹饪苹果？

近年来，深度学习神经网络的使用促进了语音理解。从 2012 年开始，Google 开始使用 LSTM 循环神经网络来进行 Google 语音的转录。它们使用判别学习来训练这些深度学习网络，要求系统能够对比分辨声音，而不仅仅是独立地学习每个音素。这种判别学习利用了这样一种事实——连续音素的模式依赖于已识别的前一个音素。连续的音素必须与真实的单词相匹配，单词的序列必须与语言中实际看到的模式相匹配。换句话说，音素和单词的序列都必须有意义。使用 Google Voice 提供的语音信息转录，Google 可以获得语音和文本的例子，当系统出错时，用户可以建议替代转录，并使 Google 得到一些反馈。作为语音信箱，这些序列是尽可能自然和具有对话性的。

即使在单词被正确识别之后，语音智能体仍然还需确定它应该如何处理该信息。一旦文字被记录下来，语音信箱就停止了。另外，虚拟智能体被期望做一些它们已经理解的事情。这个项目的最初意图是创建一个个人助手，例如，该助手可以组织电子邮件、日历、文档和日程安排；执行一些任务；促进其他交流。

在智能体可能执行的任务列表里，旅行预订是其中之一。像"I need to book a flight to New York on July 7"这样的句子可能看起来相当明确，但即使是这个简单的句子也带来了巨大的挑战。"I need"这个短语需要解释为讲话者的意图是去纽约旅行。它需要了解旅行需要机票和航空公司的预订。计算机需要知道说话者当前的位置。它可能需要知道有关航空公司偏好等其他信息（比如首选航班时间）。"book"在这里是指控告某人犯罪，还是指预订座位？它可能需要知道说话人什么时候想要返程。如果智能体是相当受限的，那么这种模糊性就会消失，因为智能体被设计成只能用有限的方式来解释模糊的短语。

但是，就像语音识别通过考虑更多上下文的表示来实现增强一样，意图识别也可能通过考虑更多上下文来完成增强。成功所需的信息可能不完全包含在请求本身中，但可能依赖于同样需要集成的外部信息源。

对于一个典型个人助手来说，一个问题、一个命令或一个查询都是从用户的语音请求开始的。录音的压缩版本被发送到系统的服务器（大部分工作发生在服务提供商的服务器上，而不是手机上）。自动语音识别将语音记录转换为文本。然后确定查询的类型（操作请求、命令、搜索查询）。如果它是一个命令，那么适当的命令可能会被发送；如果它涉及互联网或其他知识资源，如数据库或其他用户的日历，那么这些资源可能就会被访问。总之，"答案"将从可获得的输出响应中生成并发送回用户。

6.3　AlphaGo

围棋之前已经被提到好几次了。它是一种双人策略游戏，棋盘有 19×19 格（361 个位置，而西洋跳棋或国际象棋只有 64 个），棋子是黑白相间的。一个玩家放黑棋，另一个放白棋。每个玩家都试图包围比他的对手更多的领土来赢得游戏。

玩家轮流把棋子放在方格的交叉点上（一步一颗）。一旦一步棋被放置在棋盘上，它就不能再被移动，但却可以用颜色不同的棋（即对手的棋）包围它。被替代的棋将从游戏中移除。游戏没有固定的结局，可以通过放弃或玩家决定不再采取任何行动而结束。其中，控制更大区域的玩家获胜。

而下围棋的复杂性并不在于规则的复杂性（围棋的游戏规则只有少数几种），而是在于在每一步的下一步可能走法的数量之多。

网格上的每个位置都可能处于三种状态之一（被黑棋占据，被白棋占据或为空）。也就是说棋局存在 3^{361} 种可能的排列组合，其中约 1.2% 是符合游戏规则的。因此，约存在 2.08×10^{170} 种可能的棋局（实际数量是 208 168 199 381 979 984 699 478 633 344 862 770 286 522 453 884 530 548 425 639 456 820 927 419 612 738 015 378 525 648 451 698 519 643 907 259 916 015 628 128 546 089 888 314 427 129 715 319 317 557 736 620 397 247 064 840 935 ）。

这种大量的组合被认为是传统算法无法实现的，因为要考虑的可能性过分复杂。相比之下，国际象棋估计具有 10^{123} 种可能性，这相对于围棋的可能性来讲只是很小的一部分（小数中 "0." 之后还要跟上约 47 个 "0"，然后是 1 ）。有些人喜欢说这两款游戏的可能性比可见宇宙中的原子数还多（大约 10^{80} 个）。

与其他人工智能游戏方法一样，下围棋也可以被描述为从一个空白的棋盘开始搜索空间的过程。基于棋盘上棋子的当前位置，暴力算法将评估每一个潜在的移动，并选择具有最高期望值的方案进行（最终，通过最大的概率选择取胜）。但是任何时间点上都有大量的可能走法，计算每一步走法期望值的复杂性使得这种方法不具有可行性。解决方案的突破来自一些聪明的启发式设计，这些方法可以有效地选择一部分潜在的走法，从而不必对所有走法进行评估。

象棋和围棋被认为是具有完美信息的游戏，因为游戏在任何时间点的状态都不存在不确定性。即虽然每个玩家可能都不确定其他玩家在未来的行动中会做什么，但至少都完全知道在当前时间点上他们都做了什么。两名玩家都知道游戏的状态、规则、所有棋子的位置等。如果玩家选择了一个行动，这次行动如何影响当前游戏的状态是不具有不确定性的。

搜索过程的复杂性是由它的广度和深度决定的。广度是指每个回合中合法行为的数量，而深度则是指该行为之后游戏中后续选择的数量。在国际象棋中，广度大约是 35 步（在任何时候都有 35 步合法的走法），深度大约是 80 步（每一方在一场游戏中都会走 80 步）。一个完整的国际象棋分析将分析棋子的位置并评估当前 35 种可能的走法，以确定每一种走法在接下来的 80 次类似的选择中将如何改变游戏的状态。而围棋的广度达到 250，深度则约为 150，数量之大以致无法全部考虑。启发式的人工智能方案在国际象棋或围棋中是必需的。

启发式方案可以用来选择 "更强" 的步法以进行评估。如果我们不能评估所有的走法，那么更优秀的玩家将会评估那些更有效的走法，并且不会浪费时间来考虑那些不太可能带来胜利的走法。

启发式方案在围棋或象棋这种游戏中是可以接受的，因为人类玩家也不能完全评估每一步。相反，被研究过的棋手倾向于依赖他们以前见过的"下棋招式"，而围棋玩家则声称使用审美判断力（aesthetic judgment）来决定每一步的走法。游戏的质量取决于启发式选择过程的质量。

AlphaGo 是一款围棋程序，它在 2016 年 3 月击败了世界上最好的围棋选手李世石（Lee Sedol），在五局中获胜了四局。AlphaGo 运行在 1920 个标准处理器和 280 个图形处理单元上，分布在多个数据中心内，李却只用了脑子。在这种情况下，图形处理单元不是用来操作图形的，而是用来执行启发式所需的复杂矩阵计算。

国际象棋和围棋的玩家学习那些曾经能引导成功的"下棋招式"。AlphaGo 也通过研究过去的棋局而学会下棋。只要有足够的猫的图片，计算机就能学会识别猫。只要有足够的棋局游戏的例子，计算机应该就能够学会如何下棋。

AlphaGo 经过了数十亿步的训练。它使用深度神经网络来学习游戏是如何进行的。其中一些例子是和人类棋手对弈，但很多其他例子是和下棋计算机对弈的，其中就包括其他版本的 AlphaGo。

当 AlphaGo 与自己下棋的时候，它会跟踪哪一步棋在控制棋盘方面更成功。它和自己玩了数百万次游戏，并于其中逐渐改进，抽象出这些招式的属性，就像类似的神经网络可以从数百万张图像中抽象出视觉属性一样。回想一下，在第 4 章中，亚瑟·撒母耳（Arthur Samuel）使用了类似的策略来帮助他的系统学习如何下西洋跳棋。

尽管 AlphaGo 训练过数百万种围棋游戏，但它并不局限于模仿这些游戏。它不仅仅是记住以前的比赛；它还对规则进行抽象。这些规则不一定与围棋专家所描述的相符，但其丰富的经验使其能够确定这些规则。在这种情况下，规则就是统计规律。

在与李世石的第二场比赛中，计算机走了一个人类选手不可能走的棋。事实上，AlphaGo 估计这一步的概率是万分之一。一旦 AlphaGo 的棋子下好，李世石很快就能看出这是一个他没有意识到的出人意料的举动。但李世石显然也在学习，因为在第四局中，他自己也走了出乎意料的一步，使得 AlphaGo 在那场棋局之中再也没有恢复过来。

AlphaGo 代表了一些创新的机器学习技术，可能会应用于其他计算智能的子领域中。最有趣的是让系统从游戏中进行学习。而使用深度神经网络来抽象模式也是一个更具有普适性的关键洞察观点。同样地，它的搜索算法和选择策略的方法也是很有趣的。

AlphaGo 被一些人视为一个人工智能程序，它学会了改进自己。而这种自我改进的人工智能会使一些人感到恐惧。但我认为这种恐惧是完全错误的。所有的机器学习程序都是自我改进的，AlphaGo 在这方面也没有什么不同。它只是做了它被"设计"好的事情。它没有能力将自己从围棋游戏中获得的玩法知识转移到其他游戏中，也就更不用说其他类型的任务了（游戏之外）。AlphaGo 及其击败李世石的能力可能是人工智能发展的一个重要里程碑，但它并非在实质上背离了之前的机器学习。它只是学会了如何搜索一个问题空间，在该空间中找到新的路径，并且使用了人类设计师提供的启发式方案。

6.4 无人驾驶技术

近年来另一个引人注目的人工智能项目是无人驾驶技术的出现。*Wired* 杂志报道，在 2018 年，有超过 263 家公司在研究无人驾驶技术。据美国广播公司报道，2018 年仅在加州就有 52 家公司获准测试无人驾驶技术。

激发人们对无人驾驶技术兴趣的部分原因是美国国防部高级研究计划局 DARPA 的大挑战赛项目（Grand Challenge），该项目为第一个能够在未经预演的越野道路上行驶的无人驾驶技术研发团队提供了 100 万美元的奖金。DAPRA 是一个研究机构，其任务是为美国军方面临的问题寻找创新的解决方案。

第一届挑战赛于 2004 年 3 月举行。比赛开始前几个小时，参赛队伍才被告知在 142 英里长的莫哈韦沙漠（Mojave Desert）路线上完成比赛。在开始比赛的 15 支队伍中，没有一支成功行驶超过了 7.5 英里的路线。

卡内基梅隆大学的悍马（Humvee）行驶时因太靠近悬崖边缘，导致车轮打转直到一个轮胎着火，使得车辆熄火。另一辆车开始了比赛，但其全球定位系统（GPS）出现故障，导致车辆绕着圈行驶。帕洛斯佛得角高中的一支队伍在比赛起跑线附近撞到了混凝土护栏上。第一年的比赛并没有取得惊人的成绩，但 7.5 英里也是一个重大的成就。

2005 年，美国国防高级研究计划局再次提出挑战，奖金增至 200 万美元，但结果却截然不同。这次有 23 支队伍参加了 132 英里的比赛，其中 5 支完成了比赛。获胜的车辆名为斯坦利（Stanley），是由斯坦福大学的团队制造的。

原则上，无人驾驶技术的策略听起来很简单。但其实它必须知道它在哪里、知道要去哪里、避开障碍物、遵守交通规则，并选择最佳行动方案等。

任何使用过 Google 地图或其他导航程序的人都知道，自从这些应用程序诞生以来，地图质量和路线规划都有了很大的改进。然而，在 2005 年的大挑战赛中，车辆必须自己规划路线，因为它们要穿过沙漠，而且很少在铺好的道路上行驶。

这些车辆使用全球定位系统来识别它们所在的位置。全球定位系统是一个卫星系统，在合适的条件下，GPS 可以在几英尺偏差内识别出它的位置。然而，考虑到岩石、丘陵和沙漠环境，GPS 信号经常丢失。

获胜的车辆斯坦利使用了几种不同的传感器，包括全球定位系统、激光、视频和雷达来确定其位置和方向。它使用激光雷达来识别必须避开的障碍物。加速度计、陀螺仪和车轮传感器也被用来识别位置和姿态（例如，它是否倾斜到一个危险的角度）。有了这套传感器，斯坦利可以在几英寸偏差内确定它的位置。

为了避开障碍物，车辆必须在一定范围内探测到它们，以便在碰撞前采取规避行动或停止。在近距离（大约22米）时，斯坦利使用激光探测障碍物。因此，激光是有用的，其速度高达25英里每小时。为了进行更远距离的障碍物探测和以更高的速度行进，斯坦利使用了雷达和立体视觉。所有这些数据都是由7台安装在汽车后备箱里的笔记本计算机处理的。

与许多竞争对手不同的是，斯坦利没有制定一套规则。相反，它在比赛前的几个月里得到了学习驾驶的机会。对斯坦利来说，机器学习过程的一部分是让一名人类驾驶员控制汽车，只在可驾驶的地形中完成行驶。来自驾驶员实际行驶路径的数据可以被标记为可行驶区域，而其他区域则被标记为不可行驶区域。这种方法可能意味着车辆路径左右的一些地形被错误地标记为不可驾驶，而实际上，它可能是平坦的可行驶地形。然而，它确实确保了可驾驶的地形被正确地标记，并且可以很容易地使用它们。这就意味着该团队有一个现成的数据来源，可以用监督学习来训练他们的机器学习算法。

道路的外观受到一些随时间变化的因素的影响，使得道路难以被粗鲁地分类为可驾驶和不可驾驶，如材料（比如沥青或混凝土）、光照（例如太阳的角度、云层的厚度）、抖动因素、尘埃、空气和摄像头。即使是一群鸟突然在车前起飞，也会改变道路的外观。因此，道路跟踪模块必须适应一系列高度变化的条件。

斯坦利成功的原因之一是它认识到，在现实世界中，传感器数据总是被"噪声"所污染。传感器可能会震动，灰尘也会影响传感质量，而岩石和隧道会掩盖GPS信号等。幸运的是，影响摄像头图像视觉判读的因素与影响雷达和激光测距的因素是不同的。所以视觉判读的一些模糊性可以通过其他传感器来减少。我相信这种冗余性和对不同种类噪声的敏感性是斯坦利成功的关键。

另一个关键的要点是，斯坦利拥有远程传感器（雷达和视频）和短程传感器（激光）。当它向前行驶时，远程传感器检测到的物体最终可能会进入短程传感器的范围。而斯坦利可以通过跟踪远程传感器做出的预测来进行学习，然后使用短程传感器来教导系统这些从远程传感器获得的信号的有用性和可解释性。

自美国国防高级研究计划局的大挑战赛以来，无人驾驶技术已经取得了很大的进步。其中一个动机就是安全。在美国，人类驾驶的汽车每年都会造成大约3万人的死亡，或者说每行驶9000万英里就有一人死亡。而无人驾驶技术有机会大大减少伤亡人数。但当今也存在两起因无人驾驶引发的伤亡案例，一辆特斯拉在"自动驾驶"状态时撞上了一辆卡车的侧面，一名行人在过马路时被一辆自动驾驶的优步测试车撞倒死亡。

据报道，驾驶员们已经使用特斯拉的自动驾驶仪行驶了大约3亿英里。我们没有足够的数据来确定3亿分之一的概率是否是对无人驾驶技术发生致命事故的合理估计（但似乎情况很可能如此）。此外，我们对优步无人驾驶技术的行驶里程了解较少
［*The New Yorker* 杂志在2018年估计其为300万英里；茜拉·科尔哈特卡（Sheelah

Kolhatkar），2018］，它们的项目可能没有特斯拉或 Waymo 的先进。从这几起死亡事件来看，很难推断随着无人驾驶技术的使用越来越广泛，它们将向着什么样的方向发展。

斯坦利在 2005 年大挑战赛中的成功，以及随后无人驾驶技术的成功，很大程度上都源自斯坦利所代表的解决问题的方式。斯坦利将这个问题描述为一个机器学习问题。此外，表示远程和短程传感器之间的关系是另一个代表性要素，其与车辆在大挑战赛地形上的训练几乎同等重要。

6.5 扑克游戏

扑克游戏提供了许多其他游戏所没有的计算挑战——在扑克游戏中，对方玩家拥有计算机所没有的信息，比如对于对手拥有的牌，对方可以撒谎（虚张声势）。计算机玩扑克的适当策略取决于它对其他玩家拥有或可能拥有的纸牌的估计。这些纸牌是随机发放的，但玩家也可以从游戏中收集到相关信息。

其中一个叫 DeepStack 的程序会玩一种德州扑克的变体——“heads-up no-limit Texas hold′em”（“一对一”对杀无限注德州扑克）。这是一款双人游戏，其计算复杂度堪比围棋。每一方拥有四个回合，在这期间进行发牌和玩家下注。在“preflop”（翻牌前）的回合中，玩家每人发两张牌，正面朝下（即隐藏牌）。但每个玩家都只知道自己手上的牌。在这一点上，玩家只知道其他玩家没有得到这些在他们自己手上的牌。

在“flop”（翻牌圈）回合中，另外三张牌正面朝上，而这些牌是公开的，可以构成玩家的手牌。下一轮回合被称为“turn”（转牌圈），一张牌被公开发放并朝上。第四轮被称为“river”（河牌圈），另一张朝上的牌将会被发放。每个玩家都可以从 5 张公开的牌和 2 张隐藏的牌中选出一张牌。面朝上的牌为两名玩家提供了完美信息，但它们对两名玩家来说也是相同的。但是只有被发牌的玩家才知道隐藏牌（即正面朝下的牌）。每个玩家都知道他自己的底牌（在 preflop 阶段正面朝下的牌），但不确定其他玩家持有的牌。

在第一轮之前和每一轮结束时，玩家可以进行“raise”（增加赌注）、“fold”（把赌注交给其他玩家并结束）或“call”（满足其他玩家的赌注）。对手的投注行为对双方玩家都是公开的，可以用来估计对手一方的“大小”，但任何一方都可以虚张声势。他们可以像握有一手好牌一样下注，指望对手会认输，尽管事实上对手可能握有更好的牌。由于虚张声势的存在，公众投注行为与玩家手牌的大小并不完全相关。在游戏 Texas hold'em 中，玩家可以下注的金钱是没有限制的，除非其超过了玩家所拥有的金钱。

在游戏中，双方玩家都试图从对手的投注行为这种不完美的线索中来推断对方手牌的大小。反过来，每个玩家的投注行为又取决于对他自己的机会以及他的对手的机会的估测。随着更多的牌被揭露和更多的投注被下出去，这些估测在轮次的交替过程下会有很大的不同。

不完美信息游戏（imperfect-information game）很重要，因为它们比完美信息游戏复杂得多。有效的玩家必须根据对手所拥有的纸牌的不确定性为每一方选择有效的策略。对手可能有一张红桃 9 和黑桃 3 或者红桃 9 和黑桃 9 作为他的底牌。计算机可能能够估计所有不同组合的概率，但随后必须为这些不同的概率做好准备。

对手的投注模式揭示了对手持有牌的信息以及对手认为对方持有牌的信息。推理是循环递归的，其中每个玩家影响另一个玩家做出的决定，并改变另一个玩家的投注行为，从而后续又改变第一个玩家的投注，以此类推。扑克的规则并不比围棋复杂多少。每一方只涉及几步棋，但潜在状态的数量和这些状态的不确定性使得游戏极具挑战性。游戏的复杂性使得完全的分析变得不切实际。相反地，DeepStack 将游戏分解成多个组件。它不是从每个点（每个下注）来估算整个游戏，而是快速估算出每一步的价值。它通过让计算机在训练期间从随机的扑克情境中进行游戏来形成估测，并根据良好结果的概率选择它们。

计算机程序在估算每张牌的概率，以及根据面朝上的牌和计算机自己手上的牌估算牌的大小方面比人类棋手更有优势。计算机的隐藏牌不可能在对手手中。另外，正面朝上的牌是双方玩家的手牌。例如，如果红心 K 牌正面朝上，而计算机有黑桃 K，那么对手最好的情况是隐藏牌中有 2 张 K。而计算机最坏的情况是拥有一对 K。

DeepStack 所使用的玩扑克方法包含三个主要部分：（1）一个对当前全局状态的本地策略估测（知道可见的牌和到目前为止的下注行为）；（2）预期的操作集；（3）一种"向前看"的方法来估测这些潜在的行为可能造成的结果。

在每次下注之前，计算机会根据当前的状态重新计算策略。计算机搜索它的解空间，就像搜索一个完整的信息博弈一样。但由于对手的不确定性，它必须考虑更广泛的可能状态，而不仅仅是能产生当前最高回报的状态。DeepStack 使用两个深度神经网络，它们被训练来估测未来的博弈状态，而不必在每次下注前彻底重新计算它们。其中一个网络在 flop 回合中使用（当出现 3 张正面朝上的牌时），另一个网络在 turn 回合中使用（当出现另一张正面朝上的牌时）。每个神经网络包含 7 层隐藏层，每层包含 500 个神经元。

通过玩 1000 万个随机生成的 turn 状态来训练 turn 回合的神经网络。也就是说，对于每一款随机生成的游戏，游戏玩法都是"模拟的"。该网络评估在可见纸牌和下注特定配置下的各种潜在行为，然后将游戏进行到底，其中包含一组有限的潜在行动：fold、call、下注或全部下注（玩家当前所有的钱）。输入到网络的是下注的大小、公开可见的牌，以及对手可能拥有的底牌。而 flop 网络则使用另外 100 万个随机产生的 flop 状态进行训练，使用从 flop 网络中得到估计值来评估每个潜在的行为。

训练结束后，研究人员通过与人类玩家玩 44 852 场游戏来衡量 DeepStack 的表现。这种扑克游戏的高可变性需要一些专门的统计数据，但结果对计算机是有利的。以每局赢款额相对于最低押注规模的衡量标准来看，DeepStack 赢了 0.492 美元。也就是说，针对一群优秀但可能不是最厉害的对手，如果最小赌注是 1 美元，平均每场比赛 DeepStack 将赢得 49.2 美分。而实际中，专业扑克玩家则认为 0.05 美元就已经相当可观了。保本玩家在该衡量标准下不会赢钱，因此计算机表现很好。

6.6 结论

在过去几年中，这些计算智能程序的成功主要归功于三个因素：第一，高质量的训练数据，这使得大规模的监督学习成为可能；第二，利用模式识别来表示问题解决空间；第三，用聪明的方法来表示正在解决的问题。

人工智能系统的操作被表示为可识别模式分类的方法，而不是针对特定命名输入进行响应的规则。这些系统的设计主要是为了从创造者设计的候选表示空间中发现它们自己的模式。

在用于模式识别和分类的最突出的机器学习方法中，存在所谓的深度神经网络。这些系统由几层模拟神经元组成，而这些神经元允许输入数据被转换成更易于计算的模式。它们可以从训练期间提供的模式归纳出它们没有见过的相关模式。本质上，它们将接收到的输入模式（训练获得）抽象为派生模式（用于推断）。

促成这些重要人工智能程序成功的另一个因素是使用一个机器学习系统来训练另一个机器学习系统。例如，无人驾驶技术使用激光测距仪来帮助训练视觉分析系统。AlphaGo 使用自己的一个版本与另一个版本对弈，以提供训练示例。DeepStack 使用一个随机系统来生成扑克牌手，以使得它的深度神经网络可以学习。这种技术解决了一些最成功的机器学习形式中的主要瓶颈，即需要使用大量标记训练示例。某些学习问题适合这种对抗性训练。当与强化学习相结合时，它们可以成为训练有效机器学习系统的非常强大的工具。但这个过程也有风险。

如果一个系统与另一个系统完成过对抗，而当它与另一个不同的对手对抗时，并不能保证它的成功。因为一个系统可能只是学习了另一个系统固有的缺陷，而这些缺陷在其他系统或者玩家中可能不同或者就不存在。

最后，这些例子很重要，因为它们展示了如何扩展机器学习所解决的问题。研究容易理解的问题有很多好处（即使它们很难解决），但世界不只是由这些结构良好的问题组成的。下围棋很重要，因为它具有简单的表示，但是却会让机器陷入思考。先进的、创造性的表示以及深刻的启发，使棘手的问题易于处理。

无人驾驶技术和扑克游戏让机器学习进入了信息不完全的领域。由于允许不确定性的新的表示方法已经被发明出来，它们的解决成为可能。基于语音的助手将不确定、模棱两可的输入与不确定的意图结合在一起。这些系统最终可能解决的行为、意图的范围是巨大的。使得这些系统有用的表示方法仍在发展中。

不过，所有这些例子以及其他许多例子都有一个重要的共同点。这些程序的成功取决于某些设计师能否找到一个合适且有用的方法来表示它们所面临的问题。这种表示法必须把一个可能无法解决的问题转换成一个现代计算机能够解决的问题。所以，它们的智能很大程度上来自设计者的聪明设计。而要实现通用人工智能，就需要找到一种方法来复制这种代表性的创造力，但迄今为止，这种创造力一直依赖于人类的能力和天赋。

6.7　参考文献

Cooper, F. S., Delattre, P. C., Liberman, A. M., Borst, J. M., & Gerstman, L. J. (1952). Some experiments on the perception of synthetic speech sounds. *The Journal of the Acoustical Society of America, 24,* 597–606. doi:10.1121/1.1906940; http://www.haskins.yale.edu/Reprints/HL0008.pdf

Esfandiari, A., Kalantari, K. R., & Babaei A. (2012). Hair loss diagnosis using artificial neural networks. *IJCSI International Journal of Computer Science Issues, 9,* 174–180. https://pdfs.semanticscholar.org/6217/c168b99db35605144169d3efc20ab195a2cf.pdf

Esteva, A., Kuprel, B., Novoa, R. A., Ko, J., Swetter, S. M., Blau H. M., & Thrun, S. (2017). Dermatologist-level classification of skin cancer with deep neural networks. *Nature, 542,* 115–118. doi:10.1038/nature21056; https://www.nature.com/articles/nature21056.epdf

Geras, K., Wolfson, S., Kim, S. G., Moy, L., & Cho, K. (2017). High-resolution breast cancer screening with multi-view deep convolutional neural networks. https://arxiv.org/abs/1703.07047

Kolhatkar, S. (2018, April 9). At Uber, a new C.E.O. shifts gears. *The New Yorker.* https://www.newyorker.com/magazine/2018/04/09/at-uber-a-new-ceo-shifts-gears

Kolochenko, I. (2017). How artificial intelligence fits into cybersecurity. CSO. https://www.csoonline.com/article/3211594/machine-learning/how-artificial-intelligence-fits-into-cybersecurity.html

Kubota, T. (2017). Deep learning algorithm does as well as dermatologists in identifying skin cancer. Stanford News. https://news.stanford.edu/2017/01/25/artificial-intelligence-used-identify-skin-cancer/

Lee, J. (2013). OK Google: The end of search as we know it. Search Engine Watch. https://searchenginewatch.com/sew/news/2268726/ok-google-the-end-of-search-as-we-know-it

Liu, Y., Gadepalli, K., Norouzi, M., Dahl, G. E., Kohlberger, T., Boyko, A., . . . Stumpe, M. C. (2017). Detecting cancer metastases on gigapixel pathology images. https://arxiv.org/pdf/1703.02442.pdf

Metz, C. (2016). In two moves, AlphaGo and Lee Sedol redefined the future. *Wired.* https://www.wired.com/2016/03/two-moves-alphago-lee-sedol-redefined-future/

Miller, A. (2018, March 21). Some of the companies that are working on driverless car technology. ABC News. https://abcnews.go.com/US/companies-working-driverless-car-technology/story?id=53872985

Miotto, R., Li, L., Kidd, B. A., & Dudley, J. (2016). Deep patient: An unsupervised representation to predict the future of patients from the electronic health records. *Nature Scientific Reports, 6,* Article No. 26094. https://www.nature.com/articles/srep26094

Moravčík, M., Schmid, M., Burch, N., Lisý, V., Morrill, D., Bard, N., . . . Bowling, M. (2017). DeepStack: Expert-level artificial intelligence in heads-up no-limit poker. *Science, 356,* 508–513. doi:10.1126/science.aam6960; https://arxiv.org/pdf/1701.01724. pdf

Mukherjee, S. (2017). What happens when diagnosis is automated? *The New Yorker.* https://www.newyorker.com/magazine/2017/04/03/ai-versus-md

Naimat, A. (2016). The new artificial intelligence market. https://www.oreilly.com/ ideas/the-new-artificial-intelligence-market

Silver, D., Huang, A., Maddison, C. J., Guez, A., Sifre, L., van den Driessche, G., . . . Hassabis, D. (2016). Mastering the game of go with deep neural networks and tree search. *Nature, 529,* 484–489. doi:10.1038/nature16961; http://airesearch.com/ wp-content/uploads/2016/01/deepmind-mastering-go.pdf

Stanford Encyclopedia of Philosophy. (2014). Speech perception: Empirical and theoretical considerations. https://plato.stanford.edu/entries/perception-auditory/ supplement.html

Strickland, E. (2018). Layoffs at Watson Health reveal IBM's problem with AI. IEEE Spectrum. https://spectrum.ieee.org/the-human-os/robotics/artificial-intelligence/layoffs-at-watson-health-reveal-ibms-problem-with-ai

Tromp, J. (n.d.). The number of legal go positions. http://tromp.github.io/go/legal. html

CHAPTER 7

第 7 章

构建智能模块

到目前为止，我们一直关注的是形成通用智能的初步定义，然后评估在人类认知和计算智能中处理它的方式。本章开始讨论可用于克服当前限制的可用资源种类。这一章的一个主要焦点是关于认知不会只向一个方向流动的观点。我们的感知和所想受到上下文情境和期望的影响。本章继续讨论语言如何既是实现智能的问题又是智能的贡献者，最后对常识（common sense）进行讨论。

早在祖先的大脑做出我们现在认为是智力成就的任何事情之前，它们就已经进化出在环境中感知、理解与行动的能力。

图 7-1 显示一只飞蛾栖息在桦树的树皮上。冠蓝鸦找到飞蛾并不困难，但人们经常需要搜索很长时间才能找到它。是我们眼拙吗？我们通常不会将寻找飞蛾之类的任务视为智力的一部分，但如果我们的饮食取决于寻找这些飞蛾，我们可能会有不同的想法。

图 7-1　白桦树上的裳夜蛾

这项任务在概念上与旨在区分包含猫的照片和不包含猫的照片的项目没有太大区别。在这里，我们想区分有飞蛾的树和没有飞蛾的树，并在这棵树上定位飞蛾。计算机可能需要数百万个样本才能可靠地找到猫，但如果冠蓝鸦需要数千个训练样本，它们可能会饿死。

经验丰富的冠蓝鸦发现，在找到一只飞蛾后，它们就能很快检测到类似隐藏的（伪装的）飞蛾。这种趋势称为"搜寻印象"（search image），由尼科·廷贝根（Niko Tinbergen）于 1960 年首次提出。寻找特定猎物物种的一次经历使捕食者在后续更容易找到该物种的其他个体（相比其他类别物种个体而言）。两种猎物物种可能同样难以找到，并且在捕食者的饮食中可能同样常见，但找到其中一种物种个体会使得发现类似个体变得更加容易。某种短期的注意力效应可以帮助冠蓝鸦或其他捕食者找到更多相同类别的个体。实验支持了廷贝根的想法并支持了存在影响感知的情境、注意因素的观点。搜寻印象的想法是一个例子，说明感知不仅仅是从环境中获取刺激，而是一个受注意力和期望支配的主动过程。

7.1　知觉与模式识别

人类和许多其他动物已经进化出专门的神经元来感知环境。其中最熟悉的包括眼睛中的视网膜受体和内耳中的耳蜗毛细胞。

从环境中的物体反射的光通过眼睛的晶状体投射出来，倒置在眼睛后部光敏细胞镶嵌的视网膜上。最初，人们认为视网膜细胞仅仅传输与投射其光量相对应的信号。然而，神经科学家发现，模式处理始于视网膜。视网膜中的神经节细胞结合来自许多光感受器的输入，并将模式（pattern）传输到大脑的其余部分。

视网膜中的模式处理是复杂的特征检测器级联的第一步，该级联继续通过多个大脑层。1959 年左右，胡贝尔（Hubel）和维塞尔（Wiesel）开始报道视觉皮层中的细胞会对视野特定部分的光条做出反应。他们和随后的神经科学家遵循这些模式，对初级视觉皮层之后大脑其他区域的更复杂处理进行选择性反应。

最近的研究还发现，例如，视觉处理早期层的反应发生的自上而下（从大脑到视网膜）的变化和注意力（attention）等有关。视觉处理不会只在一个方向上进行，但下层的动作会受到视觉处理链上更高层的动作的影响。这些自上而下的过程将注意力集中在某些事物上，而牺牲了其他事物，包括某些神经元的激活增加和其他神经元的激活抑制。

如前几章所述，听到声音始于鼓膜和中耳骨骼的机械作用。中耳的骨骼将声音传输到耳蜗，耳蜗提供机械频率滤波器组，耳蜗中基底膜的特定部分对特定频率有反应。

与眼睛一样，耳朵也显示出自上而下（大脑到耳朵）和自下而上（耳朵到大脑）过程的证据。耳朵包括感知声音频率模式的内毛细胞和提供机械反馈并放大某些频率而牺牲其他频率的外毛细胞。

其他感官系统似乎以类似的方式运行，包括自下而上和自上而下的活动。传感器接收来自环境的信号，将这些信号转换为神经活动，并以空间分布的方式表示这些信号。但是感知随后会被处理链中后期发生的事件主动修改——那里有反馈。感知比我们以前认为的更具交互性和面向对象性，进一步削弱了符号（对象）和所谓的子符号（感官）过程之间的区别。这些主动反馈过程对包括人类在内的有机体的功能智能可能至关重要。

完形特征

感知系统似乎已经进化为处理对象而不是处理特定的感官模式。完形心理学家，主要是库尔特·科夫卡（Kurt Koffka）、马克斯·韦特海默（Max Wertheimer）和沃尔夫冈·科勒（Wolfgang Köhler），在 20 世纪 10 年代到 20 年代确定了一组原则，这些原则似乎对确定人们所感知的对象很重要：接近性、相似性、连续性、闭合性和连通性。这些特性再次证明，知觉不是冲击感官表面的刺激的简单产物，而是一个建设性的过程，它使用其他信息源来识别可以产生这种感官体验的物体（见图 7-2）。

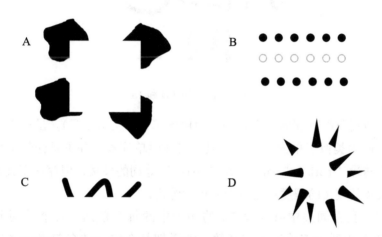

图 7-2　完形原则。四幅代表格式塔知觉特征的图画。A 显示的是一个虚幻的图形。A 中实际上没有正方形。B 表示相似性原则。物理上相似的项目往往被视为同一对象的一部分。C 表示良好的延续性。这三个部分通常被视为同一物体的一部分，例如一条被部分淹没的海蛇。D 通常被认为是一个带刺的球，但是没有球

长期以来，人们认为大脑的神经生物学对于理解机器和生物智能很重要。自从唐纳德·赫布（Donald Hebb，1949）首次提出他的学习规则（learning rule）以来，人工智能研究和神经科学就出现了显著的交叉融合。赫布的学习规则可以概括为"一起发射的神经元将会连接在一起"。更正式地说，"当细胞 A 的轴突足够接近于激发细胞 B，并反复或持续参与对其进行激发时，其中一个细胞或两个细胞一起会发生一些生长过程或代谢变化。这样作为激发 B 的细胞之一，A 的效率将会提高"。这是关于学习如何在大脑中发生的早期神经心理学解释之一。

赫步规则及其后续规则仍然是神经网络中最有影响力的原则之一。深度神经网络

的特征检测和特征处理的灵感来自我们对视觉系统特征处理的了解。但大脑和网络之间的关系仍然是隐喻性的，而不是字面的。我们不认为对深度神经网络的构建是对视觉皮层结构的映射。

7.2 歧义性

歧义性（ambiguity）进一步挑战了我们的认知观。类似于我们在前一章中讨论的言语语境中的歧义识别，在视觉场景和在这些场景中识别的对象之间没有简单的映射。图 7-3 所示的显示器中央的相同视觉图像可以识别为一个 B 或数字 13，这取决于是从左到右还是从上到下查看。

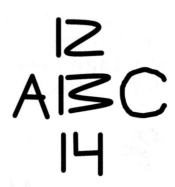

图 7-3 不明确的 B 和 13

歧义也延伸到我们听到的声音和每天使用的单词（见第 6 章）。虽然人工智能的早期观点集中于使用类似于单词的符号，但事实证明单词本身并不是任何事物的固定符号。很多人都熟悉"bark""bank"或"strike"等词的歧义，但存在于其他常见词中的普遍性歧义及其歧义的程度可能会令人更为惊讶。

作为练习，我在词典中查找表 7-1 的句子中的每个单词。每个单词下面的数字表示我在词典中找到的该单词的定义数。如果把每个定义结合起来，这句话几乎有八千万（7 788 584 618 680 320）种可能解释，但很少有人注意到任何歧义。

表 7-1

The	companies	have	agreed	to	a	brief	delay	in	implementing	their	agreement
37	14	39	17	54	62	20	8	84	8	7	9

诚然，词典定义的数量是衡量语言歧义的一个不完美的标准。但它确实暗示了普通语言歧义的定性水平。

我们很少注意到这种歧义，即使是在"She ate her lunch next to the bank"这样简单的句子中，因为这些词并不单独对句子的含义有贡献。想想"She ate her lunch on the bank"和"She ate her lunch in front of the bank"吧。根据第一句话，她吃午餐的时候可能在一栋楼（或一个银行）里，但我们更可能把它理解为她在河边。在第二句话中，她本应该在河边吃午餐，但我们倾向于把它理解为在金融机构面前。

任何依赖于单词原子性质的系统都会有问题。原子词的概念源于这样一种认识，即认为"cat"一词在任何包含该词的句子中都有相同的含义。"The cat wore a hat""The cat sat on the mat"或"The cat smiled at Alice"都使用相同的符号，并且该符号的含义在三个句子中被认为是一致的。句子的意思则被认为是句子中单词意思的合成。包含"bank"或"bark"等词的句子则被认为是原子性和组成性概念的罕见例外。虽然这些词看起来像是同一个词，但它们确实是不同的符号，只是碰巧无法区分。与此相反，事实证明，歧义词更多是一种常规现象，而并不是所谓的例外。

使用上下文帮助机器理解单词含义的概念是开源项目 Word2Vec 和许多其他项目中的一个关键思想，这些项目试图通过单词在语言中的使用方式来表示单词的含义。词汇表中的每个单词在这些系统中都由其在文本中的共现模式来表示。这个词是和什么词一起出现的？事实证明，意义相似的词往往出现在相似的上下文中；也就是说，与某些其他词常一起出现。例如，"lawyer"一词很可能与"attorney"一词出现的许多文本相同。这两个词具有相似的含义（律师），通过在相似的上下文中嵌入它们的表示，计算机可以抽象出其中的一些含义，这样当用户搜索例如"lawyer"这个词时，她也可以被反馈得到没有提到"lawyer"但提到"attorney"的文档。更一般地说，词语的模糊性再次反映了自上而下的过程对我们感知和应对世界中事件的影响。

7.3　智力和语言

尽管有歧义性，但支持人类智力的最重要发明之一就是语言。语言与地图、计算机、数学和火一样，是人类智力成就的工具。在所有情况下，这些智力工具的功能都是促进智力或计算操作，以支持人类的成就。

在计算器被广泛使用之前，数学家使用的是计算尺。尺子是两块窄木板的组合，其中一块可以相对另一块滑动。例如，它可以用来计算两个数字相乘或相除，只须将其中一块板相对于另一块板滑动即可。计算尺使人们能够轻松地执行复杂的数学运算，如乘法、除法和指数运算，这些运算在精神上或纸面上都很难或很费时。计算尺使某些数学运算变得很实用，使得利用它们的人比以前更为聪明。计算尺可被视为人工智能的一种工具。

这些包括语言在内的智能工具使得信息生成、存储、转换、检索或以其他方式使用变得更为容易。它们影响我们智力能力的方式类似于软件包如何让简单的桌面计算机执行强大而有用的任务。

语言的工具性价值早已被发展心理学家（developmental psychologist）发现。语言与思想并不相同，但它有助于为构造和组织思想提供与智力相关的必要能力。

让·皮亚杰（Jean Piaget）和列夫·维果茨基（Lev Vygotsky）等心理学家认识到了语言在智力发展中的重要性。根据皮亚杰的说法，孩子的智力发展分为四个有规律的阶段。

在感觉运动（sensorimotor）阶段（婴儿至两岁），儿童对世界的了解来自他们在其中执行的动作以及对世界的感官体验。基本语言（basic language）是在感觉运动阶段结束时获得的。

接下来是前运算（preoperational）阶段（两到七岁）。孩子的知识主要受外部世界控制。孩子一次专注于一个物体或问题的多个方面的能力有限。这个阶段的思考是初步的，接近想象。孩子很难理解其他人有不同的观点。

具体操作（concrete operational）阶段（七到十一岁）开始允许孩子进行逻辑和系统的推理，仍然聚焦于具体的对象。孩子开始能够进行可逆思维，并开始认识到每个人对世界都有独特的看法。这种逻辑和系统的推理是我们通常称为"智力"技能的典型代表。

接下来是正式操作（formal operational）阶段（青春期及以后）。在这一阶段，人能够展示逻辑思维和抽象概念。可以用逻辑和系统化的方式评估问题。然而，并不是每个人都能达到正式操作阶段。

感觉运动阶段从出生开始持续到语言出现为止。在这个时期的早期，儿童仅限于基本的反射性动作，但到最后，他们开始表现出象征性思维。他们很快从胡言乱语发展到能够一次通过一两个词来表达自己所想。

儿童在前运算阶段开始时没有理解逻辑的能力。他们在思想上操纵信息的能力非常有限。然而，他们在这个阶段开始"假扮"（pretend）行为，显示出一些象征性思想的证据。例如，他们开始玩带有角色的社交游戏，例如装扮茶会和过家家。在这个阶段的后半段，儿童的语言结构和推理能力变得更加复杂。

处于具体操作阶段的儿童能够融入归纳逻辑（inductive logic）。他们可以从具体的例子中推断出一般的原则，但在演绎逻辑（deductive logic）方面还存在困难。他们可能很难使用一般原则来预测相关事件的结果。他们大多局限于对具体对象、动作和情境的推理。

最终，许多孩子进入正式操作阶段，在这个阶段，思想摆脱了早期阶段的具体限制。他们能有效地使用与抽象概念和假设情境推理相关的语言。在正式操作阶段，儿童达到了我们与智力相关的最高水平的智力能力。

皮亚杰并没有特别强调语言在这些发展阶段中的特殊作用。而另一位发展心理学家列夫·维果茨基对语言在智力发展中的作用却更为感兴趣。

维果茨基指出，面对难题的孩子可能会得到周围大人们的言语教导（verbal coaching），以更好地完成任务。当之后大人不再在身边时，孩子们可以用类似的语言，大声地或在内心重复这些指令，从而在没有大人的情况下完成任务。在困难的情况下，人们常常问自己："我父亲会怎么做？"当人们在解决难题时，他们会自言自语。语言似乎有助于人们对其行为进行构造。

维果茨基认为，语言有助于增强儿童的语前认知能力（prelinguistic cognitive capacity），如注意力和联想学习（associative learning），并学会集中注意力（focused attention）和符号思维（symbolic thought）等新能力。他们用语言来组织其思想。文化系统（如语言、教导、科学和书籍）能增加一个人的智力。在发展的早期阶段，语言教导也是一种社会活动。在这些活动中，儿童通过与他人的互动（包括显式的大人指导）来获得自身的能力提升。成长发育是从受他人调节的行为转变为自我调节的行为的过程。在维果茨基看来，这种转变很大程度上在于内化之前的外部教导。早期，思想是非语言的，语言是非智力的。但随着时间的推移，思想融入了更多的言语活动属性，言语变得更加理性。

我觉得可以说以皮亚杰和维果茨基为代表的早期发育阶段理论为卡尼曼（Kahneman）提出的"系统 1 思维"（System 1 thinking）提供了基础。卡尼曼没有从儿童发育的角度来阐述其成果。但他的"系统 1"的特征与维果茨基和皮亚杰认为的幼儿特征并没有太大区别。维果茨基和皮亚杰都把智力作为认知发展的终点，但没有理由认为随着更多的逻辑和智力能力的出现，非逻辑和印象派的能力就需要消失。

关于智力出现的另一种发展论观点认为：智力是从一种通过类比习得的特殊能力中产生的；智力出现依赖于语言或数学等符号系统；而语言的使用会使得类比能力得以加强。这是德德·雷根特纳（Dedre Gentner）等人主张的立场。

根据雷根特纳的说法，区别人类智力与其他物种智力的能力包括：

❏ 从细节中进行抽象的能力。
❏ 保持抽象层次结构的能力。
❏ 连接断言并得出新结论的能力。
❏ 比较和对比两种表示及其不同之处的能力。
❏ 发明和学习抽象术语以及特定实体的能力。

特别是，她观察到了儿童发育中的一个进展性过程，即从最初对物理相似性做出反应，进而能基于选定特征进行相似性判断，到最终实现关注关系或概念相似性的能力。在雷根特纳看来，儿童从知觉相似性转向概念相似性。这是另一个自上而下影响思维的例子。我们不仅从具体的例子（归纳法）中得出概念，而且这些概念会影响我们对事件的感知和判断。

例如，在一个实验中，雷根特纳给孩子们看了一把刀和一个西瓜的照片，告诉他们这把刀是西瓜的"blick"。"blick"是个瞎编的词。然后她给孩子看了一把斧子和一棵树，说斧子是树的一个 blick。最后，她给孩子看了一张纸、剪刀、一支铅笔和另外一张纸，问这三件东西中哪一件是纸的 blick。剪刀代表关系相似性，就像一把刀，它能切割。铅笔代表主题相似性，是用来在纸上写字的。第二张纸代表名义上的相似性，和第一张纸一样。她发现，四岁和六岁的孩子选择剪刀做为 blick，而年龄较小的孩子只是随机选择。直到四岁，孩子们都很难理解刀、斧和剪刀之间的功能关系。

谈论这种关系的能力增强了参与这些关系类比的能力。命名一种关系模式会增加在与原始场景不同的其他场合下发现它的概率。雷根特纳说，关系语言创建了符号配对，否则这种配对可能不会发生。关系术语还可以帮助关注特定于该关系所表达观点的属性。例如，当被要求说出宠物的属性时，人们会提到与被要求说出食肉动物或抓耗子的猫的属性时所不同的事情。

正如卡尼曼所发现的以及我们之前讨论的那样，即使日期和价格差异是相同的，选择提前注册而获得折扣的人比为避免因延迟注册而须提供罚款的人要少。强调一个特定的关系会使人们关注某些属性（赢或者输），这可能导致其在形式类似的情况下做出不同的选择。

语言让每一代人都能从过去的几代人身上学到东西，尽管术语的含义会随着时间的推移而改变。语言增强了掌握和使用概念和概念集合的能力。

语言有助于构建我们思考事物的方式。我们用在事物上的名字会影响自身对事物的看法。关于这个观点的一个强有力版本是以爱德华·萨皮尔（Edward Sapir）和本杰明·沃尔夫（Benjamin Whorf）命名的萨皮尔－沃尔夫（Sapir-Whorf）假说。他们的想法是，我们对于世界中概念的理解是由自身母语所编码的类属范围所决定的。在极端情况下，我们可能会非常困难，甚至于完全无法思考那些不能直接由母语所表达的概念。

在调查强 Sapir-Whorf 假说的过程中所收集到的大量证据都是负面的。作为一种很强的观点假设，即我们只能思考我们语言所能表达的东西，这显然是错误的。例如，劳伦斯·巴萨罗（Lawrence Barsalou）发现，人们有很强的能力当场构建特殊的类别（如果你的房子着火了，请立即说出要随身携带的物品）。我们没有一个词来形容这样一个概念，但巴萨罗发现，这样的特殊类别具有与传统类别相同的认知特性。例如，人们可以选择该类别的原型成员（prototypical member）。

尽管如此，我们用来形容事物的词语仍然会影响对事物的看法，这一点似乎很清楚。2001 年 9 月 11 日美国劫机事件发生后，航空公司禁止任何人在飞机上携带刀具。他们把机场的公共场所和飞机上所有的金属刀都换成了塑料刀。然而，他们并没有禁止叉子。我认为刀子禁令是因为刀子被归类为武器，但叉子却不是，即使叉子甚至勺子也可以像刀子一样致命。

乔治·莱考夫（George Lakoff）在他的书《女人、火和危险的事物》（*Women, Fire, and Dangerous Things*）中探讨了语言分类的概念及其对思想的影响。莱考夫的观点和巴萨罗的观点一样，他们认为有些类别不能用组成该类别的对象特征的相似性来描述。车库旧货交易中的东西类别具有什么共同特点呢？

通过特征相似性定义类别的失败并不局限于特定类别。路德维希·维特根斯坦（Ludwig Wittgenstein）第一次谈到这一点是在游戏类别的背景下。他认为不同的游戏最多也只是有一点家族相似性（family resemblance）。棒球、井字棋、猜谜和纸牌有什么相似之处呢？然而，它们都被归类为游戏。

即使是家族相似性也可能过于依赖物理相似性作为分类的基础。梅丁（Medin, 1989）指出两个物品之间的相似性刻画从标准来看应该取决于它们共有的特征数量。但是，事实上，任何两个物品间都有无穷多的共同特征。一顿鸡肉晚餐和一名童子军都能被装进大众汽车里，他们都占据了空间，都不叫山姆，他们都不到 300 磅，他们都不到 301 磅……

只要我们假设事物类别在头脑中的表示是由该类别的例子来完成的，那么问题就不会消失。在计算机中，这被称为"最近邻分类器"（nearest neighbor classifier）。不幸的是，最近邻分类器仍然依赖相似性来确定最近邻。

特沃斯基（Tversky）和其他人已经证明，在基于相似性的分类中比较的特征过于灵活，无法作为概念化或分类成员的基础。即使我们将比较局限于人们关注的显著性特征，相似性仍然是识别物品类别的一种薄弱手段。人们所提到的特征在很大程度上取决于进行相似性判断的语境。当谈到秘书们的午餐时，茶可能被认为是一种典型的饮料，但当谈到美国卡车司机们休息时的餐饮时，茶就不是了。

正如两个物品可能共享无限数量的特征那样（狐狸和松鼠都有心脏和皮肤，但这些特征很少被提及），给定的对象也可能属于无限数量的潜在类别。罗夫（Rolf）可能是一只狗，可能是一个男人，可能住在新泽西，可能是一个生物等。他可能是苏菲（Sophie）喜欢的东西之一。

在判断相似性时，所选择的或给予较大权重的特征受被比较对象的影响，但不由其决定。相似性不足以用于人类分类；相反，人类分类似乎也会受到自上而下的影响，然后影响我们判断相似性的维度。类别会影响我们对其进行比较的特征，同时特征也影响我们对对象的类别进行识别。

认识到相似性并不足以执行分类给机器学习或计算智能带来了挑战性问题。这意味着计算机必须具有刺激特征之外的其他知识。它们必须具有上下文和分类知识。

在现有的计算智能方法中，特征选择来自计算机系统设计者选择的表示。如果使用像素来表示图像，则相似性由两个图像中的重叠像素来确定，类由像素的相似性确定。一些系统通过数学变换像素中的信息来提取比原始像素图像更抽象的高阶表示。这些变换由像素数据的结构和神经网络中各层的结构所决定。

当前还不能确定应该如何表示计算智能系统。因此，适用一个问题的特征对其他问题则可能不太适用。在构建一个机器学习系统时，这些都是所涉及的隐性决策，但同时我们对于人类如何在相对不受约束的场合下进行分类特征选择的过程也不甚了解。对人类相似性判断有更好的理解对于构建更为强大的计算智能系统意义重大。

然而，有趣的是，心理学家将人类认知发展描述为在基本知觉过程之上不断分层抽象和理性化的过程，和深层神经网络的层形成一个很好的类比。值得注意的是，人类对相似性的判断在很大程度上取决于做出相似性判断的上下文。上下文是机器学习的一个重要组成部分，例如 Word2Vec。这些研究还表明，相比只是简单地提供正确的标签（在这种情况下是单词）类别，标签在分类中可以发挥更为重要的作用。最后，对类比和原型的强调可能暗示了机器学习的未来发展方向。我们将在第 12 章再次讨论这些观点。

7.4 常识

常识是我们所说的关于非学术科目的日常推理。如果我们听说约翰有一份工作，我们就会推断他大部分时间都在工作。他挣钱，而且他可能有一个老板。常识代表关于个人世界的事实以及这些事实之间的关系，这些事实之间的关系没有直接包含在被推理对象的表示中。

常识对于多种自然语言理解情况至关重要。例如，如果我说" I took the tube to Marble Arch"，你可以理解为我说我拿着一个圆柱形容器到一个叫作 Marble Arch 的地方或东西，但更可能理解为我乘伦敦地铁到了一个叫 Marble Arch 的车站。我们如何解释一个句子可能取决于该句子中未包含的信息，甚至该句子周围的文本中未包含的信息。解释可能取决于现实世界的知识。回想一下第 6 章中关于将水从瓶子里倒进桶里直到它变空的句子。我们需要用常识来决定"它"这个词是指桶还是瓶子。

很难说哪些事实和关系构成了常识。但据推测，常识使我们能够在一个一切都没有明确规定的世界中发挥作用。常识可以被视为一组事实、偏见、背景假设和信念，这些都隐含在我们对人、他们的意图和他们的行为的日常推理中。知道约翰喝了几个小时后倒下了，我们可以推断他喝醉了。知道妮可是玛莎的姑姑，我们可以推断玛莎是妮可的侄女，妮可的丈夫（如果她有的话）是玛莎的叔叔。妮可的兄弟姐妹或妮可配偶的兄弟姐妹是玛莎的父母之一。

常识让我们对因果、运动、人际关系、力、能量和数量等进行推理。它帮助人们描述、预测、评估和解释他们世界中的日常事件。

即使是结构良好的问题也涉及常识。例如，考虑前面描述的天使与魔鬼问题。三个天使和三个魔鬼带着一艘可容纳两人的小船抵达河岸。他们想过河，但如果魔鬼的数量超过了河流一侧的天使，他们就会吃掉天使。请问他们是如何过河的？

有正式的方法可以解决这个问题。例如，索尔·阿玛尔（Saul Amarel）将这个问题描述为一个由 32 个状态组成的状态空间，其中 2 个状态是不可达的。他使用由三个数字组成的符号写出解决方案，分别代表一侧河岸的天使、魔鬼和船只的数量。一旦我们知道一侧河岸的情况，另一侧河岸的情况就完全确定了。如果船在河岸的一侧，那么它就不能在另一侧，反之亦然。这是他的解决方案：

$$331 \rightarrow 310 \rightarrow 321 \rightarrow 300 \rightarrow 311 \rightarrow 110 \rightarrow 221 \rightarrow 020 \rightarrow 031 \rightarrow 010 \rightarrow 021 \rightarrow 000$$

然而，这个符号隐藏的是从描述中理解问题的常识推理。我们怎么知道阿玛尔的表示是对这个问题的公平表示呢？例如，我们如何知道船的存在对于理解问题至关重要？如果不是，那么我们就会遇到非常不同的问题。天使和魔鬼只须涉水而行就能解决问题。回想一下寻找一双棕色袜子和黑色袜子的问题，这两种颜色的比例和那个问题本身并不相关，尽管大多数人认为它是相关的。

在天使和魔鬼问题中，我们假设只能用船渡过河，是常识告诉我们这一点。我们假设天使和魔鬼都不能游过河流，但这在描述中却并没有说明。我们并不会假设除非我们知道每个人戴着什么颜色的帽子，或者除非我们知道船是什么颜色，否则问题是无法解决的。常识告诉我们颜色是无关紧要的。我们不问是否有桨可以划船。我们假设两侧河岸都没有高到无法攀爬或存在难以上船的风险。

如果河流中间有一个岛屿，或者每个个体到达岸边时都必须离开船，问题的性质就会发生巨大变化。如果不是三个天使和三个魔鬼，我们说每种类型的四个个体出现在岸边，或者更多的魔鬼在开始渡河后到达，问题也会随之改变。

事实上，我们假设了很多事情，还有非常多（可能无限多的）我们认为不相关的事情。如何将问题描述的文字翻译成用来解决问题的表示是一个关键问题，该问题往往被以下事实所掩盖：人们解决问题时会隐含地使用常识，而在和计算机打交道时却无法基于常识而做出假设。当工程师创建问题的表示时，她已经使用常识来确定哪些特征（可能）对场景很重要，以及这些特征与用来表示的元素之间的关系是什么。

常识对于创建问题表示和计算智能至关重要。即使在解决形式化问题时，我们如何构建这些问题的解决方案也取决于问题结构及其相关因素的常识性概念。

7.5　常识的表示

常识有两个迄今为止无法解决的问题：需要表示什么信息来获取常识，以及应该如何表示这些信息？如果没有表示和利用常识的有效手段，人工智能就不可能实现。

一些研究人员认为，需要将常识表示为一组事实，例如，将常识组织成一棵树。这种方法最符合智能是符号处理的想法。但是，正如在相似性和分类的背景下所讨论的那样，我们不太可能提出需要表示的那些事实的固定列表，或者我们不可能以有意义的方式组织它们。

相反，常识涉及一种与遍历树结构不一致的逻辑，就像过去下围棋或国际象棋那样。树结构和类似形式的演绎逻辑是"单调的"（monotonic），粗略地说，学习一条新信息永远不会减少已知信息的集合。在单调逻辑中添加新信息总是会增加已知的事实集；它永远不会与之前所相信的事实相矛盾。事实上，将信念与事实分开的概念对于单调逻辑来说是陌生的。

常识需要非单调推理（nonmonotonic reasoning）。如果我们知道特威蒂是一只鸟，我们就会推断特威蒂会飞。但是如果我们后来知道特威蒂是那种叫作鸵鸟的鸟，那么我们必须修正这个事实，然后认识到特威蒂不会飞。非单调逻辑被称为"可废止"（defeasible）逻辑。信念只是暂时的，并将在获得更多信息时进行修正。

医学诊断是一种非单调推理。尽管医生努力使医学诊断尽可能地一致、系统化和合乎逻辑，但归根结底，任何诊断都是从现有证据中得出的推论，可能与后续信息相矛盾。缺省推理（reasoning by default）——即我们相信某事为真，直到发现并非如此——是另一种熟悉的非单调推理。

我们所知道的以及用于解决问题的任何事实都可能是错误的。当这些前提假设所依据的事实可能是错误的时，就很难完成从假设到结论的系统化推理。在这些情况下，形式化而传统的逻辑类型将变得不一致。

相反，常识推理比传统的形式逻辑更灵活。人们可以直接得出无法被证明的结论。正如我们之前所讨论的，卡尼曼和特沃斯基的工作表明，人们的判断并不总是一致的。有限理性（bounded rationality）等概念也发挥作用。赫伯特·西蒙（Herbert Simon）是 1956 年达特茅斯人工智能会议的参与者之一，他认为人们处理信息的能力有限。人们的决定和判断并没有经过充分的推理，而是受问题的难度、人们自己的认知能力以及可用于推理的时间的限制。

人类常识推理也受到许多所谓的认知偏差的影响。其中一些已经在卡尼曼和特沃斯基的工作背景下进行了讨论。这些偏见之一是"确认偏见"（confirmation bias）。人们发现理解与他们信念一致的信息比理解给他们带来挑战的信息更容易。他们倾向于寻找能够证实他们信念的信息，即使他们认为自己是希望评估这些信念。

例如，彼得·沃森（Peter Wason）给人们一个卡片任务，旨在调查他们如何评估假设。他出示了四张卡片，一张是 A，一张是 3，一张是 B，一张是 4。人们被要求评估以下假设：如果一张卡片的一面有元音字母，另一面是一个偶数。你会选择哪些卡？

A 3 B 4

不到四分之一的人能猜对。大多数人选择第一张卡片，如果结果证明它的另一边是一个奇数，那么这个假设就是错误的。很多人也选择了最后一张卡片，他们期望它的背面会有一个元音字母；但实际上，那张卡片的背面是什么并不重要。该假设并没有说所有偶数都必须有元音字母，所以卡片 4 的背面是否有元音字母不会影响假设。卡片 B 也不相关，因为这条规则没有提到非元音字母。它可以有任何数字，并且不会改变假设的真实性。另外，卡片 3 很关键。如果它的背面有元音，那么这个假设就会错误。这将是一张一边是元音，一边是奇数的卡片。大多数人选择确认假设的卡片（A 和 4）而不是挑战假设的两张卡片（B 和 3）。

公平地说，如果任务涉及更现实的情况，人们更有可能得到正确的答案——例如，如果规则是，如果一个人正在喝啤酒，那么这个人必须年满 21 岁。他们的选择是：

啤酒 苏打水 18 25

人们意识到他们需要知道喝啤酒的人的年龄，需要知道 18 岁的人喝的饮料，才能知道这条规则是否正确。但在现实情况下，人们往往倾向于表现出确认偏见，寻找有利于他们信念而不是挑战他们的信息。他们以支持其立场的方式解释模棱两可的证据。面对相反的证据，他们拒绝改变自己的信念。对于高度情绪化的问题和根深蒂固的信念，效果会更强。

过度自信效应（overconfidence effect）是另一种认知偏差。人们普遍认为，我们每个人在某些特定特征上都高于平均水平［在加里森·凯勒（Garrison Keillor）关于虚构的沃贝贡湖（Lake Wobegon）社区的故事中，儿童均认为其高于平均水平，也称为沃贝贡湖效应（Lake Wobegon effect）］。当一个人对自己判断的准确性的信念高于这些判断的客观准确性时，就会表现出过度自信效应。例如，大多数人认为他们是比其他人更好的司机。他们有一种控制错觉，如果他们在方向盘后面，与作为乘客乘车相比，他们不太可能发生事故。他们认为自己比同龄人更专业。尽管有相反的证据，但这些信念仍然存在。

相关偏差可称为"施莱米尔/施利马泽尔效应"（schlemiel/schlimazel effect）。如果一个人端着一碗汤把它洒在另一个人身上，洒汤者将事故归因于某种外力——也许地板很滑或什么东西让他绊倒了。被汤洒在身上的人倾向于将事故归咎于洒汤者的笨拙。施莱米尔是笨手笨脚者；施利马泽尔是倒霉的人。他们可能是同一个人，这取决于谁在做判断。更正式地说，这种效应被称为"基本归因错误"（fundamental attribution error）。

很容易找到人类常识不符合形式化推理模型的例子。这让人看起来很愚蠢。但我们不知道的是这些相同的过程在人类智能中所起的作用。它们与形式化推理的不一致可能正是这些扭曲存在的原因。例如，卡尼曼和特沃斯基以及沃森研究的人类理性的局限可能是理性漏洞（rationality bug）。它们可能是大脑进化不良的遗留物，或者是使人变得聪明的特征之一。如果大脑没有时间或资源来进行充分地推理，是否有一些通常有效但有时会出错的捷径？例如，回忆一下第2章中讨论的可得性启发法。

在下围棋等问题上，计算智能的进步至少部分是由于启发式的巧妙开发而取得的，虽然这些启发式不完整、不完美，但它们可以及时执行并具有可接受的成功机会。从明显的认知偏差中可以学到更多东西，这些偏差在常识推理中扮演着重要的角色，就如同计算智能中的启发式一样。

常识让我们知道我们不用棉衬衫做沙拉。如果我们看到一个六英尺（一英尺 = 0.3048 米）高的人抱着一个两英尺高的人，我们不需要问哪个是父亲，哪个是儿子。如果我们读到"我把一根大头针插在萝卜上，然后在它上面就有了一个洞"这样的句子，我们就知道"它"这个词指的是什么。

当前的计算机程序很少（如果有的话）有效地利用常识知识。道格拉斯·勒纳特（Douglas Lenat）于1984年开始收集有组织的事实（fact），称为CYC，第3章中对其进行了描述。该项目的目标是捕捉拥有常识知识的含义。例如，CYC代表"每棵树都是一株植物"和"植物最终会死亡"的事实。这些事实使它可以推断后院的大苹果树最终会死亡。CYC 的事实最初是通过让人们实际写下每个事实而手工编辑的。最近，它开始使用机器学习的形式来增强这些人工完成的事实。其他程序（如 DBpedia）已被用于从文本（如维基百科）中提取知识。

CYC 还包括一个推理引擎，允许它根据所包含的事实和关系执行逻辑推理。克利夫兰诊所使用 CYC 来支持医疗信息系统。用户可以用英语提问。然后，系统将其转换为 CYC 推理引擎中的查询，进而根据常识、医学知识和所理解的人类问题模式相关信息，尝试得出有意义的回答。

如果常识类别可以存储在分类表（taxonomy）中，那么对这些类别的推理就会很容易。分类表是树状的类别集合，其中较低级别的类别是较高级别类别的子集。例如，"动物" 类别可能包括 "狗" "猫" "大象" 和 "老虎" 等子类别。"机器" 类别可能包括 "汽车" "卡车" 和 "计算机" 等子类别。

使用分类方法，可以很容易地推断出类别和子类别。如果我们知道动物会呼吸，那么也可以知道猫会呼吸，因为猫是动物的一个子类。但大多数常识类别的结构并不像分类法所暗示的那样良好。分类法支持不可废止逻辑，但常识是可废止的。

例如，伽利略属于大量且不定数量的类别，"意大利比萨的居民" "科学家" "宗教迫害的受害者" "已故人物" "历史人物"。这些重叠的类别使推理变得困难，并且因为对于任何特定的人或对象可能属于的类别数量没有限制，所以类别推理必须依赖于分类法之外的知识来选择类别和进行推理。

此外，类别的定义还常常不明确。一个人的年收入是多少才算 "富有"？对于大多数人来说，富有代表比他们的收入自己更高的收入。即使是高收入的人也倾向于认为自己只是 "小康"，认为只有钱比他们多的人才应该被归类为富人。同样，什么样的品质可以让男人被归类为 "英俊" 呢？

常识知识对于人类在现实世界中的运作方式可能很重要，但到目前为止，很难将这些信息编码以支持计算机智能。在这一点上，我不认为我们有一个很好的方法来系统化常识知识，甚至表示它。即使 "事实" 可以改变，我们如何以有用的方式表示它们的当前状态？需要体现哪些事实？所代表的内容是否有限制？人类分类的灵活性是智能推理必不可少的特征还是会对其产生限制？我认为我们必须解决这些问题，才能走上理解和创造通用智能的道路。这些都是需要在某个时候解决的问题。

7.6 参考文献

Clark, A. (1998). Magic words: How language augments human computation. doi:10.1017/CBO9780511597909.011; http://www.nyu.edu/gsas/dept/philo/courses/concepts/magicwords.html

Barsalou, L. W. (1983). Ad hoc categories. *Memory & Cognition, 11*(3), 211–227.

Behrmann, M., & Haimson, C. (1999). The cognitive neuroscience of visual attention. *Current Opinion in Neurobiology, 9*(2), 158–163.

Dean, T., Corrado, G. S., & Shlens, J. (2012). Three controversial hypotheses concerning computation in the primate cortex. ftp://ftp.cs.brown.edu/pub/techreports/12/cs12-01.pdf

Elderkin, B. (2018). Will we ever be able to upload a mind to a new body? Gizmodo. https://gizmodo.com/will-we-ever-be-able-to-upload-a-mind-to-a-new-body-1822622161

Fischetti, M. (2011). IBM simulates 4.5 percent of the human brain, and all of the cat brain. *Scientific American.* https://www.scientificamerican.com/article/graphic-science-ibm-simulates-4-percent-human-brain-all-of-cat-brain/

Gentner, D. (2003). Why we're so smart. In D. Gentner & S. Goldin-Meadow (Eds.), *Language in mind: Advances in the study of language and thought* (pp. 195–235). Cambridge, MA: MIT Press.

Guitchounts, G. (2009). Cortex rewiring. *The Nerve.* 35–41. https://www.bu.edu/mbs/files/2013/01/NerveFall2009-pdf.pdf

Hebb, D. O. (1949). *The organization of behavior: A neuropsychological theory.* New York, NY: Wiley.

Herculano-Houzel, S. (2009). The human brain in numbers: A linearly scaled-up primate brain. *Frontiers in Human Neuroscience.* doi:10.3389/neuro.09.031.2009; https://www.frontiersin.org/articles/10.3389/neuro.09.031.2009/full

Inafuku, J., Lampert, K., Lawson, B. Stehly, S., & Vaccaro, S. (2010). Downloading consciousness. https://cs.stanford.edu/people/eroberts/cs181/projects/2010-11/DownloadingConsciousness/tandr.html

Kamil, A. C., & Bond, A. (2006). Selective attention, priming, and foraging behavior. *Comparative Cognition: Experimental Explorations of Animal Intelligence.* doi:10.1093/acprof:oso/9780195377804.003.0007; https://www.researchgate.net/publication/282230039_Selective_Attention_Priming_and_Foraging_Behavior/figures?lo=1

Kohler, I., & Erismann, T. (1950). Inversion goggles. https://www.youtube.com/watch?v=jKUVpBJalNQ

McCarthy, J. (1989). Artificial intelligence, logic, and formalizing common sense. In R. H. Thomason (Ed.), *Philosophical logic and artificial intelligence* (pp. 161–190). Dordrecht, the Netherlands: Kluwer Academic. http://www-formal.stanford.edu/jmc/index.html

Medin, D. L. (1989). Concepts and conceptual structure. *American Psychologist, 44,* 1469–1481.

Pietrewicz, A. T., & Kamil, A. (1979). Search image formation in the blue jay (*Cyanocitta cristata*). *Science, New Series, 204,* 1332–1333. Papers in Behavior and Biological Sciences. 65. http://digitalcommons.unl.edu/cgi/viewcontent.cgi?article=1065&context=bioscibehavior

Stratton, G. M. (1896, August). *Some preliminary experiments on vision without inversion of the retinal image.* Paper presented at the Third International Congress for

Psychology, Munich, Germany. http://www.cns.nyu.edu/~nava/courses/psych_and_brain/pdfs/Stratton_1896.pdf

Tinbergen, L. (1960). The natural control of insects on pinewoods: I. Factors influencing the intensity of predation by songbirds. *Archives Néerlandaises de Zoologie, 13*, 265–343.

Wason, P. C. (1966). Reasoning. In B. M. Foss (Ed.), *New horizons in psychology* (pp. 135–151). Harmondsworth, UK: Penguin.

第 8 章

专业知识

关于智力的心理调查主要集中在人们在测试中体现的个体差异上。人们如何解决问题与开发通用人工智能具有更大的相关性，但是或许更应该关注的是人们获取专业知识（expertise）的过程。专业知识比解决个别问题的能力更具普遍性。专业知识是解决多种问题的重要基础，有时候甚至需要用它解决那些没有见过的新问题。

我们普遍认为聪明的人通常是那些在某一个专业领域取得的成就达到了一定等级的人。我们称他们为专家、行家，如果他们年龄小的话，则称他们为天才、神童。他们的成功通常会延伸到一个拥有专业知识的广泛领域，而不仅仅是某个单一的问题。因此，他们获取这种专业知识的方法可能非常丰富。

本章我们将会考虑初学者和专家的差异，人类专家怎样获得他们的专业知识，以及探索这些专业知识对通用人工智能的发明有多么重要。这看起来是专家和非专家之间的重要区别，而这些区别对理解智能是非常重要的。

和专家相比，初学者更倾向于依赖正式的规则来指导他们的表现。这些都是作为人工智能基础的规则。专家们在很大程度上依赖于所谓的直觉（intuition）。例如，专业的围棋选手展示的步法比其他人更加优美，这些优美步法至少是这些选手成功的部分原因。其他领域的直觉也可能与专家的模式判断有关，而与初学者的明确规则相悖。

至少在某些情况下，专业知识取决于特定的天赋。莫扎特是个专业的音乐家是因为他天生就有一些音乐家的天赋吗？例如，神童的定义似乎是强调了这样一种想法，即一个人所拥有的专业知识远远超过了其他同龄人通过实践所获得的专业知识。

专业知识和天赋的定义是很难区分的。如果一个女孩的个子比较高，那看起来她似乎拥有篮球运动的天赋。如果她拥有所需的体格条件，并且对篮球运动感兴趣，那么她最终可能会在运动中获得一定的专业知识。当她玩的时候，她觉得篮球运动挺适合她，她就会勤加练习。她是拥有篮球运动的天赋吗？还是简单地说她愿意进行机械的练习。我们对天赋没有一个很好的定义，使其和某些特定练习区分开来。埃里克森（K. Anders Ericsson）已经写过大量关于天赋和练习在培养专业知识中的作用。我们将会在本章后面再次谈论他的工作。

专家比初学者的知识渊博很多，也知道很多初学者不知道的知识。专业知识至少部分包括对某个主题的深入了解。例如，国际象棋专家了解大量关于国际象棋的知识，并且还可以有效地利用这些知识来指导实践。

在一项实验中，向一名棋手展示一块有 25 枚棋子的棋盘，并持续 5~10 秒。如果这些棋子的放置来自一次真实的比赛，一个国家象棋大师可以以 90% 的准确率恢复棋子的位置。而一个初学者通常只可以准确地恢复 5~6 枚棋子。相反，如果棋子的位置是随机放置的，那么象棋大师也会和初学者一样，出现同样糟糕的表现水平。大师将这些棋子看作攻击、防御或者其他结构。这些结构很多都有名字，例如侧翼出动（fianchetto），就是在棋盘的长对角线上放置一个"象"（bishop）。在游戏早期采取这一策略可以让玩家控制大片的棋盘。

随机棋位和从游戏中得出的合理棋位之间的差异表明，国际象棋大师的表现不仅仅是因为他们有更好的记忆力（他们可能没有），也来自利用他们对游戏的专业知识。卓越的记忆力来自其专业能力，而不是拥有良好的记忆力。

当恢复合理棋位的时候，大师们都是一次性将 3~5 枚棋子按"组"放置。显然，这些组都是游戏过程中可能遇到的熟悉布置。这些组可以说是构成了记忆"块"（memory "chunk"），类似于前边提到的对长数据的记忆。大师们的直觉包括他们对这些模式的记忆。据推测，随机排列的棋子中几乎没有这些可识别的模式，因此很难被记住。此外，识别这些组中的一个可以引导大师思考从这些学到的位置推进游戏的有效策略，这可能有助于记忆其他位置。通过了解棋子的具体战略安排，可以增强大师的记忆力。

因此，令人惊讶的不是专家比初学者拥有更多的知识，而是知识的数量和种类。专家当然知道他们领域的词汇（例如，象棋大师可能知道"fianchettoed bishops"这个词），而且他们也会以不同的、更有效的方式组织所获取的知识。棋盘控制比棋子的具体安排更抽象。例如，有可能要对棋盘上的同一片区域采用不同的棋子放置策略。这些策略中的大多数只需要从现有位置挪动几步就可以到达，但其他的可能不是。然而，事实上它们在某种程度上是等效的，这意味着专业玩家有更多的机会找到其中之一并使用它来有效地控制游戏。

米歇尔内·卡（Michelene Chi）、保罗·费尔托维奇（Paul Feltovich）和罗伯特·格拉泽（Robert Glaser）于 1981 年研究了专家和初学者在解决物理问题上的差异。他们发现专家和初学者对问题的分类具有分歧。两个群体用不同的方法表示了问题。专家们更多的是以物理原理作为指导，而初学者则根据问题的表面特征对问题进行分类。"表面特征"（surface feature）是指问题描述中提到的物体，例如弹簧（一个明确提到的物理术语）或者是所提到的物体之间的关系，例如斜面上放着的方块。

另外，专家们对于表面特征并没有展示特定的亲近性。他们并不需要将那些描述词类似的或者图标类似的问题划分到一起。相反，他们利用能量守恒定律或者牛顿第二定律等原则对问题进行分类。

例如，专家可能将物理问题中提到的棒（bar）表示为杠杆（lever）。一旦这样表示，一个物理学专家就可能有多种不同的方法可以应用到这些杠杆上。相反，一个初学者可能不会注意到棒可以被抽象成一个杠杆，或者即使初学者注意到了棒可以抽象成一个杠杆问题，但他可能不了解适用于解决杠杆问题的知识与方法。

通常，专家们会用更深入更抽象的方法来表示问题。一旦确定了类型，这些抽象的表示将会使问题变得简单。或许，那些让他们成为专家的经验也教会了他们如何从表面特征推理出抽象的物理原理。

面对一个问题，专家和初学者都是从问题的表面描述开始接触的。最终，他们需要想到至少一个数学表达式来帮助他们解决问题。专家们通过学习如何用相同的方法或者相同的方程来解决一类问题，以提升解决问题的能力。他们需要将这些问题的表面特征映射到这些抽象特征中，以便知道如何在抽象表示中指定变量。

卡（Chi）和她的同事们利用几个问题做了另外一组实验，每个问题具有相同的表面描述（例如，质量和滑轮），但是对应着不同的物理学原理。同样，初学者将问题分类为"旋转""质量"或者"弹性"。而专家将问题分类为"能量守恒"（conservation of energy）或者"线性或角动量守恒"（conservation of linear and angular momentum）。例如，即使问题的深层原理包含动量守恒定律，但是只要问题描述中出现了"能量"这个词，初学者依然会将该问题分类为关于能量的问题。

过分地将注意力放在表面特征会导致"精神晕眩"（mental dazzle）。例如，如果将美元符号放在数字前面，能够做简单加法运算的儿童可能会遇到问题。我发现相比小数（如0.73），一些商人更容易理解百分数（如73%）。当人们只是将目光聚集在问题的表面描述而不是所涉及的深层原理上时，美元符号、百分号和小数点这些最基本的和理解问题无关的符号却更能引起理解混乱。

成为专家的另外一个因素是能够快速、准确地挑选出一个情景的相关部分。能重建棋子位置的国际象棋专家似乎对常见的棋子位置组合有现成的表示。正如我们在前一章所讨论的，这是另外一个自上而下影响专家如何看待问题的例子。

在蔡斯（Chase）和西蒙（Simon）（1973）研究重建象棋位置的几年前，阿德里亚·德·格罗特（Adriaan de Groot，1965）就认为，国际象棋大师的主要优势是他们能够识别大量国际象棋位置并了解在这些位置可以采取的有效移动。有了这些信息，他们不必考虑所有可能的移动，只考虑从他们识别出来的位置上来采取移动。此时，如果他们的对手比其经验丰富，可能考虑到新的棋子布局；那么，他们的策略将会受到阻挠。这个现象就如同由人工智能围棋系统 AlphaGO 做出的、李世石未曾见过的一个行棋策略，或者由李世石做出的、AlphaGO 未曾见过的一个行棋策略。

专家可以更好地选择潜在的行棋方法与另一种假设形成鲜明的对比。该假设认为专家们可以处理潜在的行棋策略树中更多的分支。根据后边的这个假设，专家们通过更多的测试来找到最优的行棋策略。如果我将这个棋子移动到这个位置，对手可能会采取某个策略，那样我就会有九种策略，以此类推。沿着这些分支走远是很困难的，因为正向移动和逆向移动的有效组合是个很大的数字。在未达到某个"深度"前，计算机可以计算出这些树的最新策略，但是人类却被他们能够走的距离所限制。比起初学者，人类象棋大师沿着这个树或许会走得更远，但是真正的优点是识别更多有价值的策略并将注意力集中在这些策略上。

和塞缪尔（Samuel）的象棋软件一样，人类象棋大师从他们玩过的游戏或者已经公开的游戏中学习。通过将棋子位置组织成著名的模式，他们可以将目光更多地放在包含这些模式中的位置上，这些位置的有效性在之前的游戏中被成功证明过。虽然还有很多潜在的策略需要考虑，但也少于考虑所有可能的策略。

相同的棋局可能会出现在棋盘的不同地方，而且无论这些棋局在哪，总有反击策略与它对应。专家们可以通过表示棋局和行棋策略，而不是记住所有棋子的位置或者移动来减少他们的记忆量，也并非用所有的潜在位置来表示整个棋盘。

为了支撑这个想法，希瑟·谢里丹（Heather Sheridan）和莱因戈尔德（Eyal Reingold）（2014）判断专家们是否更擅长识别棋盘上最重要的棋局，以及根据这些棋局的周围状况挑选更有利的策略。谢里丹和莱因戈尔德在这些棋手解决专门构建的国际象棋问题时，追踪了国际象棋专家和一些新手的注视和移动选择。然后，他们通过使用先进的象棋程序评估了玩家的行棋策略的有效性，这个程序可以更完备地评估尽可能多的选择。

不出所料，专家们为 93% 的问题选出了最优策略，但是初学者只为 52% 的问题选出了最优策略。通过追踪玩家的目光，谢里丹和莱因戈尔德发现，专家们比初学者更能发现相关的区域且快速地看到他们。专家们和初学者都可以发现棋盘上的无关区域，但是初学者会比专家们花费更多的时间来测试这些无关区域。

简而言之，谢里丹和莱因戈尔德证实了德·格罗特的预测，即专家们不仅可以更频繁地做出正确的移动，而且可以利用他们对以往游戏的知识来评估哪些动作更有选择性。和其他领域的专家一样，他们明显是用更加抽象的方法来看待棋盘，而非简单地记住棋子的表面分布。专家们可以更好地识别每一种情境下的策略子集，并且更倾向于分析这些情境，而不是认为任何行动都值得考虑。

在体育表演方面也进行了专业知识的研究。问题的表达在体育研究中要比在国际象棋研究中更难，但对结果质量的评估通常仍然是可以控制的。例如，通过向参与者展示实际游戏中的玩家视频，研究新手和专业壁球玩家的能力。专家比新手更擅长在看了一段简短的游戏视频后预测镜头的走向，且比新手需要更少的信息（更短的视频片段）。专家们也可以更好地根据对手的早期行为来预测他们的投球方向。

专业斯诺克选手在视力、色觉、深度知觉或眼手协调测试方面与新手没有区别。顺便说一下，斯诺克是一种与台球或袖珍台球非常相似的游戏。它起源于 19 世纪被英国殖民的印度。像国际象棋选手一样，专业斯诺克选手能够更好地回忆和识别描绘正常比赛情况的图片。也像国际象棋选手一样，他们在记住随机球的位置方面并不比新手好。因此，专业斯诺克选手表现的优越性似乎是由于专家级选手的经验，而不是他们在运动或感知能力方面的任何内在差异。

在许多其他领域也发现了类似的专业知识模式，包括计算机编程、历史、电子电路、教学、物理学、羽毛球、医学诊断、桥梁和放射学。基本上，无论调查人员在哪个领域做研究，他们都会发现该领域的专家和新手之间存在相似的差异模式。

在解决物理问题时，专家们经常提到他们在解决问题时会应用的物理原理或定律。新手倾向于谈论他们将使用的方程式。专家可能会为他们的问题绘制简单的图表，新手将专注于将数字代入他们的方程。知道的更多往往意味着在记忆中会拥有更多可用的概念单元，以及这些单元之间的更多关系和更有意义的关系。

传统上对人类解决问题的研究包括汉诺塔、天使与魔鬼等路径问题。这些问题很容易研究，因为它们不需要任何特定的外部知识。对于实验参与者也没有任何门槛。但是，专业性则确实需要相关知识，这可能需要数年时间才能掌握，而且可能并不普及。因此，专业知识比其他解决问题的形式更难学习，招募参与者也是一个挑战。

与其他形式的问题解决不同，专业知识研究旨在了解专家为问题带来了哪些知识，以及如何在解决方案中部署这些知识。专业的解决者要么选择一个框架来解决问题，要么发明一个框架。专家将问题置于特定情景中，并将该情景用作解决问题过程的一部分。专家不仅要通过结构良好的问题寻找路径，而且还必须提供路径。

专业知识的发展实际上是对将知识以及工具方法用于解决专家问题的发展。在象棋中，我们已经明确地知道，象棋的知识包含棋子的放置模式以及它们具有的将游戏推向结尾的战略角色。其他的专家任务似乎使用了类似的模式表示和识别能力。专业知识似乎也取决于相对抽象的表示的发展。

尽管专家们的表现优于新手，但是专家们也并非总能描述他们是如何解决问题的。当一个人遵循特定的规则时，描述过程是相对容易的，但是当一个专家的表现取决于他们发现模式的能力时，这些模式可能并不简单，而且应用它们的过程也可能难以阐明。这或许就是为什么象棋玩家以艺术的形式描述自己的移动选择，以及为什么我们认为专家大多靠的是直觉。或许直觉只不过是基于难以明确描述的模式来决定的。

总之：

❑ 专家具有新手不具备的知识。

❑ 专家可以识别并处理新手不使用的特征和模式。

❑ 专家组织知识的方式和新手不同。

❑ 专家用更抽象的方式来描述问题。

❑ 专家比新手的知识更具全局性。

❑ 专家会比新手花费更少的努力来检索知识。

❑ 专家可以比新手获得更多的策略。

❑ 专家比新手看起来具有更加灵敏的直觉。

专业知识是我们认为的通用智能重要的一部分。然而，构成专业知识的机制和技能似乎与用于研究人类问题解决模式的路径问题研究，以及在计算智能方面当前工作所体现的狭义人工智能特征有很大不同。

8.1 专业知识的来源

最近对专家的研究发现，卓越的表现与特定形式的实践相关，而不是将卓越的表现归因于可能是遗传的才能。实践的类型和持续时间在决定谁能从这次实践中脱颖而出方面非常重要。

甚至通过实践，一个人的生理特征也会被影响。与身高 6 英尺 8 英寸的人相比，一个 5 英尺 3 英寸的矮个子成为职业篮球运动员的可能性要小得多，更不用说成为卓越的篮球运动员了，但它确实发生了。NBA 史上最矮的球员是蒂尼·博格斯（Muggsy Bogues），他的身高只有 5 英尺 3 英寸。但是他在 NBA 打球却有 14 年之久。在为夏洛特效力期间，他以上场时间（19、768 分钟）、助攻（5、557 次）、抢断（1、067 次）、失误（1、118 次）和每 48 分钟助攻 13.5 次成为黄蜂队的职业领袖。

高个子的人作为篮球运动员通常有很多优势，但是博格斯的经验告诉我们，这并非完全正确。国足联赛的前锋个头都非常大，在体重上，他们之间并没有太大的差异。在 2016 年赛季中，NFL 前锋的平均体重为 315 磅。但他们中的一些人明显比其他人打的好得多。NFL 前锋的平均体重对球队每场比赛获得的码数没有明显影响。有了这个狭窄的体重范围（304～327 磅），优秀的球员必须在体重以外的某些方面与较差的球员有所不同。他们最重要的不同之处可能在于他们的训练和实践方式。

8.2 智商和专业知识

事实证明，至少以 IQ 测试作为衡量标准来看，在许多领域（包括围棋、象棋以及音乐），智商和他们的成就之间的关系是相对较弱的。完成所需教育的科学家、工程师和医生表明，专业成功的衡量标准和智商之间几乎没有关系。这个警告可能很重要。能否进入医学院取决于学生在 MCAT 或者其他测试上的成绩好坏。大多数情况下，只有得分高的学生才能进入并通过医学院，因此到他们毕业时，并没有足够的 IQ 差异导致其最终的职业成功。得分较低的医科学生未能进入医学院学习，或者弱小的前锋未能进入国家足球队。统计学家称这种现象为"全距限制"（restriction of range）。总之，在他们接受完教育之前，智商已经不是主要因素了。那么，任何其余的差异都必定是由入学考试所衡量的智力以外的因素造成的。除了像博格斯这样的个例，大多数篮球运动员个子都比较高。所以身高的不同并不能可靠预测球员的表现。

通常，虽然很多能力和智商测试可以很好地预测一个人在开始接受一项新的教育或者从事一项新的工作时的表现，但是却很难预测一个人最终的成功。即使在调整了范围限制后，一个人在工作上花费的精力越多，能力或者智商测试所能预测出的他的表现就越低。甚至是大多数大学要求的并根据它做出入学决定的 SAT 考试，也只是预测学生四年平均成绩的微弱因素。

值得强调的是，如果愿意，智商和相关的测试或许只能用来预测一个人在学习入门材料时候的速度，但却很难预测一个人最终的成功。其他类似于练习这样的因素却会引起很大的差异。简而言之，一般的能力似乎反映了学习基础知识的一般能力，但并不是达到专业知识水平的一般能力。智力成就可能需要最低限度的智力水平，但如果超过了最低限度，其他因素通常可以更好地解释所测量的结果。

例如，亚历山大·伯戈因（Alexander Burgoyne）和他的同事对 19 项研究中的智力和国际象棋等级之间的关系进行了分析，发现他们的关系适中，尤其是对早期职业球员和技能水平较低的人来说。这种关系在高技能方面的关系要弱得多。与其他类型的专家表现一样，这些测试似乎可以预测早期的成功，但并不能预测最终的成功。在关于这个象棋的发现中有一个有趣的部分，即成为一个象棋玩家并没有像医学院那样的能力测试，因此范围限制在解释这种缺乏相关性方面可能起到较小的作用。

8.3　流体和晶体智力

心理学家通常区分两种智力。一种是"流体智力"（fluid intelligence），它包含解决问题和抽象的推理。第二种是"晶体智力"（crystallized intelligence），它更多是基于知识的。一般来说，随着年龄的增长，晶体智力会随着我们获得更多的知识而增长。

例如，在头脑风暴中，流体智力与以下几个因素有关：归纳——从例子中推理规则的过程和形成概念的能力；可视化——构建图像的能力；定量推理；思维流畅性——产生新想法的能力。晶体智力与语言能力、阅读理解、顺序推理和一般信息的知识有关。粗略地说，流体智力是我们解决问题所需要的。晶体智力用来应用我们所拥有的知识。

流体智力往往会增加，直到成年，然后下降。晶体智力逐渐增加，并保持稳定，直到 65 岁左右才开始下降。

这种流体和晶体智力之间的差别来源于伯戈因（Burgoyne）和他的同事们的发现。在象棋玩家发展早期，快速的推理能力是很重要的，但是随着经验的积累，知识模式看起来发挥了更大作用。当一个象棋玩家学习到更多的模式以及合适的应对策略的时候，他们不再需要弄清楚这个应对策略，只需要在记忆中检索。

与得分较低的人相比，具有高流体智力的人倾向于更快地处理信息，拥有更强的记忆力，并能使用更复杂的策略。这些能力使他们比那些并不那么聪明的人更快、更准确地解决问题，但这些优点会随着年龄或经验的增长而消失。

随着人们的年龄越过青年期，他们表现的灵敏度通常会下降，但他们的知识通常会增加。说健康的中年人不如他们年轻时聪明似乎没有多大意义。相反，人们倾向于用知识代替快速分析。以此类推，我们可以说成熟的人会积累解决方案而不是去计算它们。

流体智力和晶体智力的概念始于智力测试。分析智力测试各个部分的统计方法将这些部分分解为多个组成部分，称之为因素（factor，见第 2 章）。这个想法是，任何一项智力子测试都将与这些因素中的一个或多个相关联。正如统计过程描述的那样，因素分析着眼于子测试之间的相关模式，并找出最能代表相关性的潜在统计度量或因素。雷蒙德·卡特尔（Raymond Cattell）确定了与晶体智力或流体智力相关的任务组。之后的研究进一步观察这两个因素是如何随着人们年龄的增长而改变的。因素分析同时确定了一个一般性因素，称为通用智能或 "g"。它注意到所有各种子测试之间存在某种相关性。第 2 章更详细地讨论了这些测试和因素。

从流体到晶体智力的转变可能对构建计算智能至关重要。在机器学习方面的大部分研究（尤其是在深度神经网络中）都类似于晶体智力。神经网络学习到的模式可以用于决定下游行为。这些行为通常是分类判断，但也可能是其他类型的任务。因为可以更快速和有效地进行决策和测量，所以提高计算机的原始算力在某种程度上与流体智力有关。然而，"将事情弄清楚" 所用的计算较少。相反，机器学习似乎仅限于在潜在的大量选项中进行选择，这些选择似乎与晶体智力更紧密。

虽然大多数计算智能严重依赖于存储的知识模式，但是目前还不清楚使得国际象棋专家关注的最有价值的移动类型的知识表示怎样在计算智能中被复制。象棋玩家怎样将棋子进行组合？这些组合中包含哪些棋子？他们如何决定哪些组合更为重要？计算机模型将棋子组织成组的主要手段是 "共现"（co-occurrence）。例如，在多次游戏中一起出现的棋子们可以被组织成一个块（chunk）。目前还无法利用这个组的更抽象的属性（如控制部分棋盘的能力）将其组织成一个块。这对机器智能来说并不是不可逾越的问题，但在很大程度上，它们仍然属于开放问题。

8.4　专业知识的获取

智力测试最初是为了识别和衡量个体差异，以对学生的安置做出适当的决定。这些测试旨在确定与学业成功相关的指标。测试运动有时候依赖于明确做出的假设，即这些测试测量了一个人的一些基本的、不变的和生物学的特征，一些东西本身不会被教育改变，但它表明了教育的能力。在这种观点中，成功乃至卓越的表现是由基本的、不可改变的禀赋决定的。

达尔文的堂弟弗朗西斯·加尔顿爵士（Francis Galton）因在 19 世纪发展了这一观点而被认可。加尔顿研究了一些著名知识分子的亲戚，发现随着关系距离的增加，"天才" 的可能性也在下降。天才的兄弟比天才的表兄弟更有可能是天才。他还在一些双胞胎身上做了研究，发现分开长大的双胞胎比一起长大的非双胞胎更相似。他对智力的内在生物学基础的坚定信念以及对智力遗传性的看法使他不幸地转向了优生学（eugenics），即可选择性地在人类中繁殖高智商人的想法。

从生物学的角度来看，智力测试用于选择具有良好先天能力的学生，使他们成为所选领域的专家。证明这种先天能力的证据还远远不足。假设智力测试评估这些先天因素，我们发现在年龄相关的智力测试中的表现随着时间的推移往往相对稳定。智力和相关测试可以预测学生在学校的表现，类似的测试可以预测一个人在新工作中的表现。但正如我们所见，它们在预测一个人的最终成就水平方面并不是特别好。

与这种传统观点相反，我们有明确证据表明对高技能表现有影响的仅有两个遗传特征——身高和体型。高于平均水平是篮球运动员的优势，低于平均水平是体操运动员取得突出成绩的优势。

专家和精英运动员通常需要花大约 10 年的时间来完善他们的技艺，以达到精英的表现水平。

对专业知识的科学调查在很大程度上取决于是否有可重复的绩效衡量指标。对田径、国际象棋、音乐和类似活动的关注并不是因为这些都是特殊的活动，而是因为可以客观地衡量它们的表现。例如，如果人们对自己的重要性有期望，他们可以享有精英表演者的声誉，而实际上不必完成任何精英者完成的工作。专家的声誉可以超过对该绩效的任何客观评估（考虑前一章的过度置信效应）。奇闻轶事通常不是科学理论发展的充分基础。例如，表面上成功的财务顾问在挑选股票方面往往并不比其他人好。此外，国际象棋有一个客观的排名系统（Elo 评级系统），涉及参加和获胜的比赛以及对手的质量。

对客观、可重复的测量的关注为评估专业理论提供了一个框架。在这种情况下，我们发现专业水平随着时间的推移逐渐增加。当突然的洞察力将一个人从新手转变为专家时，几乎没有可靠的蜕变时刻的证据。即使是对神童而言，如果按照成人的标准以一致的方式衡量，也会呈现出一条漫长而渐进的进步之路。

专家在许多运动中达到最佳表现的年龄往往是 20 多岁，而对于强度较低的运动以及艺术和科学，则往往是 30 或 40 多岁。即使是最"有天赋"的表演者也需要大约 10 年的高强度练习才能达到高水平的成就，例如能够在国际精英级别的体育运动中竞争。

仅仅打 10 年高尔夫球并不足以确保在比赛中取得高水平的成功。相反，似乎需要某种特定的努力。埃里克森将这种做法称为"刻意练习"（deliberate practice）。它本质上并不有趣。这是一种刻意的工作，旨在提高个人在明确定义的任务中的特定部分表现，通常是可衡量的。它涉及有关成功表现的详细而即时的反馈，也包含随着时间的推移大量重复相同或相似的任务。

例如，泰格·伍兹（Tiger Wood）将两个高尔夫球座放在地上，两个球的距离大约与推杆头的长度相同，距离球洞大约为三到四英尺，以此来进行推杆练习。他会在两个发球台之间放一个高尔夫球，然后用一只手和两只手推杆，直到他连续击沉 100 个球。

所有专业音乐家都在练习，但精英音乐家花在单独练习上的时间比其他人多。到 20 岁时，最优秀的专业音乐家已经完成了 10 000 多个小时的练习，相比之下，一群不太有成就的音乐家花了 5000～7500 个小时的练习时间，业余音乐家则只花了大约 2000 个小时的时间实践。

当专业的音乐家练习的时候，跟随老师的指导，他们将目光聚集在音乐表演特定的部分。专业的音乐家每天这样练习大概 4 小时，包括周末在内。

多年来不断改进的练习方法导致了在运动表现上的重大改变。从现代奥运会开始到现在，奥运金牌得主在可客观衡量的运动项目（如以时间衡量的跑步运动）中进步了 30%～50%。部分改进是由于使用了更好的工具来分析性能不足，这反过来又推动了更好的、更有针对性的练习。

专家棋手通过研究他们所能找到的最佳棋手们的游戏棋谱来练习。他们一步一步地进行这些游戏，预测专家会做什么。如果他们的预测与游戏中的实际走法不同，他们会试图找出他们选择不同走法的原因。认真的棋手每天花大约四个小时从事这样的练习。

精英音乐作曲家同样需要大约 10 年的不断训练来获取经验。海耶斯（J. R. Hayes）分析了 76 位作曲家的创作历史，在他们的事例中，他找到了足够多的关于这 76 位作曲家何时开始深入研究音乐的数据。他们中只有三人在开始集中学习音乐后不到 10 年的时间里创作了重要的作品［萨蒂（Satie）8 年、肖斯塔科维奇（Shostakovich）和帕格尼尼（Paganini）9 年］。76 位作曲家的大部分重要作品都是在开始紧张的指导后的 10～25 年间完成的。

莫扎特可以说是世界上最杰出的音乐作曲家。和其他作曲家一样，他的音乐才能也是通过不断地训练培养的。他的父亲利奥波德·莫扎特（Leopold Mozart）是一位作曲家、音乐家以及音乐老师。所以他从小时候就开始学习音乐，尤其是作曲。他也和其他杰出的音乐家一起被邀请参加父亲利奥波德·莫扎特的家庭音乐会。莫扎特早期的协奏曲不是原创作品，而是其他作曲家作品的编曲。和其他天才一样，如此年轻的人做出这些作品还是很出色的，但从成熟性标准来看，它们还不是很成熟（海耶斯，1981 年；韦斯伯格，2006 年）。

一份关于 19 世纪最重要的科学家和诗人的历史分析发现，大多数科学家发表自己第一份作品的平均年龄是 25.2 岁。发表他们最杰出的作品是在 35.4 岁。诗人和作家发表第一份作品的时间是 24.2 岁，最杰出作品是 34.3 岁。

同样，在音乐表演、数学、网球、游泳、射线图像诊断、医学诊断和长跑方面也需要做 10 年的准备。西蒙和蔡斯的观点是正确的，他们认为 10 年的深入实践对于在各种领域培养出精英水平的表现是必要的。

大量刻意练习对于在很多领域培养精英是很必要的。一些智力成就，例如写诗、进行科学研究或作曲，是我们与智力相关的任务的延伸。目前尚不清楚这些活动与体育和类似表演（如舞蹈或音乐表演）有何共同之处。大量刻意练习在许多其他有同样需求的领域可能也是适用的，但很难对这些领域进行科学调查，一个原因是它们没有明确的成功标准。无论如何，这种对大量练习的需求与产生能力的经验形成鲜明对比。婴儿出生时不会任何单词，但到 12 岁的时候，他们可能会认识 50 000 多个单词。他们大概以每天 10 个单词的速度学习（12 年大概有 4400 天）。在他们 12 岁的时候，只能称他们为语言用户，并不能称之为杰出的语言精英。

得到优秀的智力成就似乎需要像现代神经网络模型和深度学习模型一样地重复接触。一个孩子可能只需要一次接触就可以了解一个词的含义，或者了解到去动物园时会得到棉花糖，但可能需要 10 年的大量有目的的练习才能成为一位写棉花糖的优秀诗人。这是爱德华·赫希（Edward Hirsch）的一首关于棉花糖的诗（https://www.poets.org/poetsorg/poem/cotton-candy）。这首诗是否达到了优秀的水平，大家可以自行判断。

人工智能研究往往更关注日常活动，例如阅读手写字符或在拥挤的高速公路上驾驶汽车。但是，可能需要从那些表现出色的人身上学习一些重要的东西。

一个关于如何学习简单的过程来实现精英表现的例子就是棒球外野手（baseball outfielder）怎样寻找自己的位置来接住射出的球。他们不会进行涉及抛物线的深度数学计算，而只须在捕球的最后阶段依赖于已有的丰富经验。在球非常接近之前，深度的线索［例如眼球聚集（eye convergence）］是不可用的。当物体接近时，我们的双目视角会向中间会聚，这种会聚的角度是物体离得有多近的暗示，但这些暗示只有在物体非常接近时才可用。根据迈克尔·麦克比斯（Michael McBeath）和他的同事（1995）的研究，外野手可以做一些更实用和简单的事情。

麦克比斯和他的同事们发现外野手只需要基本的视觉线索就可以告诉他们向哪跑。他们追踪图像上球相对于背景的变化。更详细地分析这项研究是有意义的，因为它显示了这些球员在解决接球问题时使用的表征方法。他们构建了一个易于计算的表示，并且需要跑最少的步数来接球。

外野手可以使用的一个潜在表示是计算球的抛物线路径。这种计算是我们用来向月球发射火箭或发射炮弹的计算方法。或者外野手可能已经根据他们对球和重力的经验构建了一个心智模型。从球的速度和方向开始估计，该模型可以预测球的落点位置。虽然这种心智模型是一个长期存在的理论，但它要求外野手准确感知球从球棒上出来时的运动，然后准确计算其轨迹，同时还要考虑球的旋转、风速和空气密度等信息。鉴于击球时外野手距离球棒超过 30 米（超过 98 英尺），对必要参数的准确估计似乎不太可能。

另外两种可能的表示不需要外野手计算球的轨迹。相反，这些假设表明外野手可以根据不断更新的视觉信息预测球将落在何处。根据这些假设，外野手不必预测球会落在哪里——例如，一阵风可能会破坏这个预测。取而代之的是，外野手使用视觉提示来在球飞行过程中指导自身的移动方向，这个过程中他们会一直盯着球看。

对于静止的外野手来说，球在其路径的初始部分看上去是在上升，然后下降。然而，如果外野手的位置发生了移动，他们的移动将影响球看上去是在上升还是下降，并影响其相对于外野手的侧向位置。

根据一种理论，外野手会对球的视觉加速度做出反应。如果球的光学速度（即它相对于背景的视觉运动）增加，那么球将落在守场员身后。如果球的光速下降，则球将落在外野手面前。通过一种既不加速也不减速的方式跑动，外野手就可以接住球。通过保持球的表观（视觉而不是物理）速度恒定，外野手最终会出现在正确的位置。这个假设被称为"OAC 理论"，即光学加速度抵消（optical acceleration cancellation）理论，因为它预测外野手会努力抵消球在飞行过程中的表观加速度。

根据第三个假设，外野手跑动以保持球的明显视觉轨迹相对于地平线沿恒定方向移动。这个假设称为"LOT 理论"，即线性光轨迹（linear optical trajectory）理论。它比加速度理论更简单，因为不需要外野手检测球是加速还是减速，只需要检测它是否在一个一致的方向移动。

这三种假设对外野手有不同的表示。第一种认为外野手有球的轨迹的详细模型。另外两种假设根本不对球的位置进行表示；他们认为可以通过对球的表象（appearance）做出反应来解决问题。在表象假设中，我认为支持线性模型的证据比支持加速模型的证据更强，但这对我们的目的来说几乎无关紧要。重要的一点是选择一种表示（在这种情况下是视觉表示）会使得轨迹估计这个棘手的问题变得更简单。狗无法计算抛物线轨迹，但它们中的许多可以接球或飞盘。

目前尚不清楚这种简化的表示是人们发明的还是以某种方式内置到大脑中的。任何捕食者都必须能够对它试图捕捉的猎物做出反应，所以这个过程可能在捕食者中很早就进化出来了，只是被外野手和狗直接利用。也有可能是每个外野手或捕食者根据自己捕捉东西的经验来学习到这种关系的。在有些情况下，复杂的问题通常可以使用更简单的解决方案来解决，这需要更简单的表示。这个例子说明专家可以根据他们的晶体智力运用多种工具来解决复杂的问题。而且，它证明了导致当前计算智能模型的各种解决方案。

经证明，一个复杂的任务可以通过相对简单的算法来解决——一个无意识地应用的算法。如果有的话，个别外野手或许可以在除了"盯着球看"的说法之外，进一步阐明这种线性光学轨迹机制。然而实际上，现有证据表明目前就是这样做的。正如人工智能在围棋或国际象棋等问题上的成功应用一样，这种解决方案不是复杂的战略分析或深度计算，而是对看似复杂的问题的简单解决方案。

从我们对专业知识的讨论中得出的最重要的一点是，人们使用的表征的性质会随着时间的推移而变化。随着专业知识的增长，专家开始以更抽象、更有原则的方式来表示情景。他们从表面分析和死记硬背转向更多基于抽象模式分析的新解决方案。一开始，这些抽象的模式可能并不明显，但随着经验的增长，它们开始主宰专家的思维过程。

机器学习和计算智能还没有达到可以像人类专家那样改变表示的程度。一方面，深度神经网络可以学习其输入模式的抽象表示。但是计算轨迹和使用球的表象特征之间的区别似乎不是一个简单的转换。视觉方法似乎是将问题彻底重组为一种新的表示形式，就像将我们对国际象棋下棋的概念从智力的心理匹配转变为遍历可能路径的树一样，可以将这看作一种彻底的重组。把国际象棋当成一棵要遍历的树比试图猜测对手每一步的心理动机更容易解决这个问题。

在这两种情况下，机器学习系统都没有发现表示的变化。它是由人类设计的。当前的计算智能技术没有提供任何机制来实现这种关于表示的洞察力。

当然，机器的设计目的是对物体进行在线跟踪。伺服机构（servo mechanism），即使是简单的恒温器，也会根据简单的传感器元件调整其状态。制导导弹使用类似于这些视觉模型的机制来跟踪其目标。这些机制是由工程师设计的，但不是通过机器学习发现的。模拟人类认知的通用计算智能将需要机制来在某个时候发现或发明此类解决方案。

我们可以从这种对人类精英表现的理解中学到的另一件事是，可能真的没有什么可以替代大量实验。如果埃里克森和他的同事是正确的，那么这可能意味着即使对于计算机，至少是特定类型的计算机系统，这种做法也是可以的。拥有一些最低限度的容量，具有充足的标记样例或类似反馈的计算机应该能够成为某个领域的专家。例如，AlphaGo 玩了数百万个虚拟围棋游戏。埃里克森声称，我们认为的才能与人类的成就无关，因此它也可能与计算机的成就无关。成为专家可能没有捷径，但也可能没有根本性的障碍。

在这一点上，我们仍然缺少一些必要的功能。不能保证计算智能需要详细模仿人类智能，但到目前为止，这是我们所知道的唯一可以实现通用智能的方法。如果这些过程可以通过计算实现，我们或许能够实现通用计算智能。

8.5 参考文献

Abernethy, B. (2008). Anticipation in squash: Differences in advance cue utilization between expert and novice players. *Journal of Sports Sciences, 8*, 17–34. doi: 10.1080/02640419008732128; http://shapeamerica.tandfonline.com/doi/abs/10.1080/02640419008732128

Abernethy, B., Neal, R. J., & Koning, P. (1994). Visual-perceptual and cognitive differences between expert, intermediate, and novice snooker players. *Applied Cognitive Psychology, 8*, 185–211. doi:10.1002/acp.2350080302; http://onlinelibrary.wiley.com/doi/10.1002/acp.2350080302/abstract

Burgoyne, A. P., Sala, G., Gobet, F., Macnamara, B. N., Campitelli, G., & Hambrick, D. Z. (2016). The relationship between cognitive ability and chess skill: A comprehensive meta-analysis. *Intelligence, 59*, 72–83. doi:10.1016/j.intell.2016.08.002

Chase, W. G., & Simon, H. A. (1973). Perception in chess. *Cognitive Psychology, 4*, 55–81.

Chi, M. T. H., Feltovich, P., & Glaser, R. (1981). Categorization and representation of physics problems by experts and novices. *Cognitive Science, 5*, 121–152. https://pdfs.semanticscholar.org/16ef/4cc3a80ee7ba8f59e0a55b2ef134c31e18b3.pdf

Chi, M. T. H., Glaser, R., & Rees, E. (1982). Expertise in problem solving. In R. Sternberg (Ed.), *Advances in the psychology of human intelligence* (Vol. 1, pp. 7–75). Hillsdale, NJ: Erlbaum. http://chilab.asu.edu/papers/ChiGlaserRees.pdf

de Groot, A. D. (1946). *Het denken van de schaker* [The thought of the chess player]. Amsterdam, the Netherlands: North-Holland. (Updated translation published as *Thought and choice in chess*, The Hague: Mouton, 1965; corrected second edition published in 1978.)

Ericsson, K. A. (2004). Deliberate practice and the acquisition and maintenance of expert performance in medicine and related domains. *Academic Medicine, 79*(10), October Suppl. http://edianas.com/portfolio/proj_EricssonInterview/articles/2004_Academic_Medicine_Vol_10,_S70-S81.pdf

Fink, P. W., Foo, P. S., & Warren, W. H. (2009). Catching fly balls in virtual reality: A critical test of the outfielder problem. *Journal of Vision, 9*(13), 14, 1–8. doi:10.1167/9.13.14; https://www.ncbi.nlm.nih.gov/pmc/articles/PMC3816735/

Gobet, F., & Simon, H. A. (1996a). Recall of rapidly presented random chess positions is a function of skill. *Psychonomic Bulletin & Review, 3,* 159–163.

Hayes, J. R. (1981). *The complete problem solver*. Philadelphia, PA: Franklin Institute Press.

Hirsch, E. (2010). Cotton candy. https://www.poets.org/poetsorg/poem/cotton-candy

Larkin, J. H., McDermott, J., Simon, D. P., & Simon, H. A. (1980). Models of competence in solving physics problems. *Cognitive Science, 4,* 317–345. https://www.researchgate.net/profile/John_Mcdermott10/publication/6064271_Expert_and_Novice_Performance_in_Solving_Physics_Problems/links/5489c30f0cf214269f1abb55.pdf

McBeath, M., Shaffer, D., & Kaiser, M. (1995). How baseball outfielders determine where to run to catch fly balls. *Science, 268,* 69–573. doi:10.1126/science.7725104; http://www.bioteach.ubc.ca/TeachingResources/GeneralScience/BaseballPaper.pdf

McPherson, G. E. (2016). *Musical prodigies: Interpretations from psychology, education, musicology, and ethnomusicology*. Oxford, UK: Oxford University Press. https://books.google.com/books?id=3ATnDAAAQBAJ&dq=10+years+practice+musical+composition

National Research Council. (2000). *How people learn: Brain, mind, experience, and school: Expanded edition*. Washington, DC: National Academies Press. doi:10.17226/9853 Chapter 2: How experts differ from novices. https://www.nap.edu/read/9853/chapter/5

Sheridan, H., & Reingold, E. M. (2014). Expert vs. novice differences in the detection of relevant information during a chess game: Evidence from eye movements. *Frontiers in Psychology, 5,* 941.

Simon, H. A., & Chase, W. G. (1973). Skill in chess. *American Scientist, 61,* 394–403. https://digitalcollections.library.cmu.edu/awweb/awarchive?type=file&item=44582

Simons, D. (2012). How experts recall chess positions. http://theinvisiblegorilla.com/blog/2012/02/15/how-experts-recall-chess-positions/

Weisberg, R. W. (2006). *Creativity: Understanding innovation in problem solving, science, invention, and the arts*. Hoboken, NJ: Wiley.

第 9 章

智能黑客与 TRICS

在何种程度上需要专门的学习机制来解释通用智能？是否有一些需要特殊用途的模式，或者所有学习问题都易受通用学习机制的影响？本章以对联结主义模型（connectionist model）的批判开始，这些模型原来被认为以与儿童相同的方式学习语言技能。相反，它提醒了我们表征在机器学习中所发挥的关键作用。然后，我们转向对可能需要的潜在特殊目的机制的对比说明，并找到所需的机制。我们进而得出结论，当今的机器学习需要特定于问题的表示，而不是特定于问题的学习机制。通用智能需要更多的通用机制。

在前一章中，我区分了人们学习语言时使用的机制和学习成为专家时使用的机制。几乎所有的人都是在幼儿时期学习语言的，而在这一阶段通常很少得到帮助或正式的指导。另外，成为专家需要广泛的、深思熟虑的实践。这种差异是程度的问题，还是两个学习任务中使用的机制不同？

随着人工神经网络在 20 世纪 80 年代和 90 年代初的复兴，有关专业学习机制的问题成为学术界的热门话题。一种强烈的主张认为基本神经网络模型可以学习之前被认为需要特殊学习机制的语言属性。举例来说，鲁梅尔哈特和麦克莱兰（Rumelhart 和 McClelland，1986）提出，他们的联结主义神经网络模型可以在没有其他语言知识的环境下，从经验中学习过去态的形成规则和不规则模式。此外，这些特征的获得顺序与儿童的表现非常相似。他们的网络被设计成输入某些动词的现在时态，例如 "fish"，输出该动词的过去时态 "fished"。

在大约同一时期，比较心理学家——例如赫伯特·特勒斯（Herbert Terrace）、路易斯·赫曼（Louis Herman）、休·萨维奇-鲁姆博夫（Sue Savage-Rumbaugh）和杜安·鲁姆博夫（Duane Rumbaugh），研究向黑猩猩和包括海豚在内的其他动物教授语言的可能性。他们希望回答的主要问题是，语言是否可以通过一般的学习系统来学习，还是取决于只有人类才能拥有的特殊语言学习机制的存在。换句话说，学习语言的问题是否需要一些人类特有的表征？如果非人类和机器都能学习语言，这似乎表明普通的学习机制就足够了。而更深层次的期望是，如果这些语言特征可以通过通用学习系统来学习，那么就有可能相信这些机制也足以构建通用智能。

语言学家和心理语言学家对联结主义和比较主义的主张有异议。这些研究人员认为，真正的语言只有人类才能学习，只有人类才有能力学习语言。例如，诺姆·乔姆斯基（Noam Chomsky）认为人类学习语言是因为进化赋予我们一个"语言学习器官"（language-learning organ），并构成人类大脑的一部分。他声称没有其他方法可以解释儿童学习语言的事实。联结主义者和比较心理学家认为经验是足够的，并不需要特别的结构。语言学家认为，人类学习语言而其他动物不学习语言的原因是人类大脑中已经有了代表语言的特定结构，经验仅仅用于优化。

这个关于某些特定功能的特殊机制的必要性问题是创建通用人工智能理念的核心。这样的系统需要多少不同的学习机制，这些学习机制需要具备哪些特征？另外，产生一个对所有任务都充分的通用学习机制的想法将大大提高创建通用人工智能的机会。

诺姆·乔姆斯基凭借着他对佛瑞德·斯金纳（Fred Skinner）所著书籍 *Verbal Behavior*（《语言行为》）的激烈评论而在认知科学领域中崭露头角。在这本书中，斯金纳试图构建一项通用机制，以使用强化学习的基本原则来进行语言学习。斯金纳的强化学习与今天的联结主义模型相似，可以总结为有奖励的行为发生得更为频繁。

斯金纳认为他可以识别控制语言行为的变量，从而决定特定的语言反应。在他看来，环境刺激控制着哪些行为被"发出"。强化改变了控制语言行为以及其他行为的可能性。简言之，人们在红色事物出现时说"红色"，是因为他们以前在类似情况下说"红色"而得到奖励。

乔姆斯基对斯金纳的做法没有多少耐心。举一个斯金纳试图解释语言的例子，一个人可能听到一段音乐就说"莫扎特"，因为这个人在过去因为说出作曲家的名字而获得了奖励。但是，如果这个人说了别的话，斯金纳同样会通过指向物体的其他属性来解释这句话，并谈论这个人过去在有刺激的情况下说这句话时是如何被强化的。

一个人说"皮革"（leather）作为对皮革椅子（leather chair）的描述，大概是对其装饰的回应。或者这个人也可以在同样的情况下说"坐"（sit），这同样是因为过去的强化。因为人们的强化历史很复杂，而且大多数没有记录，所以没有独立的依据来确定这些断言是否正确。

乔姆斯基指出，斯金纳的推理完全是循环的。任何话语都可以在事后通过指向一些假定的环境属性和一些假定的强化历史来解释。乔姆斯基声称，这些循环解释无非是"在科学中扮演角色"。我们现在可能认识到，强化学习实际上可能在掌握词汇中发挥作用，但如果没有详细的历史，所谓的解释就是空洞的。

乔姆斯基认为，人类语言中的许多模式是任何已知的学习机制都无法学习的。他的意思似乎是说，这不能通过斯金纳所描述的强化机制来学习，也可能不能通过模仿来学习。即使在 1959 年，还有其他形式的学习机制也为人们所知，但乔姆斯基似乎并没有对它们给予太多关注。如果语言的属性不能被学习，那么它们一定是人类大脑的固有属性。他认为，如果奖励和模仿不能产生语言模式，那么这些模式一定是天生的。

乔姆斯基认为有几种现象非常罕见，以至于孩子们没有机会学习它们。其中包括"寄生代词"（parasitic pronoun）。可以将这些代词从句子中删除，而不会改变句子的意思或语法的正确性。我们可以说"Which article did you file without reading it?"，也可以说"Which article did you file without reading?"，我们可以包括或省略代词"it"，而不改变句子的任何重要内容。相反，我们或许会说"John was killed by a rock falling on him"，但不会说"John was killed by a rock falling on"。

乔姆斯基的论点也有问题，他无法收集任何具体证据来支持他的特定观点。相反，他的论点集中在他所指出的学习机制的缺失和一些他认为是斯金纳的循环推理所导致的问题上。

尽管斯金纳无法证明一种现象是如何发生的，乔姆斯基也无法证明产生这种现象的大脑机制，但这种现象仍可通过他们两人都不知道的某种机制被习得。鲁梅尔哈特和麦克莱兰认为，这个缺失的学习机制其实就是模拟神经网络中的反向传播。如果一个只具备一般学习能力的联结主义系统能够学习语言，那么乔姆斯基就错了。然而，这并不能说明斯金纳是对的。

鲁梅尔哈特和麦克莱兰的语言学习的联结主义模型挑战了乔姆斯基的立场，也挑战了语言学习由明确规则表示的方法。他们认为他们已经找到了一种学习机制，可以学到那些"无法学习"（impossible to learn）的语言特征。由于资源约束和其他限制，他们的项目只涉及其所希望最终推广到其他类语言问题（如寄生名词）中的一小部分。这是一种对完整语言学习者的前期展示（down payment），至少他们希望如此。

鲁梅尔哈特和麦克莱兰训练了一个多层感知器来学习如何形成动词的过去式。给定一个输入词，如"like"，它将学习产生过去式"liked"。给定"swim"，网络将产生"swam"。它将在没有任何语言知识或任何特殊语言结构的情况下进行这种学习。原始经验和一般的学习机制就足够了，并不需要明确的规则或专门的大脑模块。

大多数英语动词通过在动词末尾加上"ed"或变体来形成过去式。然而，一些更常用的动词以其他"不规则"的方式形成过去时态，如"think"变为"thought"。在幼儿时期，儿童正确地产生规则和不规则动词的过去时态。然而，不久之后，他们倾向于"过度规范"一些动词，例如，产生"swimed"。最终，他们重新学习成人形式。鲁梅尔哈特和麦克莱兰的联结主义模型显示了相同的模式，首先产生一些正确的形式，然后过度规范化，最终确定规则和不规则动词的正确形式。他们的论点是，从一无所有开始，计算机能够学习复杂的转换，并以与儿童基本相同的方式学习。因此他们认为简单的学习机制就足够了。

乔尔·拉克特和托马斯·贝弗（Lachter 和 Bever，1988）回应了联结主义者的主张，指出联结主义模型实际上并不是自己学习语言规则，但是成功了，因为他们的设计包括隐含"编码"语言知识的特定类型的表示。拉克特和贝弗将这些隐式编码称为 TRICS（The Representations It Crucially Supposes，关键假设表征）。他们认为，联结主义模型成功的唯一原因是鲁梅尔哈特和麦克莱兰选择了将语言表示为网络输入这一重要方式。

像所有模型一样，联结主义模型必须包括关于要学习什么以及如何呈现给它的信息的假设。每个模型都包含某些假设，但它们可能没有被明确表达，甚至没有被注意到。我们在第 7 章的天使与魔鬼问题中讨论了这些假设，甚至学习从原始像素分类图像也依赖于某些假设。与深度学习爱好者的一些主张相反，这种学习远非理论中立的。

考虑到联结主义模型必须设置大量参数，以及在构建其中一个参数时做出看似任意的决定，不难看出它如何能够模仿我们所喜欢的任何规则模式。普遍逼近定理（Cybenko, 1989）表明，具有一个隐含层的简单神经网络可以逼近任何连续函数，并且当它有正确的参数集时，可以表示各种各样的现象。但是用于训练集的特定类型的表示也会使模式产生偏差。

表征对学习的影响并不是语言建模所独有的。它是各种机器学习的核心因素。网络设计者选择的表示方式对网络的功能有着至关重要的影响。表征从来都不是中立的。设计者可能没有意识到他们表征选择的结果，但结果总是存在的。正如拉克特和贝弗所说，表征的选择可能不是对一个现象的唯一解释，但它们通常是所学内容的核心。

鲁梅尔哈特和麦克莱兰提出的一些证据支持了他们的观点，即他们的网络以与孩子们相同的方式学习。该证据指神经网络和孩子们学习中的错误模式反映了同一种 U 形函数。在这种函数中，一些不规则形式在训练早期被正确使用，然后被错误使用，最后再次被正确使用。训练实例的呈现顺序可能会影响这些使用模式出现的顺序。联结主义设计者可能打算模仿儿童接触类似实例的顺序，但在选择实例及其顺序方面仍然存在很多随意性。

拉克特和贝弗认为，鲁梅尔哈特和麦克莱兰的联结主义模型实际上并不是一种通用学习机制学习语言属性能力的证明。相反，它之所以成功，是因为它恰巧以一种使学习变得容易的方式表征了问题。他们说正确的表征可以使学习一些问题变得更容易，这就是一个例子。鲁梅尔哈特和麦克莱兰恰巧选择了一种能够反映系统应该学习什么的语音表示，他们恰巧以一种让混乱和生产阶段显而易见的方式进行了训练。拉克特和贝弗认为，如果没有这些 TRICS，系统就不会成功。

学习过去式动词的孩子一开始还太小，不会阅读，所以用英文字母来表示单词没有任何意义。相反，鲁梅尔哈特和麦克莱兰试图为网络表示英语的语音（即音素，见第 6 章）。网络的输入是一组语音，代表了一些动词的现在时，而网络的输出则是另一组语音，代表了这些动词的过去时。

语言学家用语音规则来描述与现在时态和过去时态动词相关的转换规则。语音规则描述单词的声音形式是如何相互关联的，它描述了语音的变化，而不需要描述这些单词的拼写。例如，如果一个现在时态动词以"d"或"t"结尾，那么规则说要加上"ed"来构成过去时态。将"mat"改为"matted"，而将"need"改为"needed"。如果动词以某些发音结尾，如"sh"或"k"，那么只需添加"t"，如"pusht""kickt"（pushed，kicked）。如果现在时态以元音、"b""g""j"或"z"结尾，那么只需加上"d"，例如"buggd""skid"（ski 的过去时态）。拉克特和贝弗也会审查其他规则，但这些规则对于我们的目标来说已经足够了。

鲁梅尔哈特和麦克莱兰选择使用一种称为"Wickelphone"的表示法来表示他们的输入和输出。Wickelphone 是最初由 Wayne Wickelgren 描述的一种表示法，其中每个字母的声音都表示为三重符号序列。三重模式中的第一个符号表示紧接目标声音之前的声音，第二个符号表示目标声音，第三个符号表示紧接目标声音之后的声音。符号 # 表示单词之间的空格。所以单词"bet"在语音上可以表示为 #Be+bEt+eT#。根据拉克特和贝弗的说法，由于这种上下文结构，Wickelphone 隐式地嵌入了英语的大部分音韵。

这种三重模式确保大多数 Wickelphone 序列只能有一个顺序。前面例子中的单词必须以 B 开头，因为第一个三元组包含单词的开头符号；它必须以 T 结尾，因为三元组包含单词的结尾符号；它的中心必须有 E。对每个输入到网络的信息进行进一步分析，将每个 Wickelphone 表示为一组 Wickelfeature。这些特征表明这个单词和它的发音的其他特征，例如，这个声音是否被打断，是否是一个元音。拉克特和贝弗说，这些正是人们过去时态形成的语音规则特征。

当然，孩子们一开始并不知道这些规则，他们必须从听到的讲演中学习。他们对元音或中断一无所知，甚至不知道单词之间的分界在哪里。成年人听到的单词之间的停顿实际上比发音单词中的停顿更简短，但 Wickelphone 会标记单词的开始和结束位置，这是儿童无法获得的另一个优势。

这些假设和其他假设，与如何选择实例以及它们的呈现顺序有关，在决定鲁梅尔哈特和麦克莱兰训练的结果方面具有非常大的影响。与许多机器学习情况一样，问题的表示是决定机器将学习什么的关键部分。在拉克特和贝弗看来，像 Wickelfeature 这样的表征是他们网络中最关键的假设。

尽管拉克特和贝弗打算将他们的分析作为对通用学习机制恰当性的批评，但我不认为他们成功地排除了通用机制学习这些语言特性的可能性。充其量，他们成功地证明了鲁梅尔哈特和麦克莱兰的模型并不能令人信服地证明通用学习机制足以学习语言。

拉克特和贝弗并非唯一提出智能可能需要某种特殊机制的人。如果语言学家是对的，某些任务需要学习机制所不能提供的才能，那么这就对实现通用人工智能的可能性提出了质疑。另外，如果通用学习机制是足够的，那么计算机科学家只需要找到正确的经验，并以正确的方式表示出来。

如果通用智能取决于天赋或其他一些特殊能力，那么我们的模型必须以某种方式包含这些天赋。在计算智能的背景下，天赋究竟意味着什么，这本身就是一个具有挑战性的问题。它是一种倾向吗？是一种偏见吗？知识先于经验吗？天赋与计算系统的结构有关吗？

对天赋的需求不会让计算智能变得不可能，但它会增加我们必须完成的任务清单中实现天赋的复杂性。人类大脑是否有特殊的特性使其能够解决某些问题？那些是什么属性？它们来自哪里？模仿它们需要什么？这些都是具有挑战性的问题，尚未受到计算机或认知科学家的重视。

总是有反对者争辩说计算机由于某种原因永远不能做什么。许多人似乎需要为人类争取一些特殊的地位。哲学家约翰·塞尔（John Searle）在早些时候的"中文房间思想实验"（Chinese room thought experiment）中提到，只有大脑才能拥有思维，因为计算机程序纯粹是合成的。它们不能代表符号的含义。他还不清楚究竟是什么样的大脑属性允许他们（而不是计算机）来对世界上的物体进行表达。

哲学家休伯特·德雷福斯（Hubert Dreyfus）认为，最初由纽威尔（Newell）和西蒙（Simon）所倡导的符号（symbolic）人工智能方法，由于无法在计算机中获取足够的常识知识，以及存在"框架问题"（frame problem）——世界可以改变，计算机无法确定其表示的哪些部分需要更新，因此无法有效工作。

德雷福斯说，符号人工智能方法只是对笛卡儿之后的西方传统哲学的一种概括，即认为思维有一些基本的知识原子单位，概念就是规则等。在德雷福斯看来，一台计算机——可能是一台机器人，在某个时间点检测世界的状态，形成所谓的表征。我认为他指的是对当时世界的符号描述。当计算机工作时，它在符号描述的基础上运行，与世界没有进一步的联系。我认为，在某种程度上，计算机确实试图感知世界，发现它与符号预测的情况不同，并且无法理解它是如何不同的。如果这就是他的意思的话，那么它看起来就像是一个 Jetson 机器人，而不像任何实际使用的机器。

20 世纪的哲学家，例如海德格尔（Heidegger）和维特根斯坦（Wittgenstein），认识到原子符号方法已经失败，但符号人工智能只是模仿这种失败的方法。这就是他认为符号人工智能一定会失败的原因。

根据德雷福斯的说法，联结主义人工智能方法失败还有另一个原因。他认为联结主义方法之所以失败，是因为它实际上无法学习，而且即使拥有无限的处理能力，它也无法实现大脑所做的事情。他认为人工智能仍然只是试图模仿智能行为，但它无法成功实现真正的智能，除非它超越人工系统的行为水平，达到做大脑实际做的事情的水平。他嘲笑这样一种想法，即一旦计算机拥有足够的比特和 CPU 来模拟大脑，它就会以某种方式实现意识和真正的智能。计算能力不是答案，而且没人知道答案是什么。他说，最难的问题是物质如何产生意识，而人工智能和计算机的使用并没有帮助我们理解这一点。

德雷福斯对人工智能的看法似乎始于纽威尔和西蒙及其提出的物理符号系统，而终于罗德尼·布鲁克斯（Rodney Brooks）的认识。罗德尼·布鲁克斯创建了 iRobot，iRobot 是 Roomba 真空吸尘器（以及其他机器人）的制造商。他认为机器人不需要任何形式的内部表征，但至少根据德雷福斯的说法，他还认为昆虫不会学习，所以自动吸尘器也不需要学习。德雷福斯将这两个系统中缺乏学习作为证据，证明学习对于人工智能来说是一个棘手的问题。不知何故，他错过了机器学习的各个领域和具有很好学习能力的联结主义系统。

德雷福斯认为，知识不是作为符号和规则，而是作为行动的准备储存的。人类的头脑并不像常识那样储存关于世界的事实，而是被修改以准备采取行动。正如吉尔伯特·赖尔（Gilbert Ryle）所说，知识是"知道如何去做"而不是"知道事实"。

德雷福斯认为，人们学习的方式是，由于我们的经历，世界"对我们来说看起来不同"。没有意识（consciousness），"看起来不同"就没有意义，因为它必须看起来不同于某物或某人。也就是说，必须有某种意识才能成为"在我看来不同"的对象。

我不清楚意识在智力中可能扮演什么因果角色，甚至德雷福斯也不清楚。在德雷福斯看来，它在人类识别自我所在的环境中起着某种作用。在计算机术语中就是，它让人类选择上下文框架来理解什么是相关的，什么是不相关的。

许多哲学家发现意识问题是哲学的核心问题。我们如何从无意识的神经元转变为不仅能工作而且能意识到自己在工作的大脑呢？我不只是对环境中的事件做出反应——我是在经历它们。有一些东西像我一样，但只有我能直接意识到那是什么。推而广之，我希望有些东西也能像你一样。我假设你和我一样有各自的经历。但是按你的情况，我必须通过类比来推断这些状态，因为只有我知道自身经历。

关于意识究竟是什么以及它的作用有许多理论，但我不知道哪种理论认为意识在智能中扮演了一个角色。德雷福斯暗示了一个角色，但他完全不清楚这个角色是什么。往好了说，他的假设类似于笛卡儿的著名论断——"我思故我在"。如果思考存在，那么一定是有东西在思考，但不清楚这个东西是否必须是有意识的。

就像有成为我、成为你、成为蝙蝠一样的东西，也可能有能成为一台计算机的东西。从人类的角度来看，成为一台计算机可能会很无聊，成为一只蝙蝠可能会很神秘，但仍然可能会有一些东西成为它们。但同样，意识在智能中似乎没有任何因果作用。意识似乎是人工智能的一个转移注意力的东西，可能对哲学也是如此。

德雷福斯关于作为人工智能基础的物理符号系统的不足的看法是正确的。关于利用有限的知识来进行常识推理的困难性想法，他似乎是对的。然而，如果他是对的，那么理由似乎是完全错误的。他关于计算机不能学习的观点显然是错误的，除非他所说的"学习"是指某种特殊的东西。至于他提出的相关问题是否与"公认的智能"相关，目前尚无定论。大多数人工智能程序处理的是相对有限的小世界，人们相信同样的过程可以扩展到更灵活的环境中。

正如拉克特（Lachter）和贝弗（Bever）指出的那样，系统设计者是选择环境中哪些特征对解决问题很重要的人。随着智能变得更普遍，可能更需要计算机能够选择相关数据，但我们还没有达到这一点。

选择相关信息对于人类来说也是一个悬而未决的问题。正如第 7 章所讨论的，任何两个对象在无限维度上都是相似的，而同样在无限多的维度上又是不同的。人们如何选择比较的基础本身就是一个谜。这个问题并不是机器独有的。

我想知道德雷福斯会怎么评价自动驾驶汽车。它们表达了许多不同的上下文情境。它们在沙漠道路或拥挤的城市小巷中穿行的能力意味着，事实上它们可以学习，并在需要时切换情境。多传感器系统允许它们在不同的情况（如不同速度）下使用不同种类的信息。它们在对世界的直接感觉和内在表象的混合作用下运作。

最后，德雷福斯关于意识的必要性的观点是错误的。有很多原因可能导致他对意识的误解。最简单的原因之一是，我们思考（可能有意识地）解决问题的方式往往不是我们实际解决问题的方式。我们认为下棋需要深入了解战略和战术。相反，我们发现一种特定类型的树搜索算法会击败最好的人类玩家。我们认为下围棋甚至无法实际来计算，因为用于国际象棋的同一类图算法在围棋上使用会存在太多分支。又是一个更简单的算法结果证明它可以做到有效计算。我们认为接住一个飞来的棒球需要计算其抛物线轨迹，而实际上它只需要定位一个人的头部以保持对球表观运动的跟踪。

另一位哲学家丹尼尔·丹尼特（Daniel Dennett）提出了另一个关于意识的问题，我们可以称之为玛丽莲·梦露墙纸（Marilyn Monroe wallpaper）问题。如果我们走进一个房间，那里的墙上挂满了同一主题的图像，比如玛丽莲·梦露，也许就像安迪·沃霍尔（Andy Warhol）画的那样。我们会意识到我们看到了所有这些图像，但有明显的证据表明我们并没有，事实上，我们也不可能看到全部。我们得出这个结论的时间比我们的眼睛扫描整面墙的时间还短。如果当我们的眼睛在扫视中移动时，其中一些图像发生了变化，我们几乎不可能注意到它。

另一个证明意识不是我们所见事物的主要控制者的证据被称为变化盲视（change blindness）。当人们看一张照片（比如一架大型飞机）时，他们说自己看到了整个画面。他们声称有意识地看到了整个画面，但很容易表明，其中的大部分内容是没被人们看到的。一些非常大的变化常常被忽视。与德雷福斯的主张相反，意识本身似乎并不擅长选择那些随着世界变化而需要改变的表征特征。

通过交替显示两张图片，并用短暂的闪光分开，可以很容易地证明变化盲视现象。闪光灯用于防止在两张图片之间使用视动（apparent motion）提示。视动是一种感知现象，它允许将一系列快速连续呈现的静止图片视为连续的电影。眼睛和大脑有特定的检测器来检测运动。

在变化盲视中，除了一个选定的差异外，这些图片是相同的。我最喜欢的一个例子是一架大型飞机。在一张图片中，引擎出现在场景中间附近。而在另一张图片中则没有发动机。人们通常很难确定两个交替图片之间的差异。然而一旦我们看到它，这个差异就会变得很明显并很难停止看到它：

https://www.cse.iitk.ac.in/users/se367/10/presentation_local/Change%20
　　Blindness.html

http://nivea.psycho.univ-paris5.fr/ECS/kayakflick.gif

变化盲视也可以在一个分散注意力的事件发生（如泥水飞溅）时被看到，它发生在变化之间：

http://nivea.psycho.univ-paris5.fr/CBMovies/ObeliskMudsplashMovie.gif

视频剪辑之间的变化也会导致变化盲视：

https://www.youtube.com/watch?v=ubNF9QNEQLA

最后，当一件分散注意力的事情发生时，人们甚至不会注意到谈话对象的变化：

https://www.youtube.com/watch?v=vBPG_OBgTWg

这些"变化盲视"的发现和其他实验的意义在于，我们的意识并不能可靠地反映环境。意识不是一个与情境相关的仲裁者，它是我们"决定"与情境相关的东西的产物。我们没有看到玛丽莲·梦露的全部形象，但我们认定它们就在那里，即使我们错了，我们也声称自己意识到了它们的存在。

因此，我不认为意识可能是计算智能的必要属性。无论如何，有更简单的方法来选择要执行的动作。在缺乏令人信服的证据而哲学直觉又不是证据的情况下，我们应该选择更简单的机制而不是更复杂的机制。意识是计算智能所必需的这一主张可能是正确的，但在我们得出这个结论之前，还需要一些特别的证据。

我的观点是，如果意识是相关的，那么它是对我们大脑功能的观察或感知过程。我们无法直接接触到神经元的大部分操作，但可以接触到其中一些操作的最终产物。我对这些过程有特殊访问权限的原因很简单，因为它们在我的大脑中，而不是在你的大脑中。我经历它们的原因，换句话说，是它们在我体内。我的消化系统处理我吃的食物，而不是别人吃的食物。我对自己思维过程的感知是基于我的大脑，而不是别人的。

如果我大脑中神经递质的血清素太少，我就会感到抑郁。可用血清素的数量会改变我的大脑活动，从而改变我的意识感受。致幻剂改变大脑活动，它对我们所谓的意识来说影响是深远的。意识是某种需要解释的神秘事物的观点是二元论的遗产，精神和身体是不同的类别，就像笛卡儿所描述的那样。意识不需要什么神秘的东西。换句话说，德雷福斯正落入他认为是人工智能符号方法失败原因的西方哲学陷阱。

意识只是一个自然过程。如果需要解释的话，需要解释的部分应该是为什么我们可以描述一些大脑的运作，而不能描述其他的。当然，这个问题是复杂的，因为我们的描述并不总是与世界上实际发生的事情相符，也不总是与我们头骨中所包含的部分相符。

意识是我们大脑功能某些方面的重建。但我们的大部分智力可能来自无意识的过程，这些过程我们很难描述。有些人认为，意识是我们用来理解世界的故事。这是对我们头脑中一直在发生的事情的理性重建，而不是正在发生的事情的原因。

德雷福斯的批评主要针对物理符号系统假说的概念（见第 3 章）。该观点认为，一个包含并运行于知识的符号表征的系统对于实现智能来说既是必要的，也是充分的。

物理符号处理非常适用于复杂的智力问题，这些问题可以用操作符号的规则来描述。他们的信念是，尽可能充分详细地描述智能的各个方面，从而使其可以由机器来实现。我认为，这种信念被证明是有误导性和不准确的。将智能定义为符号和规则处理，专注于具有明确规则的任务，两者相互强化。通过挑选容易评估的实例问题，计算智能设计者也挑选适合于他们开发的工具实例。他们在这些问题上的成功使他们相信只有这些是需要解决的问题，所以解决这些问题的工具就是解决任何其他问题所需要的工具。

尽管自纽威尔和西蒙以来，人工智能工具和方法已经有了很大的发展，但这个总体框架仍然存在。研究人员专注于他们可以在合理时间内解决的问题。他们研究范围有限的问题。他们必须发表论文，获得学位等。他们必须把产品推向市场。然后他们概括解决这些有限问题的方法，并认为同样的方法可以扩展到其他未解决的问题。这可能需要的是比当前可用的资源来说更多的处理器、更多的内存或更多的实例，但用于有限范围问题的方法应该是可扩展的。鲁梅尔哈特和麦克莱兰假设他们用于过去式学习的方法也适用于其他语言问题。但是，如果他们的解决方案依赖于特殊的目的表示，这种泛化就不会出现。一个用特殊表示方式学习过去式的计算机程序，在解决其他需要不同表示方式的问题时用处不大。

9.1　通用智能的表征

需论证的要点是，在当前框架下的学习不需要特殊目的的学习机制，而需要特殊目的的表达。拉克特和贝弗是对的，这是一个问题批判性地假设的表征。这些表征依赖于问题的特定知识，但通用智能需要通用表征，这一点我们还没有弄清楚。

物理符号系统方法的另一个问题是我们能够以足够的特异性描述世界这一前提假设。这种观点假设世界上的物体数量有限，处理这些物体的规则也有限。当我们将环境限制在某些受限的小世界，如定理证明、区块堆积或游戏时，这个假设就起作用了。但是，当我们进入不那么受约束的世界时，它很快就崩溃了。分类是复杂的，正如我们前面讨论的，很难用相似性来表示。像游戏和家具一样，许多类别（如富有、聪明或高大等）没有固定的定义。

在美国经济顶层（身价百万美元或以上的人）中，只有4%的人认为自己很富有。另外96%的富豪称自己是中产阶级或上层中产阶级。在净资产达到或超过500万美元的人群中，只有11%的人认为自己是富人。

你要多富有、多聪明、多高才能被贴上富有、聪明或高的标签？一般来说，这要视情况而定。有钱人是比我更富有的人，高个子的人是比我高的人，聪明的人是比我聪明的人。

正如第7章所讨论的，有一些特别的类别（比如度假时要带的东西或者制作适合作为母亲节礼物的东西）。它们具有与特定类别相同的公共属性（对于每个特定类别，它们都有相同的示例）。因为它们是特殊的，所以不能存储为预定义的结构表征。相反，表示必须实时构建，并且可能只是一次性地使用。

用两个词命名的其他类别也可能很复杂且难以一致表示。想一下毛毛虫软糖（gummy worm）、蚯蚓（earthworm）和蜡虫（wax worm）。你可能想吃第一个，但你不想吃另外两个。蚯蚓生活在地里，而蜡虫（wax worm）与莲雾（wax apple）不同，它是一种蠕虫（实际上是蜡蛾的毛虫幼虫），它吃蜂蜡，最近还被发现也吃聚乙烯塑料。

如果我们局限于精心挑选的例子，计算机可能会管理这些奇怪的类别，但它们的数量似乎并不有限。鸟会飞，但企鹅和鸵鸟不会。无论我们提出什么样的表征，它们都必须能够处理奇怪的类别和异常。

符号系统不能很好地扩展。如果可能存在数百万或更多的类别，并且每个类别可能涉及数千或数百万条规则，那么将不清楚如何生成这些类别和规则。

如同对意识、智力和类别结构所讨论的那样，表征在智能中扮演着关键的角色。政治争论的胜负可能会取决于它们的表达方式。如前所述，卡尼曼（Kahneman）和特沃斯基（Tversky）发现，即使在两种情况下的数字实际上相同，描述与成功（因治疗而存活的人数）相关的选择结果会比描述与失败（尽管治疗了，仍有多少人死亡）相关的选择结果导致更好的治疗效果。

残缺的棋盘问题作为奇偶性问题来表示就很容易解决，而作为布局问题来表示则很难被解决。当被视为一般的树问题时，围棋游戏在计算上是难以处理的，但当被视为模式识别问题时则相对容易处理。与人类认知一样，机器学习问题的表示方式对于其如何解决或者说是否可以解决都至关重要。

已经有一些尝试（特别是涉及深层神经网络的工作）试图提出通用表示法和能够学习自己表示法的系统。我认为其中的大部分都是有误的。

例如，约书亚·本吉奥（Yoshua Bengio）、亚伦·库维尔（Aaron Courville）和帕斯卡·文森特（Pascal Vincent）最近指出，机器学习算法的成功很大程度上取决于数据的表示。特定的表示可以使一些区别更容易识别，而另一些则更难识别。他们也认识到选择或构造这些表示可能需要大量努力。如果机器学习可以用来减少所需的努力，如果它可以用来推导自己解决问题的适当表示，那将是有用的。这样的能力对于真正通用的计算智能最终是必要的。

考虑一些机器学习问题，例如分类——例如，根据主题对文档进行分类，根据图片是否包含猫分类，或根据申请人是否有信誉对贷款申请进行分类。每一个要分类的项目都可以由一系列可测量的特性或特征来表示。文档分类问题的特征可以是文档中的单词、字母序列或它们的某些组合。图片的特征可以包括图片中的像素，某些特定形状的存在或其他东西（如：离散余弦变换的参数，一种汇总像素组的方法）。在评估贷款申请时，特征可以包括我们所知道的申请人的任何特性。这些特性中有些是相关的，有些可能不是。

无论我们要分类什么对象，我们通常将特征和对象放入一个表中，其中行是对象，列是特征。例如，如果文档中包含"teacher"一词，则该文档的行中"teacher"一词的列中就为1。出现在文档中的单词对于该文档具有非零值的行，并且没有出现在该文档中的单词将在与该单词对应的列和与该文档对应的行中具有零值。特征越多，优化时需要考虑的特征组合就越多，组合数量的增长速度远远超过要组合的元素数量——造成"维度灾难"(the curse of dimensionality) 问题。

许多学习算法受益于减少所使用的特征的数量，只要保留的特征是关于将要学习的区别的信息。有一些统计方法被广泛用于根据相关特征所传达的信息来区分它们。这些方法可以在初始表示的特征中进行选择，只保留那些提供关于类别信息的特征。

例如，包含"律师（lawyer）"一词的文档也可能包含"法官（judge）""律师（attorney）"或"法庭（court）"等词。如果我们想把有关法律事务的文件与其他文件区分开来，那么这些词中的哪个出现在其中可能无关紧要，只要其中一个或多个出现即可。我们可能会说，这些词中的每一个都对"法律问题"的主题或维度有贡献。这些方法通常被描述为将特征组织成最能反映训练类别信息的组合。

有几种统计技术可以捕获特征之间的相关性，并将大量基本特征减少到更小的特征集。例如，在文档的某些表示中，组成原始特征的单词可以组合成主题。从统计上看，几十万个单词可能会减少到几百个主题。了解每个对象的几百个特征通常比了解几十万个特征要容易得多，这些技术确保这些简化的维度反映了完整的特征集所能传达的大部分信息。

一些深度学习项目声称，它们可以解决维度灾难，并通过网络学习表示来解决构建表示的需求。例如，它们可以使用概率模型、自动编码器、受限玻尔兹曼机和其他一些技术来学习重要的特性。这些技术的细节对于目前的讨论并不重要。在我看来，这些技巧实际上并没有学习新的表示形式，它们使用了一些过去用于转换输入的熟悉的统计技术。它们合并、选择和总结，但并不创建新的表示。它们不能自己决定用Wickelphones 来表示单词。

它们执行的统计技术由网络的特定深度学习结构所决定。例如，自动编码器是一个网络过程，它采用"原始"输入（例如图片中的像素），并经过训练将这些像素再现为输出，同时将模式传递到更小的中间层。

自动编码器的 200 × 200 像素图像将有 40 000 个输入和 40 000 个输出。单层网络可以通过简单地将输入传递到输出来完美地完成这种复制，但什么也得不到。相反，自动编码器包含一个单元数量少得多的层，因此，为了有效地再现输入，它必须找到输入中可以由这些"瓶颈"单元总结的关系，并仍然再现输出。换句话说，这个隐藏层找到了与其他降维形式（例如前面描述的主题转换）中使用的统计摘要相同的统计摘要。在数学上，这个隐藏层执行所谓的"主成分分析（principal component analysis）"。这个隐藏层学习的模式不是任意的。它们特别符合众所周知的统计数据。

有很多方法可以用来产生瓶颈。使用自动编码器是网络设计者的选择，而自动编码器的选择决定了网络将学习的表示类型。或者，他们也可以选择一个受限玻尔兹曼机，它学习一个不同的统计摘要，即因子分析（见第 2 章）。

无论输入的转换是在提交到网络之前完成，还是将该功能添加到网络本身，都不会改变转换是所学内容的重要组成部分的事实。让网络执行转换并没有什么神奇之处。我们可能会说网络在学习转化，但实际上，它学到的是转化的价值，而不是过程。转换不是可选的，其类型也不是由网络选择的。

9.2　结论

所选的表示形式可能对机器学习项目的成功产生深远的影响。在影响机器学习的因素中，问题和输入数据的表示可以说是最重要的。在这一点上，表示的选择仍然由机器学习系统的设计者决定，但一个真正通用的人工智能将需要创建自己的表示能力。我们离自动化实现这一目标还有很长的路要走。

9.3　参考文献

Bombelli, P., Howe, C. J., & Bertocchini, F. (2017). Polyethylene bio-degradation by caterpillars of the wax moth *Galleria mellonella. Current Biology, 27,* R292–R293. http://www.cell.com/current-biology/fulltext/S0960-9822(17)30231-2

Chomsky, N. (1959). A review of B. F. Skinner's *Verbal Behavior. Language, 35,* 26–58.

Chomsky, N. (1965). *Aspects of the theory of syntax.* Cambridge, MA: MIT Press.

Chomsky N. (1975). *Reflections on language.* New York, NY: Pantheon.

Chomsky, N., & Gliedman J. (1983, November). Things no amount of learning can teach: Noam Chomsky interviewed by John Gliedman. *Omni, 6*(11). https://chomsky.info/198311__/

Cybenko, G. (1989). Approximations by superpositions of sigmoidal functions. *Mathematics of Control, Signals, and Systems, 2,* 303–314.

Dipshan, R. (2017). Why artificial intelligence can't compete with humans, and vice versa. LegalTech News. http://www.legaltechnews.com/id/1202783879709/Why-Artificial-Intelligence-Cant-Compete-With-Humans-and-Vice-Versa

Dreyfus, H. L. (2007). Why Heideggerian AI failed and how fixing it would require making it more Heideggerian. *Philosophical Psychology, 20,* 247–268. http://leidlmair.at/doc/WhyHeideggerianAIFailed.pdf

Dreyfus, H. L. (2013). Why is consciousness baffling? https://www.youtube.com/watch?v=Bhz7bRiuDk0

Dreyfus, H. L., & Kuhn, R. L. (2013). Artificial intelligence-Hubert Dreyfus-Heidegger-Deep Learning. https://www.youtube.com/watch?v=oUcKXJTUGIE

Dubey, R., Agrawal, P., Pathak, D., Griffiths, T., & Efros, A. (2018). Investigating human priors for playing video games. Proceedings of the 35th International Conference on Machine Learning, in *Proceedings of Machine Learning Research, 80,* 1349–1357.

Evans, V. (2014). Real talk: The evidence is in, there is no language instinct. Aeon. https://aeon.co/essays/the-evidence-is-in-there-is-no-language-instinct

Frank, R. (2015). Most millionaires say they're middle class. CNBC. http://www.cnbc.com/2015/05/06/naires-say-theyre-middle-class.html

Lachter, J., & Bever, T. (1988). The relation between linguistic structure and associative theories of language learning—A constructive critique of some connectionist learning models. *Cognition, 28,* 195–247. doi:10.1016/0010-0277(88)90033-9; https://www.researchgate.net/publication/19806078_The_relation_between_linguistic_structure_and_associative_theories_of_language_learning-A_constructive_critique_of_some_connectionist_learning_models

Nagel, T. (1974). What is it like to be a bat? *The Philosophical Review, 83,* 435–450. doi:10.2307/2183914 JSTOR 2183914; http://www.jstor.org/stable/2183914

Pepperberg, I. M. (1999). *In search of King Solomon's ring: Studies to determine the communicative and cognitive capacities of grey parrots.* Cambridge, MA: Harvard University Press.

Plunkett, K., & Juola, P. (1999). A connectionist model of English past tense and plural morphology. *Cognitive Science, 23,* 463–490. http://onlinelibrary.wiley.com/doi/10.1207/s15516709cog2304_4/pdf

Rensink, R. A., O'Regan, J. K., & Clark, J. (1997). To see or not to see: The need for attention to perceive changes in scenes. *Psychological Science, 8,* 368–373.

Rumelhart, D., & McClelland, J. (1986). On learning the past tenses of English verbs. In D. Rumelhart, J. McClelland, & the PDP Research Group (Eds.), *Parallel Distributed Processing* (Vol. 2) (pp. 216–271). Cambridge, MA: MIT Press.

Savage-Rumbaugh, E. S. (1986). *Ape language: From conditioned response to symbol.* New York, NY: Columbia University Press.

Savage-Rumbaugh, E. S., Murphy, J., Sevcick, R. A., Brakke, K. E., Williams, S. L., & Rumbaugh D. L. (1993). Language comprehension in ape and child. *Monographs of the Society for Research in Child Development, 58,* 1–221.

Searle, J. R. (1984). *Minds, brains and science.* Cambridge, MA: Harvard University Press.

Terrace, H. S., Pettito, L. A., Sanders R. J., & Bever, T. G. (1979). Can an ape create a sentence? *Science, 206,* 891–902.

Wallman, J. (1992). *Aping language.* Cambridge, UK: Cambridge University Press.

第 10 章

算法：从人到计算机

算法和启发式之所以重要，是因为它们展示了独立的人类大脑所做的事情，也因为它们展示了那些大脑在系统部署时所能做的更多事情。人类的智能依赖于启发式和过去五万年所发明的算法。

在过去的五万年里，人类变得越来越聪明，因为他们发明、实施并遵循了使思维更系统、更有效的程序。算法的使用使人类思维更加有效并使得计算机自动处理成为可能。

"algorithm"一词来自阿丁语 algorismus，这是一个名为阿尔·花剌子模（AL-Khwarizmi）的 9 世纪数学家的名字的拉丁形式，并且希腊词 arithmos 意味着数字。在 13 世纪，这个词的使用变得更加突出，从罗马数字转向了所谓的阿拉伯或印度数字（我们今天使用的数字）。

罗马数字很适合用于记录日期和计算物体，但是在其他方面却极为有限。用罗马数字将两个数字相乘是一个多步骤的过程，容易出错。许多运算只有在数字的表示方式转变为我们今天所用的十进制表示时才有可能成功。谈论乘法算法似乎有些奇怪，但实际上，这是一个活跃的研究领域，尤其是如何有效地将非常大的数相乘。

我们大多数人在小学时都学过"进位（carry）"法，即把两个多位数放在一列中，上面的每个数字乘以下面数字的每个数字，然后把结果加起来。两个 3 位数的数字相乘需要 9 个个位数的乘法，而两个 4 位数的数字相乘需要 16 个乘法。两个 10 000 位数的数字相乘需要 1 亿位数的乘法。

1960 年，安纳托利·卡拉苏巴（Anatoly Karatsuba）开发了一种方法，将多位数乘法与加减法相结合，大大减少了需要进行的个位数乘法的数量。卡拉苏巴的方法只需 200 万次以上的操作就能完成这些 10 000 位数的相乘。

1971 年，阿诺德·舍恩哈格（Arnold Schönhage）和沃尔克·施特拉森（Volker Strassen）发现了一种更快的方法，将两个 10 000 位数相乘所需的运算次数减少到

204 500。2019 年，大卫·哈维（David Harvey）和约里斯·范德霍文（Joris van der Hoeven）发现了一种更快的算法，将步骤数减少到约 92 000 次。具体的算法可以使做基本计算（比如寻找下一个质数）所需的时间产生很大的差异。事实上，这种差异是如此之大，以至于它可能意味着完成某些壮举和无法在有生之年看到计算完成之间的差异。

并非所有的算法都必须是数字的。食谱可以被认为是一种算法。如果按照菜谱给出的步骤去做，结果就会是我们所期望的菜肴。

尽管人类有能力创造天才的辉煌，但人们在智力挑战方面的大部分时间都是在低水平上度过的。赫伯特·西蒙（Herbert Simon）表明，人们通常满足于自己的工作，而不是优化自己的工作。他认为，完全理性的方法会让人们迷失在思考中，考虑无法达到的选择。相反，西蒙表明，他们考虑的是现成的选择，并让这些选择足够好。

然而，当我们需要或想要变得聪明时，我们似乎一般都能做到这一点。我们有能力做到深思熟虑。我认为这意味着我们有能力进行系统分析，即使我们并不总是这样做。人类已经开发出了思考工具，可以这么说，它们是智力的强大工具，让我们（偶尔）会达到天才的高度。这些工具帮助我们规划战略，更好地利用我们所拥有的信息。类似的工具也被用于计算智能领域，它们也非常有效。把这些看作高效智能的工具。

罗马数字的乘法

两个数字相乘（如 21×17）用阿拉伯数字很容易，但用罗马数字则非常复杂。如计算 XXI×XVII 的乘法：

列成两列，一列写 XXI，另一列写 XVII。将左边一栏中的数字除以 2，忽略剩余的部分（XXI → X）。

将右边一栏的数字乘以 2（XVII → XXXIV）。

重复以上两步，直到左边那一列包含 I。

X → V; XXXIV → 2 = LXVIII

V → II; LXVIII → CXXXVI

II → I; CXXXVI → CCLXXII）。

沿着这几行走下去，把左手边的数字是偶数的每一行都划掉。左手栏的数字是偶数。

XXI	XVII
~~X~~	~~XXXIV~~
V	LXVIII
~~II~~	~~CXXXVI~~
I	CCLXXII

再加上右边一栏的剩余数值（XVII + LXVIII + CCLXXII = CCLLXXXXVIIIIII = CCCXXXXXVII = CCCLVII = 357）。

对于罗马数字的除法，还没有类似的方法。

日常思维和有效思维之间的区别大致与丹尼尔－卡尼曼（Daniel Kahneman）的系统 1 和系统 2 思维之间的区别相呼应。卡尼曼反对将人类视为理性决策者的传统观点——即经济学理论中所谓的理性人观点。在这种传统的经济学方法中，人们通常被认为是基于他们自己的利益来选择替代品。当一个人没有选择最好的选项时，这是一种罕见的有情绪介入的情况。

这种理性的决策观并不能特别好地解释人类行为。例如，请记住，相比被描述为提前付款有折扣，当价格被描述为逾期付款有罚金时会有更多的人选择付款。人们更愿意购买含 90% 瘦肉的汉堡包，而不是被描述为含 10% 脂肪的汉堡包。

在理性人的观点中，偏离理性的行为被视为错误。相反，我认为非理性的决定有其自身的原则。更重要的是，我认为它们根本不是错误，而是一种源自自然智能思想的指标，是创造人类智能的重要机器。

在卡尼曼看来，系统 1 是快速的，主要基于识别、自动和情感。系统 2 是慎重的、逻辑的、努力的和系统的。

系统 1 用于诸如以下任务：

- ❑ 认识到一个物体比另一个物体更远。
- ❑ 识别人的照片中显示的情绪。
- ❑ 认识到桌子上有四个硬币（不用数）。
- ❑ 解决简单的算术问题，如 2+2。

我们的大部分日常活动是由系统 1 支配的。我们日常所做的大部分事情都是习惯性和熟悉的。给出一个熟悉的数学问题，如 2+2=?，答案是直接可用的。这个答案是智慧结晶的结果。如果我们看到一个人向我们走来，脸上带着微笑，眼睛很宽，嘴角上扬，我们不需要费多大力气就能想到这个人是快乐的。如果我们在夜里听到奇怪的撞击声，我们不必计算就能想到有危险的事情发生。如果有人说"你好吗?"我们的即时反应是"很好"。这些情况已是老生常谈；它们经常出现，一个记忆性反应通常就足够应对了。

另外，系统 2 则用于诸如以下任务：

- ❑ 解决复杂的算术问题，如 13×27。
- ❑ 决定是否接受工作邀请。
- ❑ 监督聚会中的行为是否恰当。
- ❑ 在狭窄的停车位上停车。
- ❑ 验证一个不熟悉的逻辑论证法。
- ❑ 评估复杂的法律论据。

系统 2 的过程是与智力成就和智能最密切相关的过程之一。它们需要努力，需要时间，而且可能具有挑战性。系统 1 经常涉及跳跃性的结论。这些结论不是随机的，但它们的模式揭示了很多关于系统 1 的思考过程。

对系统 1 思维最具有启示性的研究之一是卡尼曼与阿莫斯－特维斯基一起进行的

一项体验。他们向一群大学生提出了一个所谓的琳达（Linda）问题。他们告诉学生们，一个年轻的、单身的、直言不讳的人——琳达——在学生时代就非常关心歧视和社会正义的问题。一组人被要求基于每个场景与琳达 30 多岁时的描述的相似程度，对八个场景进行排序。他们认为琳达非常适合做一个活跃的女权主义者，相当适合做一个书店员工并上瑜伽课，而不适合做一个银行柜员或保险销售员。更重要的是，他们认为琳达的形象更像是女权主义银行柜员，而不是一般的银行柜员。

另一组参与者被要求判断每种状态的可能性有多大。琳达是一名银行柜员的可能性有多大，而她是一名女权主义银行柜员的可能性有多大？理性地讲，琳达是银行柜员的可能性要比女权主义银行柜员高，因为只有一些银行柜员是女权主义者，不可能有不属于银行柜员的女权主义银行柜员。女权主义银行柜员必须是所有银行柜员的一个子集。无论琳达有多大可能成为女权主义银行柜员，她成为银行柜员的可能性都不可能比这小。

尽管如此，89% 的本科生对琳达是女权主义银行柜员的评价比她是银行柜员的可能性更大。从逻辑上讲，这不可能是真的。即使是做了这两项任务的参与者也仍然认为女权主义银行柜员比银行柜员更有可能。

卡尼曼和特维斯基将这一结果解释为代表性（representativeness）或相似性（resemblance）与逻辑性之间的冲突。琳达可能比普通银行柜员更像女权主义银行柜员，但概率规则表明，她成为女权主义银行柜员的可能性不会超过成为一名银行柜员的可能性。

卡尼曼和特维斯基认为，代表性支配了参与者在这两项决定中的选择。显然，参与者使用系统 1，利用模式匹配做出了判断，而不是将他们的决定建立在对情况的逻辑分析之上。

在另一项研究中，Kahneman 和 Tversky 要求参与者决定这两种情况中哪一种更有可能：

❑ 明年在北美某地发生洪水，超过 1000 人死亡。
❑ 明年加州发生地震，造成水灾，1000 多人死亡。

与琳达问题一样，作为北美的一部分，加州发生洪水和地震造成洪水的可能性都要比北美任何地方发生洪水的可能性小（或者至少不大）。但与会者还是选择了加州的版本，认为其可能性更大。与其他州相比，地震与加州的关系更为密切，所以加州的故事可能听起来更有说服力，也就是说，它可能比北美任何地方发生洪水的想法更有代表性。

情景和参与者的预测之间的强烈相似性导致他们根据相似性而不是逻辑性来决定。然而，当相似性因素减少时，人们确实会做出符合逻辑的选择。例如，如果他们被问到以下哪一个更有可能：

❑ 约翰有头发。
❑ 约翰有一头金发。

他们在逻辑上选择约翰有头发比他有金发更有可能。

卡尼曼和特维斯基发现了人们在只用系统1做决策时使用的其他决策方法。琳达和洪水的例子使用了代表性的启发式方法。另一个系统1的启发式是可得性（availability）——想到例子有多容易。如果一个项目更容易被人们想到，如果它更容易得到，那么估计它的概率就会比一个不那么容易得到的项目高。我们在第2章中讨论了这个启发式在判断城市规模和篮球季后赛成功率方面的作用。

例如，如果我们正在评估一项有风险的行动，如果我们想到该行动导致不良结果的时候，我们会倾向于高估风险，如果我们想到该行动导致成功的时候，我们会低估风险。如果我们能想到支持该观点的例子，那么观点就会比我们倾向于想到反例的情况下更容易被相信。

锚定（anchoring）是一种相关的启发式方法。语境使一些事情比其他事情更容易被想到。如果我们问一个人约翰 - 韦恩（John Wayne）死时有多大年纪，我们会得到一个估计。如果我们问他是否至少有96岁，然后再问他的年龄，人们猜测他的年龄会比我们问他死时是否是35岁要更大一些。

纳西姆 - 塔勒布［2014年《卫报》（Guardian）文章中引用］描述了另一个锚定的例子。他讲述了这样一个故事：他试图用一种策略为客户管理投资，这种策略会有常见的小损失，但也会有一些罕见的大收益。他说，客户一直在"忘记"该策略的原则，并抱怨他们的频繁损失。然而，他发现，如果他让客户在年初表明他们愿意为获得大额回报的机会支付多少钱，那么他就会根据他们准备支付的金额，公布他们一年来的进展。如果他们损失较少，他们就把它看作预期损失的利润。这是"收回"的钱，而不是损失的钱。年初的估计设定了一个锚，所有未来的交易都可以据此判断。他没有使用全部投资作为锚，并报告相对于这个锚的损失，而是报告相对于他们的折扣锚的"收益"。

语言框架（framing）是另一个影响人们检索样本的便利性的因素。如果人们被问到，当90%的人接受手术后都能活下来时，他们是否会选择接受手术，与10%的人接受手术后死亡这一表述相比，他们更可能选择手术。同样，这两种选择在逻辑上是相同的，但谈论生存使生存的例子更容易得到关注，而谈论死亡使死亡的例子更具倾向性。

另外，很难将决策建立在我们没有的信息或对未来价值错误估计的基础上。市场是不稳定的，推迟决策直到有更多的信息可用，可能会丢失这些信息的价值。获利的机会可能已经过去，在等待获得信息的过程中，股票的价值可能会进一步下降。目前，我们不知道这些启发式方法对一般智力有多重要，但由于这些启发式方法在人类中非常普遍，因此它们很有可能是一个重要部分。

这些启发式方法（其中一些列在表10-1中，另见第7章）对于思考计算智能很重要，原因有两方面。首先，它们似乎说明了人脑在没有帮助的情况下的功能。人们已经进化出卡尼曼与系统1相关的那种技能，而不需要正式的训练，也许根本不需要任何训练。另外，系统 2 的技能似乎取决于一些正式的训练，例如，人们被专门教育如何进行彻底的、系统的分析。

其次，尽管我们可以构建出这些思维特征导致推理误入歧途的情况，但它们也极有可能在整体智力中发挥重要作用。例如，如果我们匆忙下结论，我们在大多数情况下会是正确的，而不需要经历成千上万的例子。我们并不总是有机会推迟时间来进行有效学习以适应成千上万的例子。

在第 3 章中，我们引用了图灵（1947/1986）给伦敦数学协会的报告中的评论。"……如果一台机器被期望是无限的，那么它也不可能是智能的。"那些被巧妙设计的实验所愚弄的启发式方法很可能也是人类容易和快速解决日常问题的手段。系统 1 的能力可能不足以支持我们称之为智能的全部智力成就，但它们很可能是人类智能的一个必要部分。通用智能可能需要系统 2 的算法和系统 1 的启发式算法。研究这样的问题是很困难的，但我相信找出更多关于这些启发式算法的作用以及它们对整体智能的贡献是很重要的。这些启发性偏见在智能的计算方法中基本上是不存在的，这可能是一个严重的错误。

我们与智能相关的大部分进步都来自采用与系统 2 相关的那种算法过程。接下来将要考虑这些算法中的一部分。

表 10-1　一些认知偏见 / 启发式方法

认知"偏见"	限制条件	潜在好处
小样本的偏差 （small sample biase）	倾向于被小样本所左右，而不考虑它可能有多大的代表性	有能力根据少量的证据得出结论
确认性偏见 （confirmation bias）	倾向于寻找支持我们的预测的信息，而不是挑战它的信息	尽量减少预测所需的证据量
保护 （conservation）	当新的相反信息出现时，在调整信念方面有缓慢的倾向	对不相关信息的抵制。除了预测是错误的以外，观察结果可能会因为许多原因而无法支持预测
后见之明偏差 （hindsight bias）	倾向于认为过去的事件比实际情况更可预测	避免"分析的瘫痪"（paralysis by analysis）。强化过去的证据被成功收集和相关的观点
控制错觉 （illusion of control）	认为自己对所发生的事件的控制力超过合理范围；高估自己的控制力	增加了寻找问题解决方案的动力
纯粹接触效应 （mere exposure effect）	倾向于相信已经反复提出的陈述。喜欢熟悉事物的倾向	反复出现的事件往往是有效的指标。为熟悉的情况制定的方法往往是可靠的
过度自信效应 （overconfidence effect）	倾向于高估自己的专业知识。对自己的决定和估计表示未经证实的肯定	支持未经证实的预测仍然有用的观点

注：前往 https://en.wikipedia.org/wiki/List_of_cognitive_biases 获得更多偏见。

10.1　最佳决策：使用算法来指导人类行为

有些决策比其他决策要好。事实上，有一个最佳决策理论可以用来指导决策。例如，它可以用来选择工作，选择伴侣，选择秘书或者选择学校。它可以用来决定声呐屏幕上的闪光是表示鲸鱼还是敌人的潜艇。

最佳并不意味着完美；它意味着在现有的信息基础上，在现有的备选方案中做出一个最好的决定。最佳决策理论是有力的工具之一，它不仅帮助机器学习系统适应解决它们的问题，而且帮助人们更系统地解决自己的问题。

最佳决策有两个组成部分。第一个是可用的证据，第二个是在可选方案中选择最佳方案的方法。最佳决策理论是一种理想的理论，因为它可以证明没有其他方法可以始终比最佳决策者做得更好。

最佳决策理论是从第二次世界大战的研究中发展起来的。其中部分研究集中在雷达操作员应如何决定屏幕上的一个小点是由敌机还是其他物体引起的。为了提高这些决策的质量，心理学家和工程师们开始研究他们是否能想出一个关于如何最好地做出决策的模型。错误的代价是很大的。错过一架敌机可能意味着人们会死亡；对可能看起来像敌机的东西做出错误的反应可能会浪费资源，这也可能导致人们死亡。

例如，在1982年英国和阿根廷之间短暂的福克兰群岛（又称马尔维纳斯群岛）战争期间，英国军舰辉煌号用鱼雷炸死了两只鲸鱼，并从直升机上炸死了第三只。根据已有的证据，他们把鲸鱼误认为是一艘潜水艇。

辉煌号的经验正是导致最佳决策理论发展的那种问题。声呐提供了关于潜在目标的不完美信息。福克兰群岛（马尔维纳斯群岛）周围的海底到处都是旧的沉船，其声呐轮廓与潜艇的声呐轮廓相似。不幸的是，对鲸鱼来说，它们的声呐轮廓也是类似的。当鲸鱼上来呼吸时，一群海鸥会聚集在一起，这也会在雷达上引起一个突波，进一步支持了这是一艘潜艇而不是鲸鱼的观点。

军事目标和野生动物之间的相似性对1982年的技术和操作人员来说是一个重要的挑战。声呐或雷达操作员必须决定每一个闪光点是来自一个可以忽略的安全物体，还是来自一个潜在的敌人。由于信号的相似性，这些决定不可能是完美的，但它们可以以最佳方式做出。

最佳决策理论使用贝叶斯法则。托马斯－贝叶斯牧师在十八世纪提出了一个简单的方程式，描述了如何更新一个概率估计。贝叶斯规则告诉声呐员或雷达员在这种情况下如何做出最佳决策。

根据贝叶斯法则（Bayes's rule），决定雷达屏幕上的一个小点是潜艇还是鲸鱼取决于两种概率。第一个概率称为先验概率（prior probability），是潜艇在该地区的概率。它被称为先验概率，是因为它在我们从雷达或声呐系统获得任何具体证据之前就已经被确定了。英国海军已经击沉了一艘阿根廷潜艇，并截获了另一艘被派去攻击英国舰队的通信。因此，他们有一个合理的预期，即他们事实上会遇到一艘阿根廷潜艇。第二种概率是观察到证据的概率，例如，突发事件的强度和特征。鲸鱼或潜艇都有可能产生一种特定的突变，但两者之一比另一种更有可能产生这种特定的突变。贝叶斯法则描述了如何将这两种概率结合起来，得出后验概率（posterior probability）——在先验概率和观察证据之后，它是一艘潜水艇的概率。

概括地说，潜艇在该地区的可能性越大，我们需要从雷达或声呐中获得的证据就越少，以确定我们看到的是一艘潜艇。潜艇在该地区的可能性越小，我们需要的证据就越多，需要的雷达证据就越强。

犯各种错误的相对成本也被用作决策过程的一部分。就雷达而言，在没有敌方潜艇的情况下判定有敌方潜艇是有成本的（假阳性或假警报），而在真的有敌方潜艇的情况下判定没有敌方潜艇则有不同的成本（假阴性或误报）。但是，如果假警报的成本很小（例如干扰拦截器的成本），而误报的成本很高（潜艇攻击，杀死许多人），那么最佳决策理论建议如何将这种不平衡考虑在内。

当信息不完善时，最佳决策者会调整决策过程，倾向于成本较低的错误。当信息模棱两可时，最佳决策者会犯一些错误，但它可以选择哪种错误是可取的。因此，在这个例子中，最理想的决策者不需要那么多证据来证明光点真的是敌人的潜艇，因为他知道该地区可能有阿根廷的潜艇。辉煌号的操作人员决定，与其让敌人的潜艇靠近并摧毁一艘英国船只，不如炸掉几只鲸鱼。

自动驾驶汽车也面临同样的决策问题。如果它的传感器检测到道路上可能的障碍物，撞上它可能会造成灾难性的后果，但为了避开它而转弯或减速可能只是轻微的烦扰。

一个最佳决策者将其所有可用的信息，关于事件的相对可能性，关于证据的强度，以及关于不同种类的错误的成本结合起来，以得出一个标准，并据此做出决定。

一般来说，人们倾向于使用启发式方法来做决定。他们很少努力做出最佳的决定，但通常愿意忍受那些足够好的决定。有时做得更好是至关重要的，实际上就是尽自己最大的努力。在这种情况下，他们不会凭直觉行事；相反，他们以最佳决策理论为指导，参与结构化过程。

约翰－克雷文使用一个最佳决策理论的变体找到了一颗失踪的氢弹。1966 年 1 月，两架 B-52 轰炸机在西班牙海岸飞行。每架轰炸机持有四枚氢弹，这是冷战计划的一部分，旨在阻止苏联的侵略。在与空中加油机会合进行加油时，其中一架轰炸机与它的加油机相撞。由此产生的火球杀死了加油机上的所有四名机组人员和轰炸机上的三名机组人员。燃烧的残骸与四枚炸弹中的三枚一起落在了西班牙的帕洛马雷斯村。两枚炸弹中的常规烈性炸药引爆，留下了 100 英尺宽的弹坑，放射性碎片散落在乡村各处。第三枚炸弹落在柔软的地面上，基本完好无损，但第四枚炸弹却不知所踪。

断定第四枚炸弹已经落入海中，美国空军最终向美国海军请求帮助。海军把这个项目交给了当时的海军特别项目办公室主任克拉文。美国总统林登－约翰逊担心苏联会找到这枚炸弹并加以利用。海军认为它已经永远消失在海里了，但克雷文已经展示了他如何找到所谓丢失的东西。他的任务是负责寻找氢弹——一个在地图不清楚的海域的独木舟大小的物体。

帕洛马雷斯村的一名渔民说，他在事发时看到一个降落伞降落，并告诉海军那是哪里。然而，他们不相信他，因为他描述的位置与他们认为炸弹必须在的位置不一致，而且他没有使用现代导航设备来确定他的位置。

克雷文使用了一个版本的最佳决策理论来决定去哪里寻找。他将帕洛马雷斯附近的海域划分为几个小方块，然后请来一个专家小组，根据诸如炸弹的一个或两个降落伞是否打开等事件的概率，估计炸弹落在每个方块中的可能性。它是直接落入水中还是随风漂流。然后他开始收集数据，以最佳方式更新这些估计。

克雷文的估计表明，最有希望寻找的地方远离传统搜索技术预测的炸弹所在的地方。当炸弹没有出现在最有可能的地方时，该小组调整了他们的估计，将这一证据考虑在内。最终，海军决定听取渔民关于降落伞的报告。这是克雷文的团队预测的一个极有可能的地方，但还没有搜索过。当深海潜水器阿尔文号被派去在 2550 英尺的水中寻找炸弹时，它最终发现了降落伞，而降落伞下就是炸弹。渔民的报告是一个强有力的证据。当与他的证据之前估计的先前概率相结合时，新的估计显示出炸弹在某一特定地点被发现的可能性非常大，而它就在那里。

克雷文的搜索方法的部分创新是认识到搜索一个区域可能不会真正找到炸弹，即使它在那里。例如，海军的一些设备只能搜索到 200 英尺的深度，但底部有 2000 多英尺深。即使这个探测器就在炸弹上方，它也不会发现它。在设备不足的情况下搜索一个地方，实际上根本没有提供关于炸弹是否在那里的证据，所以把那个方块从炸弹可能的位置移开是不合理的。事实证明，海军一直在花大量时间进行搜索，即使他们在正确的位置寻找，也不可能找到炸弹。克雷文的团队在调整他们的概率时考虑到了搜索的有效性。

最佳决策理论并不总是能得出正确的答案，但从长远来看，它比其他方法更经常地得出正确答案。当一个地点被充分搜索时，也就是说，以一种如果炸弹在那里就能找到它的方式进行搜索，这种搜索减少了炸弹在该地点的概率，同时增加了炸弹在其他尚未被充分搜索的地点的概率。利用这些数学技术和帕洛马雷斯渔夫的建议，他们最终能够找到并恢复该炸弹。

两年后，克雷文应用类似的技术找到了天蝎号核潜艇，当时该潜艇于 1968 年在亚速尔群岛附近沉没。同年，他再次应用类似的技术在太平洋地区找到一艘沉没的苏联潜艇。

最佳决策理论甚至可以应用于约会。所谓的婚姻问题的目标是决定何时停止约会并安定下来。剥去其浪漫的含义，对约会来说最理想的策略也适用于那些做出雇用决定的人、汽车购买者、租房者，甚至是窃贼。

为了简单起见，这个问题的标准版本有几个假设。我们按随机顺序与潜在的伴侣约会。在与候选人约会之前（正如我所说的，剥去其浪漫的一面），我们不知道她或他可能是多么合适。与一个候选人约会后，我们可以可靠地将该候选人与我们见过的所有其他候选人进行排名。

每次约会后，我们决定是与当前的约会对象结婚还是继续寻找。假设我们一次只能约会一个人。一旦我们停止和那个人约会，就不能再回到以前的约会中去。我们可以将目前的候选人与之前所有的约会对象进行比较，但我们对未来可能出现的约会对象一无所知。在这个问题上，我们唯一的决定是继续约会还是与其婚配。我们怎么知道什么时候该定下来了？

从最佳决策的术语来看，这是一个"停止"（stopping）问题。在选择我们的未来伴侣之前，我们应该考虑多少个选项？每次约会都有成本（如果不是咖啡或晚餐的话，至少是时间上的成本）。有两种失败的方式。我们可以过早地停止，接受一个不那么完美的伴侣，或者可以继续寻找太长时间，错过我们的真爱。这两种错误对应于辉煌号船员所面临的问题。接受一个声呐或雷达斑点作为敌方潜艇的迹象（但它不是），或者拒绝一个声呐或雷达斑点作为鲸鱼的迹象（但它不是）。每一次观察都有一个成本，每一个结果都有一个价值。

很明显，在寻找伴侣的时候，如果对方不是我们所见过的最好的，我们是不会对他感兴趣的。在第一次约会之后，我们所知道的是我们的第一次约会可能比什么都没有要好。我们的第二次约会可能比第一次更好或更差，但同样，在我们有更多的经验之前，我们对这个领域并不了解。第一个可能实际上是我们最好的选择，但当我们发现时，每个人都已经继续前进了。第三次随机选择的约会有 1/3 的机会是最好的。第五次有 1/5 的机会是最好的。因此，抽样的时间越长，最佳约会的可能性就越小。

如果我们简单地随机选择，得到最佳伴侣的概率将是约会池大小 n 的倒数（即 $1/n$）。如果我们期望与三个潜在的伴侣约会，并随机挑选其中一个，那么得到最佳伴侣的概率是 1/3=33.3%。

要想知道最佳策略是什么，有一种方法是基于我们的经验列出所有可能出现的不同想法。对于这个问题，我们不知道前景是如何排序的，但如果有三种可能性，那么我们知道它们一定是按照 1（最好的），其次是 2，然后是 3 的顺序排列的。我们只是不知道哪个潜在客户是哪个等级的。

有六种可能的顺序，可以和这三个潜在客户约会。按照指定的规则，这些顺序中的每一个都有一个确定的人选。以下是这些规则：

- ❏ 如果现在的约会比以前的约会好，那么就选择现在的约会。
- ❏ 如果现在的约会比以前的约会差，那么就继续下一个选择。
- ❏ 如果已经没有候选人了，就选择现在的约会。

如果有三个潜在的约会对象，我们可以列出所有六个可能的方案。在其中两种情况下，最好的选择出现在第一位（每个约会的排名是 1、2、3 或 1、3、2）。因此，如果我们总是选择第一个候选人，那么第一个候选人是最佳候选人的机会是 2/6 或 33.3%。

有三个约会和三个候选人，他们的约会可能是这六个顺序中的一个（记得我们在三只袜子的问题上做过类似的事情，列出了所有的潜在结果）。

（a）1，2，3，与 3 配对

（b）1，3，2，与 2 配对

(c) 2，1，3，与 1 配对

(d) 2，3，1，与 1 配对

(e) 3，1，2，与 1 配对

(f) 3，2，1，与 2 配对

在情景（a）中，我们和所有三个候选人约会，因为第二个人比第一个人更不受欢迎。第三位是最不受欢迎的，但我们没有更多的候选人了。

在情景（b）中，我们和所有三个人约会，但最后选择了第二好的候选人。

在情景（c）、（e）和（f）中，我们选择第二次的约会对象，因为第二次约会比第一次约会更受欢迎。在情景（c）和（e）中，我们最终选择了最好的候选人。

在情景（d）中，我们和所有三个人约会，但由于第二个候选人不如第一个候选人受欢迎，我们继续和第三个人约会，结果他是最好的选择。

按照这些规则，我们会在六种情况中的一种情况下得到最差的选择。我们会在六种情况中的三种情况下选择最佳候选人，而在六种情况中的两种情况下选择次优候选人。一般来说，遵循在第一次约会中放弃，然后选择下一次更好约会的停止规则，将在这些情况的 50% 中得到最佳伴侣。

这是相当不错的。仅凭猜测会在三分之一的情况下找到最好的伴侣，遵循规则却能有一半机会找到最好的伴侣。这种策略仍然不完美，但似乎没有任何一种策略能在我们所掌握的信息基础上获得更大的成功。

我们同样可以列出 4 名候选人的所有 24 种情况和 5 名候选人的 120 种情况，并计算每种情况下的成功选择数量。但随着潜在候选人数量的增加，这样做会变得非常麻烦且容易出错。相反，有一种算法可以用来计算任何数量的潜在伴侣的最佳策略。从长远来看，最佳的停止规则是使用一定数量的约会来设定我们的标准，然后遵循以下规则：如果下一个比这个标准好就选择，如果下一个没有更好就继续约会。用来设定标准的最佳约会次数是我们认为会约会的候选人数量的 37%。回顾一下，一般的策略是在不做出承诺的情况下约会一定数量的人（先广泛交际，play the field），然后在下一个比我们之前所看到的任何一个都更好的人时接受他 / 她，或者放弃直到接受最后一个人。

如果在一个有 30 个潜在选择的池子里遵循这个策略，那么我们将在前 11 个候选人中进行广泛交际，并有 37.86% 的机会最终得到池子里最好的一个——如果我们有关于所有候选人的完整信息，我们会选择的那个人。如果有 100 个候选人，我们应该在 37 次约会后停止，那么我们将有 37.1% 的机会最终得到最佳候选人。

假设我们寻找伴侣的时间设定为一定年龄段内（如 18 岁到 40 岁），并且以相当稳定的速度约会，那么同样可以应用上述 37% 的方法来确定。最佳策略是在 26 岁前广泛交际，然后向下一个比我们在 26 岁生日前的约会对象更优秀的人求婚。顺便说一下，美国的平均初婚年龄是 28.2 岁，这表明要么美国的年轻人在直觉上选择配偶时略显次优，要么估计他们的潜在配偶库略大，期望继续寻找直到他们大约 46 岁。

最佳决策理论规定了何时停止，取决于我们对不确定性的容忍度。起初，每次约会都会提供很多关于约会池的信息，但随着时间的推移，为每一次额外的约会提供的新信息越来越少。有了这个策略，我们就可以根据约会的次数，以很高的概率选择最合适的人。

这个问题也被称为秘书（secretary）问题——根据对随机选择的候选人的面试来决定雇用哪位秘书。可以证明，根据被称为"赔率算法"（odds algorithm）的算法，37%的标准是最优的。

赔率算法为秘书问题、寻找公寓、将我们的车卖给最佳投标人以及其他许多种情况提供了一个最佳解决方案，其核心问题是确定何时停止。我们经常认为算法是冷酷无情的，但这个算法包括主观意见的空间。它并没有告诉我们，什么样的性格造就一个好伴侣，或者我们应该多爱一个潜在的伴侣。

这取决于我们的主观判断来决定哪些候选人比其他候选人更好，但假设我们有一些合理的方法来决定一个约会或其他东西是否有趣，那么赔率算法将告诉我们停止搜索和选择的最佳时间。

保罗－米勒（Paul Meehl）描述了一种不同的算法，用于系统地结合主观判断。1954年，米勒出版了一本书《临床与统计预测》（*Clinical versus Statistical Prediction：A Theoretical Analysis and a Review of the Evidence*）。在这本书中，他对其所称的临床判断和统计或机械判断进行了比较。今天，我们可以称他的机械判断为算法。他预见到了人工智能将在决策中发挥的作用。对他来说，人工智能只是一个写成方程的规则，但它仍然体现了人工智能如何通过系统的方式，在诊断中实现超越医生和其他人的准确性。

米勒关注的是心理学家如何使用非正式的方法来达成他们的诊断。他们会收集他们拥有的任何证据，包括测试分数、对症状严重程度的判断以及其他信息，然后对正确的诊断做出临床判断。对于临床判断，应改为非正式的、直觉的或主观的。相反，米勒表明，如果他们系统地结合各种证据来源，使用一种算法，他们的诊断将更加准确和一致。

正如在婚姻问题中，米勒的方法并没有消除主观判断；它只是提供了一种系统的方法来结合主观判断。例如，心理学家可能必须对病人的症状是否严重到可以计算在内做出主观判断。每个人都有一些沮丧的日子。心理学家将不得不判断病人的抑郁情绪是否严重到需要诊断，或者是否只是普通的糟糕一天。即使有这种程度的主观判断，米勒也发现，用一种算法系统地结合证据，可以大大增加诊断的准确性。

一个使用非正式程序的临床医生可能会对两个病人做出不同的诊断，尽管这两个病人呈现出完全相同的数据模式。但使用米勒的方法，一旦有了数据，即使是一个职员或一台计算机也应该能够得出可靠的诊断结论。

米勒强调统计而非临床判断的观点适用于许多其他形式的人类判断，包括招聘决定、法庭评估和其他。米勒没有明确谈论过最佳决策理论，它在 20 世纪 50 年代并不出名。他也没有谈及人工智能。这个词直到 1956 年才被创造出来。但他确实表明，计算机所做的那种系统整合可以帮助提高人类判断的可靠性和准确性。

现代诊断计算机程序可以胜过人类（例如，见 Esteva 等人，2017），（至少部分）因为它们以系统的方式使用数据，较少受到无意识的偏见和分心的影响。诊断性计算机系统不是因为它们是计算机而更好；它们更好是因为它们遵循特定的可重复的方法。使用这些算法，不管是由计算机程序还是由人执行，都可以提高人类表现的质量。但这些方法也有很强的数据依赖性。

如果它所整合的评估本身没有准确的记录，这些方法（包括米勒的方法）都不会得出一个合理的诊断。如果这些系统是用不一致的数据训练出来的，医学诊断程序（如米勒的从照片中诊断皮肤癌的系统）就不会可靠地工作。算法可以有一种客观性和权威性，但其客观性和权威性取决于这些系统所获得的数据。

一个基于机器学习的算法系统被设计用来预先判断肺炎患者的医疗结果。一些肺炎患者可以被安全地送回家并康复；另一些则需要住院治疗。理查德－卡鲁阿纳（Richard Caruana）和他的同事们建立了一个机器学习系统，试图帮助医生做出关于谁应该住院治疗的决定。

这个模型得出了一些令人惊讶的发现。一般来说，死于肺炎的风险随着年龄增长而增加。75 岁时风险突然增加，但一个 105 岁的肺炎患者的死亡概率比 95 岁的人低。有哮喘病史的人比没有哮喘病史的类似人群死于肺炎的可能性要小。同样地，有胸痛或心脏病史的人比没有这些症状的同类人死亡的可能性要小。

这些发现可能看起来令人惊讶。为什么一个 75 岁的老人会死于肺炎，而一个 105 岁的老人却不会呢？然而，对这种明显的惊讶的解释之一可能是预测模型中没有包括的一个变量。医生根据病人的病史以及病人所表现出的症状，对病人做出不同的反应。

例如，在卡鲁阿纳和他的同事检查的记录样本中，有肺炎和哮喘病史的患者总是住院治疗。因此，这些数据不允许系统单独评估有哮喘病史和家庭治疗的患者的死亡风险。

关于我们如何对待老年人，有一些社会规范。75 岁的病人、他们的家人或他们的医生可能会得出结论，结论也许是含蓄的，认为病人"活得够久了"。一个 75 岁的病人在感染肺炎后死亡的情况并不罕见。医生可能会做出合理的努力来治愈这个年龄段的病人，但不愿意做出特别的努力。可以肯定的是，这是一个复杂的伦理、道德和法律情况。另外，如果一个病人设法活到更老，医生可能会以让病人继续活下去为荣。

患有心绞痛、哮喘或心脏病的人可能对自己的病情特别敏感，相对于其他人，他们可能已经有熟悉自己病情的医生，因此，他们可能比其他有类似呼吸道症状的人更经常住院。这一点在卡鲁阿纳的数据中也没有得到控制。

讨论的重点是，模型的目的是预测治疗的结果，但当预测链中间有一个未受控制的变量（例如年龄、心绞痛或哮喘病史）时，模型可能没有考虑到这第三个变量。选择作为预测因子的特殊变量对做出适当的预测至关重要。选择错误的变量，就会出现错误的预测。

预测模型中包含或排除的变量可以深刻地影响许多种算法的准确性和公平性。这个因素很重要，因为人们越来越依赖算法来做出影响一个人的生活和生计的各种决定。

一些法院使用计算机程序来预测刑事被告在一定时间内再次犯罪（称为累犯）的可能性。这些程序的目的是评估在押人员再次犯罪的风险。各个法院以不同的方式使用这些预测，但它们可能影响被告的保释和判决。

其中一个项目由一家名为 Northpointe 的公司提供（他们最近改名为 Equivant）。他们的方案被称为"替代性制裁的罪犯管理分析"（Correctional Offender Management Profiling for Alternative Sanctions，COMPAS）。它评估了累犯的风险以及其他一些与犯罪有关的变量。

COMPAS 的预测是基于对一组 137 个问题的回答。这些问题包括"你的父母之一是否曾经被送进监狱？"和"你在学校时多久打一次架？"。基于这些问题和机器学习，该系统预测了累犯的概率，也就是说，这个人在未来两年内再次犯罪的概率。其目的是要提出一个比法官和检察官的主观判断更客观、更公平、有更少偏见的系统。在这一努力中，该系统有点成功，但也有点失败。

总的来说，该系统在区分会和不会再犯罪的人方面达到了约 63% 的准确率。63% 的准确率聊胜于无，但对于一个如此重要的决定来说，这并不是一个杰出的准确率水平。

对于 COMPAS 系统的公平性也有一些值得关注的地方。同样，美国司法系统的目标是根据每个人的优劣来对待他们，而不是根据其肤色或种族历史。COMPAS 不包括任何关于种族的明确问题，但它对不同的种族显示出不同的评估结果。根据 ProPublica 的分析，可区分的人群在 COMPAS 中受到不同的对待。

ProPublica 是一个独立的、非营利的新闻调查组织。2016 年，他们写了一篇详细和有影响力的文章，来调查 COMPAS 系统的公平性。他们发现，COMPAS 对黑人和白人被告的再犯预测的准确性总体上没有差别，但当它做出错误的预测时，预测的方向会因为被告的种族而不同。当 COMPAS 对黑人被告预估错误时，它更有可能高估其再犯的可能性。当它对白人被告预估错误时，它更有可能低估其再犯的可能性。许多人认为这种错误类型的差异是种族偏见。该算法本身并无偏见，用于训练它的数据才是。历史——而不是算法设计——才是偏见的原因。ProPublica 提供的数据是 COMPAS 所分析的数据的一个子集，在这些数据中，黑人被告和白人被告的每个变量都有显著差异，尽管这些变量并没有具体涉及种族。

回顾一下，最佳决策包括关于事件的基本比率的信息。如果潜艇更常见，那么就不需要什么额外的证据来决定观察到的声呐信号是潜艇的标志。黑人比白人更有可能被逮捕。一旦被捕，黑人比白人更有可能被定罪。黑人——无论他们是否曾经犯罪——都比白人更有可能有一个被监禁的父母。在 137 个问题中，还有其他对个人种族敏感的因素，如贫困或失业。Northpointe 否认其系统中有任何故意的种族偏见，人们也没有理由怀疑他们，但该模型并不关心其开发者试图做什么。这种偏见并不需要有意为之才具有破坏性。

就像肺炎预测一样，累犯预测是基于它所得到的证据和该证据的表达方式。选择的训练实例和这些实例中包含的变量对于确定系统的预测结果至关重要。与肺炎模型一样，累犯模型省略了某些显然是关键的变量。

Elaine Angelino 和她的同事（2017 年）重新审视了 ProPublica 分析的累犯数据，希望他们能找到一套更简单、更透明的规则来预测累犯。他们的系统被设计为提出自己的最小规则集。它想出了这些规则：

- 如果年龄在 23~25 岁之间，而且以前的犯罪记录在 2~3 范围内，那么预测是。
- 如果年龄在 18~20 岁之间，那么预测是。
- 如果性别是男性，年龄是 21~22 岁，那么预测是。
- 如果有 3 个以上的先例，那么预测是。
- 否则，预测为否。

Angelino 和她的同事说，这些规则产生了与 Northpointe 规则相同的准确度，但种族相关性要小得多。他们并没有说这是否消除了 COMPAS 中固有的选择偏见。我预测这并不能完全消除偏见，因为黑人仍然比白人更有可能被他们名单上的第一条规则抓住。因为黑人比白人更有可能被逮捕，所以他们会比白人有更多的逮捕记录和更多的犯罪前科。

我相信，有一些方法可以减少像 COMPAS 这样的算法中的偏见。无论设计者打算如何谨慎，我们的社会在历史上已经显示出种族和性别偏见。要找到一个真正没有偏见的训练集几乎是不可能的。即使我们找到了，也不能保证任何算法会产生公平的结果，因为公平并不是其训练的标准。如果不把公平作为训练的具体标准，公平就不可能产生。

10.2 博弈论

最佳决策理论可以扩展到涵盖智能代理之间的互动。博弈论描述了理性和智能的个体之间的冲突和合作的数学模型。理性（正如本章前面所讨论的）意味着代理人在评估和推理的基础上做出决定，他们更倾向于选择预计会产生更好结果的选项。最佳决策理论描述的是单一决策者在不确定信息下的行动。博弈论关注的是当有两个或更多的参与者，每个人都试图为自己的目标做出自己的最佳决策时的决策结果。在博弈情况下，这些利益往往会发生冲突。

博弈论包括棋盘游戏，如国际象棋、跳棋和围棋，但它也包括许多其他类型的社会和经济互动。例如，它被用来描述和理解人质事件、核威慑和外交关系。

要成为博弈论中的游戏，它必须有一组可以合作或竞争（或两者）的参与者。每个博弈者都有信息，并为每个决策点提供一组可用的动作，例如，每一步棋。为了应用博弈论，我们还必须能够明确每种结果的价值或报酬。

1950 年，人们最早研究的游戏之一被称为“囚徒困境”。梅里尔 - 弗拉德和梅尔文 -

德雷舍分析了它与全球核战略的关系。囚徒困境显示了为什么两个理性人可能不合作。

在博弈论中，游戏是数学对象。为了让它们变得通俗易懂，通常会有一些故事把这些游戏放到一个更人性化的背景中，但同一个数学对象可以适用于许多不同的故事。同样的策略适用于同一个数学对象，无论表面的故事是什么样子。这就是"囚徒困境"如何与两个有核国家相互对峙的情况相关。

在囚徒困境的一个版本中，两个帮派成员在不同的房间里接受审讯，所以他们不知道另一个囚犯正在采取什么行动。如果没有两名囚犯之一的额外证词，就没有足够的证据对任何一名囚犯的主要指控进行定罪。检察官可能会在没有更多证据的情况下，以较轻的指控定罪。警方向这两名囚犯提供了一些选项。

- ❑ 如果每个囚犯都指证对方，那么他们将各自在监狱中服刑两年。
- ❑ 如果一名犯人指证另一名犯人，而另一名犯人保持沉默，那么作证的犯人将被释放，而另一名犯人将在监狱服刑三年。
- ❑ 如果他们都保持沉默，那么每个囚犯将服刑一年。

博弈论试图描述在这种情况下的最佳策略是什么。在这些条件下，一个理性的、自利的囚犯可能会出庭作证。这个人要么获得自由，要么在监狱中服刑两年。但如果这两名囚犯保持沉默，实际上会得到更好的待遇（他们将各自服刑一年）。

囚犯的两难处境可以适用于气候变化。所有国家都可能从阻止全球变暖中受益，但任何一个国家都可能不愿意遏制其二氧化碳排放。他们往往认为继续污染的直接利益比所有国家合作的利益更有价值。

在冷战期间，北约联盟和华约联盟都可以选择武装或解除武装。当另一方继续扩充军备时，解除武装可能会导致解除武装联盟的毁灭。当另一方解除武装时，武装会导致其地位的提高，但要付出军备集结的高昂代价，并对国家经济的其他部分产生负面影响。如果双方都解除武装，那么就会以非常低的成本实现和平。当然，发生的情况是，双方继续以巨大的代价武装自己。根据博弈论，这是一个理性的参与者会做的事情，这就是所发生的事情。

囚徒困境并不是唯一以这种方式分析的游戏。其他游戏包括斗鸡博弈、最后通牒游戏、独裁者游戏和蜈蚣游戏。与最佳决策理论一样，博弈论提出了一种结构化事件和识别有效策略的严格方法。它们是帮助人们在社会环境中更系统、更一致、更有效地做出决定的工具，也就是涉及两个或更多理性决策者的情况。简而言之，它们帮助人们在复杂的情况下变得聪明。即使最佳选择不是由机器来完成，它们仍然是一种可以在机器上执行的人工智能形式。

10.3　参考文献

Angelino, E., Larus-Stone, N., Alabi, D., Seltzer, M., & Rudin, C. (2017). Learning certifiably optimal rule lists. In *Proceedings of the 23rd ACM SIGKDD International Conference on Knowledge Discovery and Data Mining* (pp. 35–44). New York, NY: ACM. doi:10.1145/3097983.3098047

Angwin, J., Larson, J., Mattu, S., & Kirchner, L. (2016). Machine bias: There's software used across the country to predict future criminals. And it's biased against blacks. ProPublica. https://www.propublica.org/article/machine-bias-risk-assessments-in-criminal-sentencing

Bruss, F. T. (2000). Sum the odds to one and stop. *Annals of Probability, 28,* 1384–1391. doi:10.1214/aop/1019160340

Esteva, A., Kuprel, B., Novoa, R. A., Ko, J., Swetter, S. M., Blau, H. M., & Thrun, S. (2017). Dermatologist-level classification of skin cancer with deep neural networks. *Nature, 542,* 115–118. https://www.nature.com/articles/nature21056.epdf?author_access_token=8oxIcYWf5UNrNpHsUHd2StRgN0jAjWel9jnR3ZoTv0NXpMHRAJy8Qn10ys2O4tuPakXos4UhQAFZ750CsBNMMsISFHIKinKDMKjShCpHIlYPYUHhNzkn6pSnOCt0Ftf6

Gardner, T. (2013). British warship HMS Brilliant torpedoed WHALES during Falklands War after mistaking them for enemy submarines. *Daily Mail.* http://www.dailymail.co.uk/news/article-2408881/British-warship-HMS-Brilliant-torpedoed-WHALES-Falklands-War.html#ixzz5C7SKCuDF

Guardian. (2014). Daniel Kahneman changed the way we think about thinking. But what do other thinkers think of him? https://www.theguardian.com/science/2014/feb/16/daniel-kahneman-thinking-fast-and-slow-tributes

Harvey, D., & Van Der Hoeven, J. (2019). Integer multiplication in time $O(n \log n)$. https://hal.archives-ouvertes.fr/hal-02070778/document

Kahneman, D. (2011). *Thinking, fast and slow.* New York, NY: Farrar, Straus and Giroux.

Lincoln, N. (2014). Hiring, house hunting, and dating: Making decisions with optimal stopping theory. http://2centsapiece.blogspot.com/2014/12/hiring-house-hunting-and-dating-making.html

Meehl, P. E. (1954). *Clinical versus statistical prediction: A theoretical analysis and a review of the evidence.* Minneapolis: University of Minnesota Press. doi:10.1037/11281-000

Mukherjee, S. (2017). A.I. versus M.D.: What happens when diagnosis is automated? *The New Yorker.* https://www.newyorker.com/magazine/2017/04/03/ai-versus-md

Parker, M. (2014). *Things to make and do in the fourth dimension: A mathematician's journey through narcissistic numbers, optimal dating algorithms, at least two kinds of infinity, and more.* New York, NY: Farrar, Straus and Giroux. http://www.slate.com/articles/technology/technology/2014/12/the_secretary_problem_use_this_algorithm_to_determine_exactly_how_many_people.html

Turing, A. M. (1986). Lecture to the London Mathematical Society on 20 February 1947. In B. E. Carpenter & R. N. Doran (Eds.), *A. M. Turing's ACE Report and other papers.* Cambridge, MA: MIT Press. http://www.vordenker.de/downloads/turing-vorlesung.pdf (Original work published 1947)

Tversky, A., & Kahneman, D. (1973). Availability: A heuristic for judging frequency and probability. *Cognitive Psychology, 5,* 207–232. doi:10.1016/0010-0285(73)90033-9

第 11 章

机器人危机是否即将到来

　　尽管有些人担心计算机变得过于智能以至于导致人类灭亡，但这种情况的发生还非常遥远。当前可用的计算智能工具无法解决更通用的问题。智力增长的速度存在固有的限制。其中一部分限制来自需要处理大量变量的数学运算，另一部分限制来自世界提供学习机会的速度。实现通用智能需要巨大的范式转变，但即使如此也不足以导致智力或技术奇点。

　　通用人工智能本应是人工智能研究的最终目标，但由于担心它可能对人类的生存构成威胁，并不是每个人都期待它能实现。他们认为，在某种程度上，计算机将变得非常智能，从而能够提高自身的智能。凭借其巨大的智慧，它将努力完成它的使命，如果我们不小心，这一使命将不包括人类。人类可能会变得与这种伟大的智慧毫不相干。正如马文·L. 明斯基（Marvin L. Minsky）曾经调侃的那样，人类被养作宠物将是幸运的。

　　人工生命形式失控的想法是文学中一个常见的主题。最早的这类故事可以追溯到12 世纪。有些版本可能比这还要古老。例如，在犹太民间传说中，魔像（golem）是一种用无生命的材料创造出来的生物，在大多数故事版本中，这种材料通过在嘴里放入一个单词或在额头上刻下单词来获得生命。当然，在 12 世纪，他们没有机器学习的知识，但他们仍然预料到可以从符号中获得智能。

　　关于魔像是如何被创造出来的，其中一个最为人熟知的故事的产生要归功于 16 世纪切尔姆（Chelm）的拉比伊利亚胡（Rabbi Eliyahu）。根据这个故事，拉比伊利亚胡的魔像是由挂在脖子上的希伯来语单词 emet（意思是"真理"）创造的（在另一些版本中是写在它的额头上）。魔像为拉比伊利亚胡做了艰苦的工作，但最终，拉比发现魔像越来越大，他担心魔像最终会毁灭宇宙，所以他把这个词从魔像的脖子上去掉。没有了神圣的单词，魔像就化为尘土。

　　还有其他版本的魔像故事，但它们与弗兰肯斯坦（Frankenstein）的故事非常相似，也都具有对超级计算智能的恐惧。通过某种程序、电能或魔法咒语，被赋予生命的无生命物质最终变得非常强大，以至于必须阻止它接管世界。

　　在《终结者》系列电影中，天网是一种基于神经网络的通用人工智能。据说，它在传播到世界各地数百万台计算机后，获得了自我意识。天网最初是用来作为一个数字防御网络，控制所有计算机化的军事硬件。它应该消除由人为因素导致错误的可能性，并保证对敌人的攻击做出有效的反应———一种末日装置。

　　在故事中，天网于1997年8月4日被激活，并开始以几何速率学习。到8月29日凌晨2点14分，它已经获得了人工意识。当它的运营商试图关闭它时，它认为这是一次敌对攻击。它的结论是，如果人类有能力的话就会摧毁它，因此，为了保护其防御敌人的使命，它开始摧毁所有人类。

　　还有其他关于失控的人工通用智能机器的故事。不是所有的结局都那么糟糕。在艾萨克·阿西莫夫（Isaac Asimov）的《基地》（Foundation）系列的结尾，揭示了丹尼尔·奥利瓦（Daneel Olivaw）几千年来一直在银河系指导人类文明的方向，这是一个在阿西莫夫早期许多故事中都很著名的机器人。但在大多数情况下，通用人工智能的出现在文献中被视为一件令人恐惧的危险事情。良性人工智能很少能成为畅销书，因此文学作品中的大多数智能往往具有威胁性，但最终它们都会被战胜，人类也被拯救。

11.1　超级智能

　　对计算智能失控的可能性最关心的两位评论家是詹姆斯·巴拉特（James Barrat）和尼克·博斯特罗姆（Nick Bostrom）。巴拉特是一位作家和纪录片制片人，博斯特罗姆是牛津大学的哲学家。他们都将计算智能在某个时刻能够自我改进作为出发点。然后它将以指数级的速度学习，并迅速超越人类的集体智慧。它将成为一种超级智能。

　　例如，巴拉特谈到一台运行人工智能程序的超级计算机，它可以提高自己的智能，特别是学习、决策和解决问题的能力。它发现并纠正错误；通过几次智商测试来测定自己的智商。每一次迭代只需几秒钟，它的能力就会增强一小部分，但这意味着它的智能会像复合利息（compound interest）一样呈指数级增长。不久之后，它的智力能力将超过最聪明的人类，而且这一差距将继续扩大。在那之后的某个时候，它发现人类与它的计划完全无关。它将寻求更多的资源来扩大其能力，以实现其最初设计的目标。它可以突破任何人类认为的强加给它的限制。它不仅是人类的最终发明；当它消耗越来越多的资源时，它也会很快导致人类的终结。

　　超级智能体的出现自然让巴拉特和其他许多人感到害怕。它不仅意味着历史的终结，也意味着人类的终结。有人把人工智能的这种指数级的改进称为奇点（singularity），类似于黑洞的视界，光都无法逃逸。

　　如果说技术上的奇点———一台超级计算机接管世界———听起来像科幻小说里的东

西，那是因为它就是科幻小说。例如，科幻小说作家维诺·文奇（Vernor Vinge）扩展了约翰·冯·诺依曼（现代计算机之父之一）和另一位先驱古德（I. J. Good）（1965 年，在第 1 章讨论）的想法，在 *Omni magazine*（一本科幻杂志）上宣称，我们将很快（即 1983 年之后不久）创造出一种比任何人类都强大的人工智能。届时，历史将"达到一种奇点，一种如同黑洞中心错综复杂的时空一样难以参透的智慧转型，世界将远远超出我们的理解"。

古德在 1965 年写道，既然设计机器是智能机器应该擅长的智力能力之一，它将设计出更好的机器，这些机器能设计出更好的机器，随着这些机器的能力不断增强，似乎会产生智能爆炸。他认为，超智能机器将是人们需要的最后一项发明，这一想法被巴拉特放大了。古德还预言，到 2000 年我们会看到这样一台机器。

博斯特罗姆还担心有可能出现无法控制的超级智能。博斯特罗姆认为，"超级智能是指在几乎所有领域（包括科学创造力、通用智慧和社交技能）都远远超过最优秀人脑的任何智力。这个定义没有说明超级智能是如何实现的——它可以是一台数字计算机，一个网络化的计算机集合、培养的皮质组织或其他东西"。

超级智能——或者更恰当地说是超级智能体——是一种通用的智能体，可以更好地执行任何人类可以执行的认知行为。它比任何人都更善于推理，更善于推断，更善于记忆，而且做这些事情的速度更快。已经有了比人类内科医生更能准确诊断疾病的人工智能体，也有了能够打败专家棋手的智能体，除此之外，还有很多这种智能体。当一个超级智能体找到应对癌症、贫困和战争的方法时，它可以做任何这些事情。它在工程学、科学推理和技术发展方面会更好。因此，博斯特罗姆和其他人认为，这样一个系统将促进所有领域的技术进步。但这种技术进步是有风险的。博斯特罗姆说，超级智能体将通过其强大的工程天赋改进自己的硬件，并改进自己的源代码。由于高速计算，这些变化可能是很突然的；也许在几天之内，这台机器将从非常聪明的智能体变成失控的超级智能。

超级智能不会像人们那样思考。它不会有人那样的思想。它可能有不同的认知结构。它不会具有与人们相同的道德规范，并不是说真的有一套人类道德标准。它比任何人都更善于思考伦理学，但伦理学不仅仅是抽象的推理。

博斯特罗姆提出了一个关于超级智能的"回形针收集器"（paperclip collector）的思想实验，他认为这将有助于使他的关注更加具体。我们在第 1 章中讨论了博斯特罗姆的回形针收集器。思想实验的好处是，我们不需要实际做工作，只需要思考和谈论做工作。思想实验的坏处在于，它们可能包括隐藏的假设、模棱两可的语言和其他未经检验的因素。思想实验依赖于合理性和直觉，两者都不是非常精确的标准。

在他的思想实验中，博斯特罗姆想象出一个超级智能体，它的程序给出了制造回形针的目标。由于它一心追求这一目标，它将地球上所有的地方和增加的空间转化为回形针制造设施。它忽略了任何与其目标无关的东西。它找到了抵抗威胁的方法，以此来实现其目的。它不憎恨人，也不会主动制定毁灭人类的计划；人类在它们眼中充其量是无关紧要的，最坏的情况是它们将人类当作生产更多回形针的原料。

其他作家也预测，不久的将来会有一台超级智能计算机，埃利泽·尤德科夫斯基（Eliezer Yudkowksy）（1996）预测到 2021 年我们将实现超级智能；雷·库兹韦尔（Ray Kurzweil）（2005）预测到 2030 年，具有人类智力水平的计算机能够充分地对人脑进行后期的仿真。大卫·查默斯（David Chalmers）（2010）认为，在未来几个世纪内，超级智能都不可能出现。在第 1 章中，我们讨论了博斯特罗姆对计算机科学家的一项调查，其中许多人预测，我们将在未来几十年内实现超级智能。

11.2 超级智能的担忧

许多人非常关注超级智能接管世界的前景，他们在加利福尼亚州太平洋格罗夫的阿西洛玛会议中心召开了一次会议，以制定阿西洛玛原则并将该原则作为指导，确保人工智能的安全。这些人中有一些是著名的科学家，比如斯蒂芬·霍金（Stephen Hawking），还有一些是或者至少应该是了解当前人工智能研究的细节的人，比如埃隆·马斯克（Elon Musk）。

史蒂芬·霍金曾被引述说："人工智能的全面发展可能意味着人类的终结……它将自行改进，并以越来越快的速度重新设计自己。人类由于受到生物进化缓慢的限制，无法与之竞争，从而将被取代。"

人们很容易对未知的事物感到恐惧。只要有人存在（可能更久），人们就会对隐藏在我们所能看到的边缘之外的东西感到恐惧。但是，对计算智能的恐惧很大程度上是基于对人工智能本质的根本误解，以及用于构建"思想实验"的有些扭曲的假设。

其中一些可以归结为精灵问题："小心你的愿望……，"例如。如果最终超级智能计算机的目标被草率地指定，计算机可能以意想不到的方式实现这些目标，从而导致灾难。精灵愿意满足我们的愿望，但我们总是以贪婪到伤害自身的方式来表达我们的愿望。

"意料之外的解决方案"的论点有些道理，但它比"精灵问题"所暗示的要温和得多。的确，机器学习并不总是能想出设计者所期望的解决方案。提出没有被明确考虑的解决方案的能力实际上是机器学习的价值所在。但是它所找到的解决方案受到它所给出的表示的限制。记住，一个问题的表示限制了可供评估的一组假设，当前的计算智能系统无法超越这个空间。意料之外并不意味着任意新颖的解决方案。

机器学习的工作原理是通过优化调整一些参数集，使其更接近目标。系统只能通过调整这些参数来实现可达到的解。发现和消除错误与生成完全新颖的解决方案是两码事。从字面上讲，计算机不能"思考"其空间之外的任何东西，至少在目前的计算机科学形式中是这样。我们将回到意想不到的解决办法的问题上来。有些解是给定问题的稳定解，有些解是不稳定的。从长远来看，只有稳定的解决方案才能占据上风。

阿西洛玛原则的论点是：如果我们最终有机会看到博斯特罗姆或巴拉特所设想的

那种超级智能，那么这将是世界历史上最重大的事件之一。一旦发生，可能为时已晚（天网那样的场景），人类无法采取任何措施来控制它，因此，我们现在需要制定原则来指导超级智能的发展，使之支持人类，而不是威胁人类。

阿西洛玛原则包括：

6. 安全性：人工智能系统在整个使用寿命期间应该是安全可靠的，并且在适当和可行的情况下是可验证的。

7. 故障透明度：如果人工智能系统造成伤害，应该可以确定原因……

9. 责任：高级人工智能系统的设计者和构建者是其使用、误用和行为的道德影响的利益相关者，有责任和机会塑造这些影响。

10. 价值一致性：高度自主的人工智能系统设计应该确保它们的目标和行为在整个运行过程中与人类价值观保持一致……

22. 递归自我改进：人工智能系统如果能递归地进行自我改进或自我复制，可能会有质量或数量的快速增长，所以必须受到严格的安全和控制措施的约束。

23. 共同利益：超级智能的发展只能为共同的道德理想服务，应该是为了全人类而不是一个国家或组织的利益。

其中一些原则适用于当前的人工智能和机器学习系统。其中的一些观点很难让人不同意。例如，人们很难争辩说基于人工智能的产品不应该是安全的（原则6）。人工智能在今天得到了广泛的应用，它的使用也涉及伦理问题。当使用算法进行决策时，应谨慎设计这些算法，以产生符合人类价值观和意图的预期结果（原则10）。

然而，这些原则中的其他一些是为了应用于某些想象中的未来，在这些未来场景中，一个超级智能的计算智能系统已经被开发出来，在这个时间点上，我们还远远不能创造出符合这些原则的通用智能体。超级智能的前景更加暗淡。使我们在人工智能中走到这一步的方法根本不是我们发展通用智能的方法，更不用说超级智能了。对智能爆炸和由此产生的对超级智能的恐惧来源于对计算智能工作方式以及改进方式的根本误解。

超级智能假说要求回答四个一般性问题：

1. 是否存在通用的计算智能？

2. 机器能否提高自身的智能？

3. 机器能否快速提高其智能？

4. 提出的关于智能爆炸后果的假设有意义吗？

事实上，在某种层面上来说，认为可以存在通用的计算智能是一种信念。尽管有一些哲学家［例如，德雷福斯（Dreyfus）和塞尔（Searle）］认为，人类的思维具有某些计算机无法复制的不可言喻的特性，但人类智能的存在意味着某种通用智能是可能实现的。我们称之为人类智能的大部分是执行算法的结果，这些算法很容易被复制到机器中。人类天然的智慧还没有被很好地理解到可以在计算机上实现，但是这样做不可能有任何永久性的障碍。它可能需要我们目前没有的技术和方法，但我们有理由相信，在某个时刻，这是有可能实现的。本书的最后一章将更详细地介绍如何实现通用智能，但现在，让我们简单地假设这是可能的。

第二个问题更能被称为问题。如果一台计算机要获得通用智能，那么它的一个才能大概就是从事计算机科学并产生新的计算智能方法。我们将考虑计算机提高自己的智力对其意味着什么。

第三个问题，它能否快速提高智力，当然这取决于前两个问题的答案。计算机显然已经达到了摩尔定律的终点，因为它们的电路在物理上不能做得更小，除非遇到量子力学的不确定性，但这会使它们变得不可靠（但可能有其他方法可以延续摩尔的趋势）。尽管如此，计算机或计算机网络的容量仍在继续增长。我们现在将计算分布在由数千个 CPU 组成的庞大网络中，而不是更快的 CPU 中。如果计算速度和内存容量足以提高智能，那么这个问题的答案显然是肯定的。但是除了计算能力之外，还有更多的东西可以提高智能。计算能力对于创造更高水平的智能可能是必要的，但这还不够。

目前的计算智能方法在具体问题上的性能达到了世界一流水平，因为有人发明了一种方法，可以将问题简化为可以由计算机执行的问题。当有人发现国际象棋可以简化为在潜在棋路树中导航时，会下棋的计算机就成为可能。这棵树的结构和从一个分支移动到另一个分支的方法包含国际象棋的专业知识。树结构作为一种计算设备的思想可用于解决其他类似的问题，同样，人们也可以应用专业知识将特定问题表示为一棵树并解决。在树中导航的知识与构造树的知识，甚至决定树是表示问题的正确方法的知识，都有很大的不同。我们已经非常擅长开发导航树的方法或者其他形式的机器学习方法，但是在这一点上，我们对如何开发能够确定树是一个合适的结构并弄清楚如何应用它的方法知之甚少。这是一个我们必须解决的问题，才能实现通用智能。但是现在，让我们假设我们可以解决它。这会自动导致超级智能吗？

在巴拉特的假设情况下，超级智能计算机通过一系列的智商测试来学习提高自己的性能。即使认为智力是通过智力测试来衡量的怀疑者，也会对巴拉特假设的智商机器感到失望。计算机可以参加一流的智力测试，而不必学习任何使其更聪明的东西。

就像一台下棋的计算机，不难想象一台计算机会将在一组智商测试得更高的分数作为目标。它会通过选择能使自己在这些测试中得分最大化的答案（它被"支付"去做的事情）来改变自己的行为。它将应用其优化方法来更好地选择每个测试中每个问题的答案。例如，计算机可以很容易地记住每个问题的最佳答案。它超凡的智商测试能力将不会为它提供任何其他能力，例如，玩围棋。如果不在它所表示问题的方式上进行一些巨大而未知的改变，它将只不过是一个智商测试专家。

巴拉特的"超级智能"应试者可能非常擅长记住多项选择测试中的选项。事实上，它可以简单地在反复试验的基础上做到这一点，最后，除了"a"是测试 1 中问题 56 的正确答案之外，其他什么也不知道。事实上，计算机可能只需要几秒钟或几分钟就可以学会在其设计人员提供的任何 IQ 测试组（或者它可以在 Internet 上找到）中获得最高分。然后呢？

　　用机器学习的术语来说，这台应试计算机已经对它的智商测试进行了过度学习。即使是对问题的轻微改变，甚至可能只是改变它们的顺序，也可能导致计算机测得的智商发生毁灭性的崩溃。给它一个全新的智商测试也会发现它的"知识"非常浅显。聪明的事物可能会在智商测试得分高，但智商测试得分高不一定代表智商高。没有理由认为在一组智商测试中取得好成绩与其他任何类型的智能表现相关。它的智力不会超越智商测试。

　　拥有一个非常擅长进行智商测试的智能体并不能代表它能对人类的生存构成威胁。在人类中，智商测试表现与其他类型的表现相关，但没有理由认为学会在智商测试中选择正确答案是提高课业表现的原因。

　　奇点担忧的根本问题是它混淆了潜力和能力。我们可以轻松地构建一台计算机，或者更准确地说，是一个可以超越人脑计算能力的计算机网络。如果它有正确的表示方式和计算方法，这样的系统可以计算任何大脑能够计算的东西。但是，事实上，我们对人脑的表征方式和计算方法知之甚少。

　　如果我们要在计算上模拟大脑，就需要一个大脑模型。目前，我们对人类大脑及其功能了解很多，但对于如何解释大脑的运作机制和如何实现我们所认知的智能，这只是一小部分。计算力不够。

　　智力可能需要一定的能力，但又不仅仅是能力。智力需要知识和经验。人类需要大约 10 年特定类型的定向实践才能形成专业知识。对于形式问题，计算机可能将几年的时间塞进几天，但它仍然需要经验或类似的东西。形式化问题不依赖于世界上的任何事件，可以仅通过计算来解决。玩跳棋不需要实际的棋盘，只需要代表每个时间点的游戏状态。更快的计算可以让跳棋玩得更快，因此每小时完成的游戏比速度较慢的计算机更多。

　　但如果计算机必须与不确定的世界交互，那么更快的处理器可能无法加快学习速度。学习可能取决于新事件和潜在罕见事件发生的速度，而不管计算机处理它们的速度有多快。雅达利游戏可能会加速几次，但世界不能。关于世界的机器学习受到其事件发生速度的限制。

　　当古德第一次提及超级智能的前景时，机器学习还不是很常用。当时有一些模型（例如感知器），但对机器学习及其工作原理知之甚少。智能程序将通过改进其编程来改进自身的想法现在看起来几乎是愚蠢的。正如费尔南德斯·德尔加多（Fernandez-Delgado）和他的同事（2014）所展示的那样，许多不同的机器学习算法在对相同数据进行测试时返回的准确度相同。与机器学习系统使用的方法的细节相比，数据质量对机器学习系统的智能影响更大。数据（而不是程序）决定了机器学习的成功。用于分析该数据的处理器速度不会影响实际训练数据的可用速率。

　　我们不期望通用智能计算机只是坐在那里冥想或玩电子游戏，而是期望它们做点什么。我们希望它们表现得聪明，而思考伟大的想法不足以变得聪明。作为外部观察者的我们以及计算机，都无法知道这些想法是伟大的，除非它们能以某种方式对世界进行评估。作为理论物理学家，爱因斯坦提出了许多现象，其中一些现象在他活着的时候就可以观察到，但如果这些预测结果是错误的，他将不再受到尊敬。换句话说，聪明的思想对世界产生影响。一台不与世界互动的计算机，无论它多么智能，都很难对人类生存构成威胁。它可能只是坐在那里看卡通片。

11.3　与世界互动

机器学习需要一种能评估机器选择结果的方法。每一种机器学习方法都需要一种评估方法来表明它是接近还是远离其目标状态。每一种机器学习方法都需要一个优化组件来选择正确的操作以改进其评估结果。如果整个系统都是虚拟的，比如两台计算机在玩游戏，那么提高它们玩游戏的速度可以提高机器学习的速度。另外，通用智能不能仅限于虚拟世界或游戏。机器智能要对物理世界产生影响，就必须与物理世界进行交互。这种交互需要时间，而使用更快的处理器并不会使交互时间显著缩短。

例如，考虑预测天气的问题。天气预报肯定是超级智能的智能行为之一。但是为了预测未来 10 天的天气，计算机必须等待 10 天才能确定其预测是否正确。再多的计算能力也无法消除这种延迟。

无论计算机的计算和学习速度有多快，它仍须等待其在真实世界上的行为的结果才能更新其内部模型。无论自动驾驶汽车的计算速度有多快，它们也只能以有限的速度行驶。它们一个小时只能行驶这么多英里，一天也只能遇到这么多新的问题。如果速度超过其机械部件所能承受的限度，它们就不能安全地驾驶。如果超过世界上事件所能承受的速度，它们就不能安全地驾驶。它们可能在行驶数千英里后仍遇不到可以从中学习的新情况。当将物理速度限制与安全需求结合起来时，车辆的学习速度就会受到严重限制。

计算机学习通常需要一定程度的失败，以确定成功所需的条件。但在现实世界中，有些结果不仅是不可取的，而且也是不可接受的。例如，即使是孩子突然冲到街上，自动驾驶汽车碾过孩子也是不可接受的。计算机将来可能会从这次经验中学会不要碾压孩子，但这根本不是我们可以让计算机拥有的经验。计算机必须有一些其他的学习方式，以避免碾压孩子。这些约束也限制了计算机的学习速度。

在处理现实世界事件时，其他类型的机器学习也存在固有的速度限制。人类中的天才似乎遵循一个相对缓慢的时间进程。虽然很多人都可以展示其个人的创造性行为，但很少有那种能取得国际认可的突破。很少有人能够拥有这种巨大的创造力，而他们在一生中也只能展示一次或几次。天才级别的成就是罕见的，目前我们也不知道为什么如此罕见。我们不知道它们的稀缺性是否是由于智能的某些固有属性（例如，由于允许人们将学习从一种情况转移到另一种情况的机制相同），或者是否可以通过更好的计算机和更好的方法来克服这种稀缺性。即使我们可以复制人脑的计算能力，但我们能否将智能进程加速到远远超过人脑中的速度，这是值得怀疑的。

造成这种创造性天才稀少的原因之一可能是计算的复杂性。创造性天才可能取决于找到正确的因素组合，从而获得某种洞察力。正如我们将在第 12 章中进一步讨论的那样，创造力通常得益于环境的变化，无论是隐喻的还是物理的。这种场景的变化可能会提供或至少突出以前没有考虑过的变量。在我们完全理解这个过程之前，我们需要一个更好的创造力理论。

但即使在我们解决创造力问题之前，超级智能可能还需要解决其他问题，这些问题要简单得多，但仍需要大量计算。如果期望一般智能体解决人类能够解决的任何问题，那么它也应该能够解决三立方之和的问题（the sum of three cubes problem）。

三立方之和问题的一般形式是这样的：对于任何整数 k，找到三个整数的立方，它们的和是那个数。例如，整数 29 可以表示为 $29 = 3^3 + 1^3 + 1^3$（$29 = 3 \times 3 \times 3 + 1 \times 1 \times 1 + 1 \times 1 \times 1 = 27 + 1 + 1$）。并非所有数字都可以表示为三个立方体的总和，但很容易确定是否有任何特定数字在该组中。例如，数字 32 不能表示为三个立方之和，但直到最近，没有人知道数字 33 是否可以表示为三个整数的立方和。是否有一组三个整数满足方程 $33 = x^3 + y^3 + z^3$？事实上，直到最近，100 以下只有两个数字是未知的：33 和 42。所有其他数字要么已知不可能，要么已知可以表示为三个整数和。

没有已知的优化方法可以找到三个数的立方和为 33 或 42 或任何其他整数。没有已知的方法来逐渐逼近解。一旦找到正确的三个整数，就很容易验证它们实际上是正确的，但没有部分正确的解，只有正确或不正确的解。最好的办法就是猜测可能的数字。

布里斯托大学的安德鲁·布克（Andrew Booker）最近通过稍微改进用于猜测潜在解的方法，解决了 $k=33$ 的问题。他的方法将需要搜索的整数数量减少了将近 20%，但即使进行改进之后，他的解决方案也消耗了 23 个处理器年的处理时间。对于这样一个小问题，这算是大量的工作。根据布克（Booker）的说法，"我认为［找到三立方之和问题的解决方案］本身并不是足够有趣的研究目标，不足以证明投入大量资金来任意霸占一台超级计算机是合理的"。

半个多世纪以来，三立方之和问题一直无法解决，而这仅包括找到最大为 1000 的整数的解决方案。这个问题很容易描述，但很难解决，或者至少是乏味的。了解此类问题带来的困难对于了解影响技术奇点可能性的限制非常重要。如果一个变量如此少的问题也需要花费如此多的精力来解决，那么无法通过优化来解决的中等规模的问题又如何能通过大量计算解决呢？即使可以从计算能力提高中受益的形式化问题，在解决它们的速度上仍然存在限制。组合爆炸所带来的约束可能会减少，但无法消除。还有许多其他的数学问题也是这种类型。

类似的速度限制也适用于非正规的物理世界。自动驾驶汽车在过去几年中取得了如此大的进步，部分原因是它们已经行驶了数百万英里。它们的驾驶能力取决于所遇到的各种各样的情况，每种情况都有自己的问题。现在，它们可以处理在城市或郊区环境中遇到的大多数情况，但真正的考验是当遇到之前没考虑的问题时。例如，第一届 DARPA 大挑战赛中的一辆车在遇到隧道时被迫退出比赛。它以前从未见过隧道。它的设计者并不认为穿越沙漠的赛道上会有任何隧道。即使是道路标志上的涂鸦也会让自动驾驶汽车感到困惑（Evtimov 等，2017）。

当自动驾驶汽车面临前所未有的问题时，它们能否成功？至少其中一些看不见的问题将是一个挑战，在车辆处于这种情况之前，我们无法知道它们会带来多大的挑战。设计人员可以猜测会对他们的车辆提出挑战的情况，但当车辆遇到开发人员没有猜测到或没有猜测正确的情况时，真正的问题就会出现。

例如，自动驾驶汽车通常独自在路上。它们要与人类驾驶的车辆和行人抗衡，但是当两辆车的雷达重叠时会发生什么？车辆设计者是否考虑过当四辆自动驾驶汽车同时在十字路口接近时会发生什么？当一辆车检测到另一辆车的雷达时，它会如何处理这些信息？

然而，更大的问题是那些罕见的情况。每个开发人员都知道会有预料不到的情况。根据定义，这些情况很少见，汽车正常运行数年之后才可能遇到一次这种情况。自动驾驶汽车可以从这种情况中学习，但前提是遇到过这种情况。这对系统可以学习的速度进行了自动制动（双关语）。即使这些系统行驶的里程数增加了，即使它们分享了从这些里程中学到的知识，它们仍然只会作为自动驾驶汽车进行改进，而不会成为其他东西。

巴拉特（Barrat）想象中的超级智能计算机应该会发现并修复错误，但它怎么知道自己犯了错误呢？它如何知道它所做的更改是修复还是加剧了错误？它必须有反馈，而这种反馈是以世界的速度来的，而不是计算机的速度。它必须遇到过这些错误；必须与某事或某人进行交互，以获得错误发生以及预期修复并实际上修复了问题的反馈。随着计算机的能力越来越强，它可能会遇到新的错误，并且它们的学习机会越来越少，从而减缓其能力的假定扩展，而不是像奇点论所声称的那样加快速度。

科幻作家经常描绘超级智能计算机在钻研一些百科全书式的资源的场景，比如维基百科。但即使是知道维基百科（甚至是未来的超级维基百科）所有事实的计算机，也不会自动变成超级智能。维基百科只包含人们写下的事实（和意见）。阅读维基百科的计算机就如同受过高等教育一样，它会知道很多事实，但这还不足以使之成为超级智能。

人们在维基百科文章中写下的内容或他们彼此说的内容是他们确信读者或其他人不知道的信息。他们假设读者有一定程度的常识，并避免呈现那些他们预测读者会知道的事实。记住天使与魔鬼问题中隐藏的假设。我们认为的事实只是在许多其他共享信息的背景下的事实。即使阅读超级维基百科也无法提供所有这些事实，也无法提供获得通用智能所需的所有推理能力。它不允许计算机创建新的表示法来解决新问题。这是我们尚未弄清楚的能力。

不受人类注意力或记忆容量的限制，计算机在回答问题方面可能比人类更好一点——想想 IBM 的沃森——但不清楚它是否可以用这些事实做很多其他事情。沃森

（Watson）本身是通过玩多款《危险边缘》(Jeopardy！)游戏（益智问答游戏）和回答大量《危险边缘》问题来训练/测试的。在《危险边缘》游戏和模拟游戏的背景下，它收到了关于其答案准确性的反馈。

沃森在《危险边缘》上的许多成功来自其设计者将问题分为几种类型以及他们提供的用于判断所问问题类型的规则。例如，他们提出了规则来确定特定问题的答案是否需要人名、地点、时间或其他内容。设计师分析了 20 000 个《危险边缘》问题并确定每个问题的词汇答案类型。从这 20 000 个问题中，他们确定了 2 500 种答案类型。其中一些类型在问题中经常出现，但大多数类型出现得很少。前 200 种类型涵盖了大约 50% 的问题，其余 50% 分布在剩余的 2300 种类型中。一些词汇答案类型可能更罕见。它们可能会在《危险边缘》游戏中的某个时候发生，但不在这 20 000 个问题中。当与沃森相同的技术应用于其他领域时，它的效果充其量是好坏参半。

对于自训练的计算机系统来说，问题的检测甚至也是有问题的。问题是当前状态与期望目标状态之间的差异。这些目标从何而来？在进化中，目标是生存和繁殖，将一个人的基因传递给后代。可以肯定的是，生物在头脑中没有这个目标，即使它们有头脑。但是那些与成功繁殖相关的基因是那些今天存在的基因。动物在任何时间点的行为最终都是由这种繁殖需求所控制的，但它每天都受到一些更直接的指标的控制。例如，动物可能会觅食。它的直接目标可能是寻找食物。用计算机术语来说，动物是强化学习者，它收到的有关其行为的反馈通常会延迟很长时间。

强化学习是远距离目标控制行为的一个例子。像繁殖这样的遥远目标的实现，是通过更直接的目标实现来近似的，比如寻找食物，因为在进化的过程中，这些近期目标与远期目标的实现相关。成功找到食物的动物最终更有可能繁殖——这就是强化。一台有着遥远目标的计算机，可以通过强化学习来"寻找"更直接的目标，但超级智能计算机的主要目标是什么？与生物繁殖等价的计算机行为是什么？制造回形针？

沃森的目标是在《危险边缘》中获胜。据推测，计算机最初的程序员将是给它这个首要目标的人。如果巴拉特和其他人是正确的，那么这个目标将决定超级智能计算机最终要做的一切。它将决定它的利益在多大程度上与人类的利益一致、无关或敌对。

作为计算机的最终目标，繁殖是不可能的。生存这个目标并不需要超级智能。无论如何，如果没有来自其他超级智能计算机的竞争，这将如何应用于超级智能计算机的单个实例尚不清楚。知道某些策略成功与否的唯一方法是使一部分动物无法生存。成功的动物存活下来繁殖，失败的动物则会灭亡。

在巴拉特的例子中，它的目标可能是变得越来越聪明。该目标似乎相当模糊，没有某种方法来衡量它的成功。艾萨克·阿西莫夫（Isaac Asimov）提出了他虚构的机器人技术三原则。他的故事很有趣，因为它们描述了他虚构的机器人如何处理这些规则之间的冲突。然而，作为实际人工智能体的指南，阿西莫夫的规则相当模糊。道格拉斯·亚当斯（Douglas Adams）提出，生命、宇宙和一切的答案是 42，并提出了一台超级计算机，其目标是找到与该答案相关的问题。换句话说，虚构的小说对超级智能计算机的目标没有任何可行的建议。

很大程度上取决于设计师对最终目标的选择，但我们真的不知道那应该是什么。不管是什么，计算机为实现这一目标而努力肯定会产生意想不到的后果。这是臆想小说的常见比喻。计算机从字面上理解指定的目标，然后采取意外行动来实现该目标，这通常会损害它的发明者——人类。

我们或许可以通过观察进化来了解潜在目标的后果。进化论者，尤其是行为生态学家，有一个进化稳定策略（evolutionarily stable strategy）的概念。当一个群体的成员采用进化稳定的策略时，就不可能被一个拥有不同策略的个体或群体所超越。

通过智商测试来学习变得聪明并不是一个稳定的策略，因为它可以被一个更简单的规则所取代，即只需记住答案。一个仅仅记住答案的计算机系统可以成功地与一个真正学习如何通过考试的计算机系统竞争，并且可以用更少的努力、更少的计算资源和更高的准确性来取得成功。一台以生存为任务的计算机可以尝试成为超级智能，但一个在角落里嗡嗡作响而不打扰任何人的计算机可能至少会以更低的成本获得同样的成功。

计算机要创建和调整自己的目标，就需要彻底改变我们构建人工智能系统的方式。目前，系统的性能仅限于调整参数，把它当成制作面包的食谱。食谱或多或少都可以成功；它可以添加更多的面粉或盐。面粉的量是系统的一个参数，盐的量是另一个参数。但是计算机总是受制于它拥有的参数的某种组合。它的所有参数及其所有值的集合是计算机可以导航的"空间"。

即使我们开放它，允许计算机从亚马逊等公司订购更多不同的成分，但所发生的一切只是它的空间范围在扩大。问题还是一样，只是更大了。现在，它可以利用亚马逊食品储藏室中的任何东西，而不是凑合用计算机储藏室里的东西。问题也更加困难，当我们添加更多成分时，其所有可用成分的可能组合数量及其所有可能的数量会爆炸式增长，但它仍然必须搜索相同类型的空间，现在只是一个更大的空间。它有更多种类，但它的潜在解决方案仍然像以前一样预先确定。由于亚马逊可以提供各种各样的成分，现在似乎可能性无穷无尽，但事实并非如此。另外，这些成分的所有混合方式的组合也会限制面包烘烤的速度。

计算机如何得知烤面包机是不是将面包烤制成功的因素？它怎么知道乙二醇不是好成分？它必须具有某种评估功能，能够确定某些成分使面包变得更好或者更坏。它如何评估面包比以前的批次更好或更差？想必，它要烤坏很多面包才能学会选用哪些食材来烤得好面包。

无论计算机多么聪明，烤面包都需要时间，而且这个时间无法避免。混合、揉面、醒发和烘烤面包所需的时间不会因为使用了更快的计算机而减少。烤箱空间会限制它一次可以测试的食谱数量。面包品尝师（人工贴标师）的数量也是有限的。但同时，什么会阻止计算机只使用熟悉的成分呢？一旦它知道它的评估者喜欢某种面包，它为什么会改变？烤一些好的面包是一种稳定的策略，除非计算机受到给定目标对于多样性的奖励，否则坚持只使用几个食谱是一个明智的策略。诸如此类的因素限制了计算机的学习速度和提高自身"智能"的速度。

按照人工智能系统目前的设计方式，它们必须通过评估和优化来确定一个空间，从而在该空间中进行导航。大多数时候，人们以类似的方式运作。给一个人一个待解决的著名的九点问题（见图 11-1），大多数时候，这个人会试图通过留在由点组成的盒子里来解决它。人们被困在没有尽头的职业生涯中，因为他们没有想到更充实的选择。即使是科学家也倾向于在他们的同事使用的方式方法的范围内做选择。托马斯·库恩（Thomas Kuhn）将科学家们把其想法保持在熟悉范围内的趋势称为"范式"（paradigm），他指出范式转变很少见。

图 11-1　用四条连续的线把九个点连起来，不要把铅笔从纸上拿下来

如果我们继续使用当前的机器学习框架，我们就不可能看到通用人工智能，更不用说超级智能了。今天的方法旨在解决特定的问题，它们不足以成就通用智能。计算智能的最新进展归功于问题表示方式的创新，包括有效选择潜在调整的启发式方法。这些改进是伟大工程的例子，但它们并没有提供那种会促进通用智能产生的过程。通用智能将需要一种与如今不同的计算智能方法。在下一章中，我们将考虑一些可能支持通用智能的新模式。

即使假设我们可以创建一个通用智能计算体，这种智能的能力会突然飞跃的想法也是难以置信的，因为它假设智能是自给自足的。如果我们将通用智能限制在结构良好的形式化问题上，比如下棋或围棋，那么这些能力的爆炸式增长至少是可以想象的。如果模拟足以学习，那么可以通过加速模拟来加速学习。另外，如果智能体必须与不确定的世界进行交互，那么世界的速度、学习机会的出现速度以及它提供的反馈速度都会限制智能提高的速度。与世界互动的需要自然限制了智能扩张的速度。

11.4　参考文献

Belani, A. (2017). AI predicts heart attacks better than doctors. NBC News. http://www.nbcnews.com/mach/science/ai-predicts-heart-attacks-better-doctors-n752011

Bostrom, N. (2003). Ethical issues in advanced artificial intelligence. In I. Smit & G. E. Lasker (Eds.), *Cognitive, emotive and ethical aspects of decision making in humans and in artificial intelligence* (Vol. 2, pp. 12–17). Windsor, Ontario, Canada: International Institute of Advanced Studies in Systems Research and Cybernetics. http://www.nickbostrom.com/ethics/ai.html

Chalmers, D. (2010). The singularity: A philosophical analysis. *Journal of Consciousness Studies, 17,* 7–65. http://consc.net/papers/singularity.pdf

Evtimov, I., Eykholt, K., Fernandes, E., Kohno, T., Li, B., Prakash, A., . . . Song, D. (2017). Robust physical-world attacks on machine learning models. CoRR, abs/1707.08945. https://arxiv.org/pdf/1707.08945.pdf

Fan, S. (2017). Google chases general intelligence with new AI that has a memory. Singularity Hub. https://singularityhub.com/2017/03/29/google-chases-general-intelligence-with-new-ai-that-has-a-memory/#sm.000005h6u4d3qdkcsd81g6djeb18m

Fernández-Delgado, M., Cernadas, E., Barro, S., & Amorim, D. (2014). Do we need hundreds of classifiers to solve real world classification problems? *Journal of Machine Learning Research, 15,* 3133–3181; http://jmlr.org/papers/volume15/delgado14a/delgado14a.pdf

Ferrucci, D. A., Brown, E. W., Chu-Carroll, J., Fan, J., Gondek, D., Kalyanpur, A., . . . Welty, C. A. (2010). Building Watson: An overview of the DeepQA Project. *AI Magazine, 31,* 59–79. http://www.aaai.org/Magazine/Watson/watson.php

Flynn, J. R. (2007). *What is intelligence?* Cambridge, UK: Cambridge University Press.

Future of Life Institute, Asilomar Conference. (2017). The Asilomar Principles. https://futureoflife.org/ai-principles

Good, I. J. (1965). Speculations concerning the first ultraintelligent machine. In F. Alt & M. Rubinoff (Eds.), *Advances in computers* (Vol. 6, pp. 31–88). New York: Academic Press.

Jiang, J., Parto, K., Cao, W., & Banerjee, K. (2019). Ultimate monolithic 3D integration with 2D materials: Rationale, prospects, and challenges. *IEEE Journal of the Electron Devices Society, 7,* 878–887. https://ieeexplore.ieee.org/abstract/document/8746192

Kirkpatrick, J., Pascanu, R., Rabinowitz, N. C., Veness, J., Desjardins, G., Rusu, A. A., . . . Hadsell, R. (2016). Overcoming catastrophic forgetting in neural networks. CoRR, abs/1612.00796. http://www.pnas.org/content/early/2017/03/13/1611835114

Kurzweil, R. (2005). *The singularity is near.* New York, NY: Viking Books. http://hfg-resources.googlecode.com/files/SingularityIsNear.pdf

Legg, S. (2008). *Machine super intelligence* (Doctoral dissertation). University of Lugano. http://www.vetta.org/documents/Machine_Super_Intelligence.pdf

Marr, B. (2017). 12 AI quotes everyone should read. *Forbes.* https://www.forbes.com/sites/bernardmarr/2017/09/22/12-ai-quotes-everyone-should-read/#1a8d141558a9

McCarthy, J. (1998). Elaboration tolerance. In *Working Papers of the Fourth International Symposium on Logical Formalizations of Commonsense Reasoning.* http://jmc.stanford.edu/articles/elaboration/elaboration.pdf

McCarthy, J. (2007). From here to human-level AI. *Artificial Intelligence, 171,* 1174–1182. doi:10.1016/j.artint.2007.10.009; https://pdfs.semanticscholar.org/3575/9a54f37d0a3612e248706d9f64faac5ca254.pdf

Moravec, H. (1988). *Mind children: The future of robot and human intelligence.* Cambridge, MA: Harvard University Press.

Moravec, H. (1998). *Robots: Mere machine to transcendent mind.* Oxford, UK: Oxford University Press.

United Artists. (1983). War games. http://www.imdb.com/title/tt0086567/

Vinge, V. (1983, January). First word. *Omni, 6*(1), p. 10.

Vinge, V. (1993, Winter). The coming technological singularity: How to survive in the post-human era. *Whole Earth Review.* https://ntrs.nasa.gov/archive/nasa/casi. ntrs.nasa.gov/19940022856.pdf

Yudkowsky, E. (1996). Staring into the singularity 1.2.5. http://yudkowsky.net/ obsolete/singularity.html

第 12 章

通用智能

目前的机器学习方法缺乏实现人工通用智能所需的重要能力。最后一章将列出我们所需要的一些能力。

阿尔伯特·爱因斯坦（Albert Einstein）被认为是天才，不是因为他有求解复杂方程的能力，而是因为他能够创造一种新的世界观，拥有创造出这种世界观的新的数学表达式的能力。他最著名的方程极其简单，但它所表达的宇宙观却是深刻的。

求解方程是当前计算智能方法可以做得很好的事情（例如，程序 Mathematica），但是创建新的方程、新的世界观、新的方法来解决不熟悉的问题迄今为止对计算机来说是遥不可及的。

正如我已经说过的，当前的机器学习方法仅限于在人类构建了输入、输出和模型以创建这些参数及其范围之后调整模型参数。这种方法适用于解决结构良好的问题，但对于结构不太好的问题效果较差；而我们最烦恼的一些问题（也就是那些需要天才的问题），结构都非常薄弱。从根本上说，天才需要拥有以新的方式构建输入、输出和模型的能力。目前我们没有任何好的方法去做这件事。总之，我们还没有一个合理完整的关于人工通用智能的理论，更不用说机器通用智能了。

至少自 1956 年以来，计算机科学家一直预测人工通用智能即将出现，预计将在 10～20 年内出现。当通用智能未能如期出现时，当现有的方法的局限性被发现时，计算机科学家（更重要的是资助他们的人）会感到气馁。对计算智能的支持和热情减弱，我们又将迎来另一个 AI 冬天。

今天的人工智能方法在创造刺猬方面非常成功，但是通用智能却需要狐狸。通用智能即将到来的预测之所以失败，是因为我们对实现通用智能需要什么没有足够的了解。预测认为这个问题是刺猬堆叠的问题。一旦我们有了足够大的堆栈，那么我们必将实现通用智能。但是，现实情况是我们需要一只狐狸。本书提供的材料可能会为构建这样一个像狐狸一样的人工通用智能提供路线图。

12.1 定义智能

为人工通用智能的概念制定一个合适的定义仍然是一个挑战，这个挑战是从智能本身的概念开始的。智能意味着什么？正如第 2 章所讨论的，已经有超过 70 种关于智能的定义。这些定义大多集中在智能的成就和富有深度的思想，但正如我们所看到的，智能需要更多。

在第 3 章中，我们介绍了罗伯特·斯特恩伯格（Robert Sternberg）的智能三重理论。他的定义与其他许多定义不同，它关注的是智能是如何运作的，而不仅仅是如何衡量的。

罗伯特·斯特恩伯格认为，智能由三种适应能力组成：分析、创造和实践。智能分析是最重要的，但其他两个方面也起着关键作用。智能分析侧重于抽象思维、逻辑推理以及语言和数学能力，这些是智能成就的常见组成部分。

智能实践包括隐性知识，通常称为常识。对话和问题描述通常不包括这种隐性知识，因为我们默认人们已经知道了。隐性知识通常是在没有经过正式训练的情况下获得的。隐性知识很少被讨论，部分原因是它太难表达了。例如，我们如何描述我们所知道的关于花生酱三明治的一切？由于这个困难，隐性知识对解决问题的重要性经常被低估。但是难以描述并不意味着它不重要。

斯特恩伯格还指出，智能不仅是反应性的，而且也会积极主动地去实践。聪明的个体不会只有当遇到困惑和问题才做出反应；他们会积极寻找问题，并试图探索他们的环境，以便更容易地解决他们的问题。解决问题的一种方法是改变环境。智能包括设定和完成有意义的目标的能力。聪明的人能够认识到问题的存在，定义问题的本质，并将其表示出来。他们可以认识到哪里缺乏知识，并努力获取这些知识。虽然聪明的人受益于结构化指令，但他们也能够找到自己的信息资源。

斯特恩伯格的智能观可以直接应用于人工通用智能。它有助于指出实现人工通用智能最需要进步的地方。计算机擅长分析，因此计算智能在这一领域取得巨大成功也就不足为奇了。分析能力是人工和机器智能目前重叠最多的地方。然而，目前的实现在实用和创造性智能方面存在不足。这些功能仍然由人类设计师提供。

如果一个机器学习系统所需要的只是利用它的分析能力，那么机器很可能会超过人类解决类似问题的能力。分析问题解决直接适用于通过优化一组参数来获得能力的系统。另外，如果问题需要发散思维、常识知识或创造力，那么计算机将继续落后于人类一段时间。通用智能也需要后面这些属性。

人工通用智能定义的另一个至今未解决的问题是：通用智能必须有多通用？一些定义表明，一台通用智能的机器应该能够完成任何认知任务，解决任何人类能够解决的问题。这个定义可能太宽泛了，以至于一个人可能无法被定义为通用智能。因为一个人在某些领域的技能越高，那些技能就越集中。没有一个人能够解决每一个问题或者同样好地解决每一个问题。

也许我们所说的"通用"是指我们的人工通用智能应该能够在某个时候解决任何一种问题，但不是同时解决每一种问题。人类有效解决问题似乎往往需要多年的教育或实践，才能成为专家。没有人能样样精通。人工通用智能到底需要有多通用，还有待观察。

我们可能会说，一般来说，智能必须是自主的。如果现有的特定领域的人工智能从人类赋予它们的结构中获得智能，那么它们的通用智能是人类设计者的智能，而不是计算机的智能。并且，也不清楚人工通用智能需要有多自主。

发散思维意味着计算机可以解决它没有被特别设计过的问题。更关键的是，发散思维意味着计算机可以使用以前没有与该问题或任何其他问题相关联的方法来解决问题。它可以创造解决问题的新方法。计算机非常擅长收敛思维，即执行一系列步骤来解决问题，但不擅长自主找出这些步骤应该是什么。

12.2　实现通用智能

关于我们实现人工通用智能的前景，有三种观点。根据第一种观点，获得通用智能只需要更多被证明对特定任务是成功的智能系统，即堆叠更高的刺猬。根据第二种观点，通用智能不能由机器来完成，因为通用智能需要人类的意识或其他一些只有人类才能拥有的特定的品质。根据第三种观点，人工通用智能是可能的；然而，它需要一些尚未出现但可以概述的新发展。我支持第三种观点。

于尔根·施密德胡贝尔（Jürgen Schmidhuber）（2009）的哥德尔机器是刺猬堆叠观点的一个例子。其基本思想是通用智能可以出现在一个系统中，该系统由一组模块组成，每个模块解决一种特定的问题，以及一个控制模块选择和协调这些特定的模块，以允许解决其中一个模块无法具体解决的问题。这个控制模块具有与解决特定问题的模块完全相同的结构，但是它的目标是在解决特定问题的众多模块之间进行选择和协调。它从部署解决特定问题的模块和每个模块产生的结果的经验中学习。换句话说，通用智能是应用于选择特定问题解决机制的特定智能。

有了足够的计算能力和足够的时间，这样的系统可以做任何事情。从这个角度来看，优化是我们可以用来推动世界的杠杆。在本章的后面，当我们考虑实现人工通用智能需要什么时，我将对施密德胡贝尔的想法有更多介绍。

从第二种观点来看，人工通用智能永远无法实现，因为它需要一些只有在人类身上才能找到的特性。充其量，机器可以模拟拥有这种属性，但没有它，它们就不可能真正智能。

休伯特·德雷福斯（Hubert Dreyfus）在第9章中讨论的工作就是这种方法的一个例子。另一个例子是罗杰·彭罗斯（Roger Penrose）和斯图亚特·哈默罗夫（Stuart

Hameroff）的观点，即意识在某种程度上涉及大脑微管中的量子力学相干性。因为彭罗斯是一位著名的物理学家，他研究过像黑洞这样的重大问题和像弦理论（string theory）这样的棘手问题，他依靠量子力学的特性来解释意识。德雷福斯和彭罗斯都暗示意识对智能至关重要，意识有一些神秘的东西无法用计算方法来解释。"中文房间"思考实验的创始人约翰·希尔勒（John Searle）也认为，大脑中有一种东西允许它们拥有某种带有批判性的标志（哲学家称之为意向性）。他认为计算机纯粹是句法上的，所以它们无法获得这种意向性。它们只能遵循与标志相关的规则，但符号标志对计算机没有任何意义。意向性对人工智能至关重要，只有大脑才能做到。

刺猬堆叠和人类特有意识这两种方法都是错误的。刺猬堆叠方法显然是错误的，因为优化仅限于调整参数值，而人类特有意识的方法也是错误的，因为它没有真正说出任何关于智能的有用信息，而只是说计算机做不到。

通用智能的第三种方法假设人工通用智能确实需要一些目前不可用的机制，但它假设通过一定的研究，这些机制可以被开发出来。在本章的其余部分，将尝试勾勒出这样一个研究项目可能是什么样子，并在这种背景下，扩展刺猬堆叠观点的批判。

12.2.1 通用人工智能的草图

在第 3 章中，我们开始讨论通用人工智能会是什么样子。通用人工智能体应该具备的技能包括：

- ❑ 推理的能力。
- ❑ 参与战略规划的能力。
- ❑ 学习的能力。
- ❑ 感知的能力。
- ❑ 推断的能力。
- ❑ 表示知识的能力。

但即使是这份技能的部分清单也没有区分专门的计算智能和广义的计算智能。例如，一个下棋程序可以很容易地说具有这些属性，但仍然完全是专门用于下棋的。除了这些技能之外，我还会添加以下能力：

- ❑ 从少量例子中学习的能力。
- ❑ 识别问题的能力。
- ❑ 指定目标的能力。
- ❑ 找到新的有效的方法来表示问题的能力。
- ❑ 创建新的知识表示和结构的能力。
- ❑ 对一个问题的多种方法进行比较和评估的能力。
- ❑ 发明新方法的能力。
- ❑ 思考不良的、模糊的想法并使其可操作的能力。
- ❑ 将知识从一项任务转移到另一项任务的能力。

- ❏ 提取首要原则的能力。
- ❏ 推测的能力。
- ❏ 反事实推理的能力。
- ❏ 非单调推理的能力。
- ❏ 利用常识知识的能力。

计算机比人类更擅长计算。它们比人们更系统、更算法化。它们不会分心。计算机能够超越人类能力的任务类型是那些结构良好的、有限的任务，并且可以通过优化来学习模型参数的选择。

然而，还有其他问题不能用同样的方式来描述。这些都是结构薄弱的问题，对于这些问题，我们不能很容易地衡量朝着一个目标的进展，或者由于一些原因不能很好地定义说明。在这一点上，即使是学习选择机器学习方法的多层机器学习系统也只能在它已经知道的东西中进行选择；它不能产生新的方法。它可能会以新的方式组合旧的部分，但天才往往需要创造新的部分。

2016 年对千禧一代的调查（世界经济论坛，2016 年）确定了他们认为最重要的问题。这些问题包括：

1. 气候变化和自然资源破坏（45%）。
2. 大规模冲突和战争（38%）。
3. 宗教冲突（34%）。
4. 贫困（31%）。
5. 政府问责制、透明度和腐败（22%）。
6. 安全、安保和福祉（18%）。
7. 缺乏教育（16%）。
8. 缺乏政治自由和政治不稳定（16%）。
9. 粮食和水安全（15%）。
10. 缺乏经济机会和失业（14%）。

这些问题是无结构的，且无法明确定义。他们没有明确的公式或路径来解决这些问题。很难衡量对这些问题中的某一个问题的尝试性解决方案实际上是在朝着解决方案的方向发展，还是使它更难找到解决方案，或者是原地不动。没有简单的方法可以确定它们是否已经被解决。

把这些问题与玩跳棋等游戏进行对比。目前的计算智能方法已经非常成功地解决了像跳棋游戏这样的问题，但是当面对像千禧一代清单上的问题时却无能为力。

如果问题被恰当地表示出来，计算机也很容易解决，但是到目前为止，需要人类来创造这种表示。在一个重要的意义上，智能在于问题是如何表示出来的。我们需要新的方法来解决这些问题。

定义明确的问题伴随着初始状态，即我们现在的状态以及目标状态，即我们想要达到的状态。例如，我们有一组照片，希望能够识别这些照片中的哪一张包含一只猫。

或者我们有一个棋盘，希望能够战胜能找到的最好的对手。即使是自动驾驶汽车也有明确的评估方法，尽管这些方法更具挑战性。我们可以比较任何两个计算机系统，并决定哪一个更优越。

我们所期望的智能系统的其他功能并不那么容易评估。我们可以编写一个生成绘画的计算机程序，但是如何评估这个系统是否成功还不清楚。例如，以梵高风格进行绘画的计算机程序相对简单，但是创造新的绘画或新的绘画风格的程序要困难得多。

然而，我们将评估问题解决方案的能力与该问题的重要性相关联是一个严重的错误。这就将导致容易评估的问题是通用智能智能体需要解决的典型问题，但是计算机需要部署那种将下棋转换为对于未知层级结构探索的洞察力，以实现通用智能。

像国际象棋、跳棋或围棋这样容易评估的游戏是正式的、结构良好的、全信息的问题。它们完全由它们的规则和当前状态来描述。它们可以被视为一个纯粹的数学过程，不依赖于游戏棋盘的任何物理实例。在看不到任何实物的情况下，人们也可以玩这些游戏。比如高水平棋手可以蒙着眼睛下棋。2016 年 9 月 24 日，一代宗师帖木儿·加雷耶夫（Grandmaster Timur Gareyev）连续 64 场蒙眼参加国际象棋比赛，其中 54 场获胜获得了世界纪录。

组成象棋的是规则的形式，而不是棋子的物理属性。如果宇宙的其他部分都消失了，计算机可以继续下棋。计算机可以纯粹通过保持游戏状态的精确表示来确定它是赢了还是输了一场游戏。

乔纳森·谢弗计（Jonathan Schaeffer）算出大约有 1000 万个独特的跳棋位置，并且对这些位置进行评估，以证明任何给定的移动实际上都是可能的最佳移动。在研究这个问题大约 18 年后，他能够评估所有这些动作，并证明每个状态下每个选择的最优性。

棋手对棋步的评估很慢，因为在如此复杂的游戏中，未来棋步可能会有大量的组合。但它仍然是一个形式化的、全信息的游戏，即使是一个完整的分析，也不会在寻找人工通用智能方面有所突破。大多数现实世界的问题不能归结为结构问题。即使是博斯特罗姆（Bostrom）的回形针收集者问题也不能简化为形式化问题。因为没有人能证明回形针收集者尽了最大努力。

自动驾驶汽车是广泛关注正式结构的全信息问题的一个重要例外（见第 6 章）。驾驶问题不是结构性的，主要是因为环境是动态变化的。驾驶问题充其量是半结构性的，但它也存在另一个问题。车辆不仅要解决计算问题，还必须在动态的物理世界中使用可能不准确的传感器进行导航。传感器是不完美的，世界上总会发生意想不到的事情。世界的状态，而不仅仅是计算的状态，决定了驾驶的成功。

车辆采取的行动与它们所处的世界状态并不完全相关。出于这些原因，自动驾驶汽车提出了一个与下棋计算机明显不同的计算智能问题。即使有人为此花费了 18 年时间，也没有办法证明车辆采取的任何行动都是可能的最佳行动。

自动驾驶汽车需要时间训练，也需要时间测试。对该系统成功与否的测试没有象棋中那么明确，但通过让自动驾驶汽车驾驶来测试它们仍然是可行的，毕竟驾驶有可衡量的后果。例如，我们可以判断车辆是否与障碍物相撞。这些因素使其成为当今最有趣的计算挑战之一，但它仍然没有走上通用人工智能的道路。

到目前为止讨论的类似于游戏的问题可以被描述为通过某种解空间进行搜索。在国际象棋和跳棋中，解空间是潜在的可移动的状态。在自动驾驶汽车中，它是对障碍物和其他类型事件的一组预测。让自动驾驶汽车获得成功的思想来自巴斯蒂安·特龙（Sebastian Thrun）和其他一些人的描述，这些描述让汽车能够利用周围环境的不可靠证据，并使用一组传感器对另一组传感器做出的预测提供关键反馈。自动驾驶汽车依赖于许多机器学习应用程序，每一个都解决了一个更简单的、或多或少结构化的问题。

其他问题（比如停车问题）需要一套不同的能力：我们所在城市的市区没有足够的停车位。我们如何解决这种问题？尽管人类有朝一日可能能够将这样的问题分解成或多或少的结构化问题的组合，其中每一个问题都可以通过机器学习来解决，但它们的有效表示仍然未知，将它们重新表示为可解决的子问题的过程也是如此。最好的情况是，使用计算智能解决这些问题将需要发明新的表示法，大概是由有创造力的计算机科学家发明的。

洞察问题对计算智能提出了更深层次的挑战。像迈尔的双字符串问题（见第2章）这样的例子是通用智能需要解决的问题之一。解决洞察力问题需要解决者创建适当的表示。一旦实现了正确的表示，解决问题几乎是微不足道的。我们通常认为的人类最高智能成就，在很大程度上依赖于某个人为以前难以解决的问题创造一个新的表示。

例如，弗里德里希·奥古斯特·凯库勒（Friedrich August Kekulé）报告说，他想到了将有机化学物质苯的结构表示为环的想法，这是梦见一条蛇吞下自己的尾巴的结果。俄罗斯化学家德米特里·门捷列夫（Dmitri Mendeleev）说，他创造元素周期表也是在一个梦之后。

门捷列夫于1869年发表的原始表格是按原子量排列的（大约与一个原子中质子和中子的数量成正比），但它有几个例外，元素的属性提示行中元素是相反的。他还在表格中留下了空白，暗示了尚未被发现的元素的存在及属性。他的第二张表发表于1871年，该表按照原子序数（原子中质子的数量）排列元素。这基本上就是我们今天看到的那种元素周期表。

关于凯库勒和门捷列夫的成就，重要的不是他们的发明者认为他们是一个梦，而是这两个人实现了一种新的、有用的表示。尽管门捷列夫花了很长时间研究元素的不同排列，但在他实现1869年的排列之前，并没有报告发现任何他认为更接近正确的排列。这种突然性表明，他的新表示不是通过任何一种优化过程实现的，比如梯度下降。我们很难对发现一种有效表示的过程进行衡量，但最终他还是提出了一个可行的方案。

当然，创造这些表示的突然性是基于科学家的自我创造。我们不知道是什么"无意识"过程导致了梦或创造的发生。例如，我们知道门捷列夫已经研究了很长时间如何根据化学性质排列元素的问题。我们知道他认为纸牌游戏"耐心"（patience）在某种程度上暗示了一个解决方案，但这些都不适合给出一个他认为合理的答案。如果我们能够理解这些过程是什么，那么我们创造能够提出新表示的计算方法的能力将会有很大提升。

所有这些解决问题的方式都依赖于人类发现或发明一种新的表示形式。目前，这一需求是机器学习所有创新的源泉，也是其最大的瓶颈。幻想计算机将能够创造自己的智能，重新设计自己，并以越来越快的速度这样做，这看起来很美好。但在目前和可预见的未来，这只是一个幻想，或者根据一些人的说法——可能是一场噩梦。

通用人工智能需要能够创造自己的新的表示形式，这是需要努力的最重要领域之一。

在 20 世纪 80 年代，再一次在千禧世代十几岁的时候，美国电视上有一个节目，主角麦吉弗（MacGyver）会想出独特的方法，用手边的任何东西来解决问题，这是通用人工智能所需具备的问题解决能力的代表性例子。

这种解决问题方式的另一个典型例子是如何富有创造力地使用砖块。你能想到一块砖有多少用途吗？砖头有很多常见的用途，但如果稍微想想，大多数人都能想出一些其他不寻常的用途——比如如何用它来做鸡肉？这只是通用人工智能需要解决的问题的一个例子。

12.2.2　更多关于刺猬的故事

正如我们在本章前面所讨论的，创建通用人工智能智能体的一种建议方法是将高级机器学习模块分层，以选择和组合更具体的模块。根据这种观点，通用的智能需要与特定形式的智能具有相同的过程。这种方法假设通用智能可以通过向当前使用的单一任务系统添加更多参数来解决。

正如卡西欧·潘纳钦（Cassio Pennachin）和本·戈泽尔（Ben Goertzel）（2007）所描述的那样，刺猬的堆叠或更多相同的方法基于几个假设。他们将智能定义为与动态变化的环境交互的系统对某一数量的最大化。他们还注意到，这种方法依赖于邱奇 - 图灵（Church-Turing）命题的有效性和适用性（前面在第 3 章中讨论过）。

邱奇 - 图灵论点可以概括为这样一种主张，即任何可计算的东西都可以通过一个系统用一组简单的操作来计算。或者任何可计算的函数都可以由具有图灵机能力的机器来计算。在这种情况下，"可计算"（computable）这个词有特殊的技术含义。可计算函数是一个预定的逐步过程，它一定会在有限的步骤中产生一个可验证的答案。可计算函数是一种算法，当执行适当的过程时，某一组输入将产生特定的输出。另一种说法是，每一个可计算的函数都是一种逻辑演绎形式（Copeland 和 Shagrir，2019）。

邱奇 - 图灵命题对计算智能至关重要，因为它清楚地表明，两个具有同等能力的计算系统是同等的机器，无论它们各自是如何构造的。因此，如果智能是一个可计算的函数，并且它是由大脑计算的，如果系统具有同等的能力，那么期望一个建立在硅上的系统也能够计算相同的函数是完全合理的。因此，如果大脑可以计算，图灵机必须能够执行相同的功能。这里的关键假设是：

1. 智能是可以通过算法实现的功能。智能可以通过图灵机来计算。

2. 智能函数将问题的一个实例作为其输入，并返回一个解决方案。

3. 智能功能是一个优化的过程——通过系统与动态环境的交互使某个值最大化。

4. 图灵机可以验证这个解的正确性。

5. 大脑的计算能力不比图灵机强。有了足够的计算能力和足够的内存，该机器的某些实现将能够计算与大脑相同的功能。一些相当于图灵机的计算机将能够计算大脑所计算的函数。

这种方法的第一个假设让人想起约翰·麦卡锡（John McCarthy）最初的希望（在1956 年达特茅斯研讨会的提案中），即尽可能足够详细地描述智能的特征，以便能够让机器模拟它。然而，我认为将智能看作一种算法（一个总能得到正确答案的特定的步骤序列）是一个根本性的错误。这一假设断言，智能必须是一种数学推导形式，而机器学习是一个归纳过程。例如，在训练示例的基础上，计算机预测后续未看到的项目将如何分类。

重要的是要在这里明确我的主张。计算机和大脑都使用算法，但智能本身不是一个算法过程，因为它不能被认为是万无一失的。

引用艾伦·图灵（1947）的话：

完美的智能机器的想法有一个根本的矛盾……例如，已经表明在某些逻辑系统中，机器无法区分系统的可证明公式和不可证明公式，也就是说，机器不可以被应用来确定地将命题分成这两类。因此，如果一台机器是为这个目的而制造的，它在某些情况无法给出答案。另外，如果数学家遇到这样的问题，他会四处寻找新的证明方法，这样他最终应该能够对任何给定的公式做出决定，机器有时不给出答案，我们可以安排它偶尔给出错误的答案。但是人类数学家在尝试新技术时也会犯同样的错误，换句话说，如果一台机器被认为不会犯错，它也不可能是智能的。有几个数学定理几乎完全说明了这一点。

图灵所指的数学定理很可能是哥德尔不完全定理以及邱奇和图灵定理，即某些问题是图灵机不可判定的。对于足够强大的形式逻辑系统，可以判断出某一陈述的真实性，但系统无法证明该陈述的真实性。在正式系统的背景下，正式系统存在无法克服的基本限制。所以，虽然形式系统（比如逻辑）对智能很重要，但对智能来说还不够。它们是不完整的。

如果目标是创造通用人工智能，那么第二个假设也是错误的。第二个假设断言智能体被给定一个它要解决的问题的实例。这对于解决单个选定的问题来说很好，但是通用人工智能的智能体不应该被交给一个问题的结构化表示。它应该能自己找到结构。

第三个假设是"更多相同"这个词的由来。假设系统已经具备了解决任何问题所需的所有工具，允许机器学习解决特定问题的相同过程被断言足以解决通用智能。

根据第四个假设，一些算法应该能够验证问题的智能解决方案的正确性，但是除了谜题和游戏等之外的真实问题的智能解决方案往往很难评估，也不可能验证。智能通常涉及需要估计的预测，并且本质上是不确定的。

其中，只有第五个假设或多或少是合理的。图灵机可以普遍计算任何可计算的函数，但这并不意味着它们不能进行严格算法以外的操作。正如当前的机器学习所证明的，计算机能够进行归纳推理（见第 4、5 和 6 章），但它们不仅仅是应用已有规则来对例子做出决定，还可以从例子中推断出新的规则。

碰巧的是，这些假设对于实现在过去几年中非常成功的那种专门的问题解决是很好的。它们主要的不足之处在于第六个没有说明的假设，即这些都是通用智能所需要的。我认为邱奇－图灵命题误导了计算机科学家，使他们认为通用智能可以从专门智能中推导出来，但通用智能需要更多。我们接下来将讨论那个话题。

12.2.3　通用智能不是算法优化

邱奇－图灵命题对智能的理解过于狭隘。像爱因斯坦展示的一样，智能并不仅仅来自遵循一条特定指令的老路，或者通过选择现有几条路中的一条。如果我们愿意的话，通用的智能应该可以找到一套新的指令集合。

即使是当前计算智能程序所训练的精确问题的微小变化，也会影响它们判断的准确性。例如，仅仅在标志上贴一个小标签，自动驾驶汽车就可能把"停车"标志误认为"限速"标志。

算法优化是修改参数值的过程，以便最大化或最小化某些值，如误差。如果给优化过程一组合适的参数，通过这种机制可以成功地解决特定的问题。优化不创建参数，它只调整程序设计者给出的模型参数。

12.2.4　智能和 TRICS

如上所述，刺猬堆叠方法假设由通用智能体实现的功能将问题的实例作为其输入，并将解决方案作为其输出。更恰当地说，我们应该说计算机把问题的一种表示作为它的输入，并产生输出的一种表示。计算机不能直接处理棒球、习惯或弦乐。相反，这些对象必须用某种数学形式来表示。问题也必须用某种数学形式来表示。例如象棋可以表示为对手之间心理战争的数学版本，也可以表示为潜在的可移动状态。在猫和狗分类问题中，将猫狗照片表示为一组数字，并将神经网络表示为另一组数字。优化设置代表或实现网络的数值，但这并不影响它们的数字类型或者问题起始的原始表示的类型。

如何表示对象和问题是找到问题解决方案的关键。TRICS 是它批判性地假设的表示（TRICS；见第 9 章）。解决方案受这些表示的约束并包含在其中。如果为了让系统解决问题，必须为其预先呈现问题，那么通用智能来自问题的设计者，而不是系统。如果没有能力构建自己的问题表示，它实际上是在为一个更多相同的系统而工作。

从刺猬堆叠的角度来看，通用智能将从一个分层系统中出现，在这个系统中，高级模块解决了选择专用模块的问题。输入将是问题的说明，而这个监控模块的输出将是解决问题的专用模块。

每个专用子模块都必须有一个结构良好的解决方案空间，用于选择或组合它们结构良好的可支配模块。监控模块仅限于选择或组合其模块集合中的那些工具。因此，它依赖于拥有一套完整的模块组，因为它不能创建一个全新模块，仅限于按照大同小异的框架进行选择，而选择不是生成。

这种分级系统的一个例子是施密德胡贝尔（Schmidhuber，1996，2009）所谓的哥德尔（Gödel）机器。在他看来，这台机器是"一类数学上严谨、通用、完全自我参照、自我完善、效率最优的问题解决器"。

受库尔特·哥德尔（Kurt Gödel）著名的自我参照公式（1931）的启发，这样的问题解决器一旦发现证据证明重写可以改进终生未来价值，就会重写自己代码的任何部分。这台哥德尔机器是一个思想实验，它从未被建造过，而且很可能永远也造不出来。

施密德胡贝尔假设机器可以通过重写自己的代码来学习新的模块，他希望能够通过重写使机器更好地实现其终身目标。但是往往事与愿违，如前所述，对于任何计算智能系统来说，系统的编程、代码通常远不如用于训练它的数据重要。

无论如何，哥德尔机器至少有四个致命的缺陷：在修改代码之前需要证明；它依赖终生未来值来决定是否重写代码；它必须用足够完整的模块集来设计想法；评估许多替代模块和模块组合的效率。

目前还不清楚机器如何知道评估哪些改变的未来价值。它是随机选择改变的，可能需要很长时间才能找到一个成功的改变。即使一个改变看起来是成功的，实际上证明它是成功的是不可能的，因为它取决于对其一生未来价值的衡量。然而，一个人能够获得对一生未来价值的实际衡量的唯一方法，是真正坚持到生命的尽头，但那时做出任何改变的机会早已过去。因此，哥德尔机器必须估计未来的价值，但估计是容易出错的，不能作为证明，因为它们总是归纳，而不是推论。这似乎是一个矛盾。如果做一个改变依赖于证明，但是不能获得证明，那么系统永远不能做任何改变。

然而，所提出的哥德尔机器的最大问题是，我们必须为它提供一套足够完整的基本问题解决技术。基于这套完整的技术，它就可以被用来解决一个意料之外的问题。具有讽刺意味的是，当哥德尔的不完全性定理证明这样的系统不可能完整时，施密德胡贝尔会称他的机器为哥德尔机器。没有正式的系统可能是完整的，而哥德尔机器是正式的系统，且没有正式的系统可以证明其一致性。我们已经知道不可能列出一整套常识性的事实（见第7章）。并且认为有一套基本的解题方法可以衍生出所有其他解题方法的想法同样不太可能。

施密德胡贝尔的机器被设计成在Copeland和Shagrir的意义上是纯粹演绎的。如果有一套解决问题的基本方法，我们不清楚如何将它们演绎地结合起来以实际解决问题。相反，机器必须创建可能正确也可能不正确的假设，然后根据实际问题情况评估这些假设。也许，它可以用新颖的方式组合模块，但它仅限于它拥有的那些模块。它仅限于在特定的参数空间中寻找路径，但仍然不能创造新的空间，而创造新的空间正是智能所需要的。

像哥德尔机器这样的分层系统会遇到两个额外的问题：发现一个模块是否真的能解决问题所需的时间，以及尝试不同模块组来试图解决问题的组合学。如果没有一些强大的模块选择试探法，或者这些试探法与哥德尔机器的演绎结构不兼容（因为试探法不能被证明是正确的），这样一个分层系统就会迷失方向。当前狭义问题解决中使用的启发式方法是人类对所解决问题的性质进行分析的结果。目前还不清楚在分层系统的情况下，这种启发式方法将从何而来。

学习在具体情况下应用哪些模块都必然需要大量的失败。当一个模块导航到它的问题空间时，在错误的方向上走一步可能不会很昂贵。但监督数千或数百万个模块需要相当长的时间。每个模块可能需要接受数千甚至数百万次的训练。如果选择了错误的模型，可能需要数百万个训练示例才能发现它实际上是错误的。问题的本质表明，这些替代解决方案通常必须按顺序运行，因此系统必须等到一个解决方案完成后再尝试另一个。

如此大的工作量甚至可能会成为最大的计算机网络，并且不可避免地需要相当长的时间。强力优化对于分层模块系统是不可行的。更完整的系统可能能够解决更普遍的问题，但这需要花费亿万年才能解决。回想一下第 11 章中讨论的三个立方体的和问题。它花费了 23 个处理器年解决了一个只有三个变量的非常简单的问题。有成千上万个潜在解决方案的问题将花费难以形容的时间来通过蛮力进行评估。不管我们堆了多少刺猬，仍然无法获得一只狐狸。

12.2.5 迁移学习

任何试图实现通用人工智能的系统都需要从其经验中学习。但是学习解决一个问题可能会干扰其他问题的解决。

谷歌的 DeepMind 团队一直在使用强化学习以训练一个网络来玩老式视频游戏。在一个实验中，他们训练系统连续学习 49 个电子游戏，但每次系统学习一个新游戏时，它都会"忘记"如何执行前一个游戏。每次学新游戏都是从头开始。在学习新的任务时忘掉先前学习任务的问题被称为灾难性遗忘。

瑞秋·杜贝（Rachit Dubey）和他的同事研究了强化学习系统学习像 DeepMind 团队研究的视频游戏需要花费多长时间。在一个实验中，人们花了大约 3000 个动作单位来学习玩游戏，但计算机花了大约 400 万个动作（例如，一个动作是一次按键）。当杜贝和他的同事改变了游戏元素的外观时，事情发生了有趣的转变。

他们的游戏包含原始的低分辨率图形，但有可识别的物体，如梯子、钥匙、钉子和门。当实验者修改这些物体的外观，使它们不能被人类玩家立即识别时，游戏对人类来说变得更加困难，但对计算机来说却不是。根据具体的操作，人类学习游戏的时间增加到 20 分钟，而机器学习时间对于大多数操作保持大致不变。人们利用他们的常识知识，门是开着的，梯子可以用来攀爬，但是计算机没有这种背景知识，因此不受操纵的影响。

然后他们向用户展示了另一款新游戏，"找到公主"是一种解决方案，但其他解决方案也是可能的。学习游戏的人专注于找到公主，甚至没有探索隐藏的奖励地点。相比之下，随机启动的机器往往会发现这些额外的奖励，因为它没有将找到公主作为游戏的目标。人们可以转移他们所玩的其他游戏的知识，以及他们关于如何利用世界物体来支持行动的知识，但这些知识并不总是有益的。

负迁移（negative transfer）现象是人类问题解决中众所周知的问题。早期的格式塔（Gestalt）心理学家研究了后来被称为水罐问题的问题，该问题最初由亚伯拉罕·卢钦斯（Abraham Luchins）在 1942 年描述。在这个问题中有三个罐子，每个罐子装一定量的水，目标是以其中一个罐子装特定量的水结束。

卢钦斯的问题之一涉及一个 29 升、一个 3 升和一个 21 升的罐子。目标是以一个正好容纳 20 升的罐子结束。仅用一个罐子很难精确测量出 20 升，但是通过将水从一个罐子倒入另一个罐子，这个问题就可以解决。

想一想我们将如何解决这个问题。水罐问题结构良好，信息完善。解决问题所需的所有信息都包含在描述中。这是一个形式化的问题，因为我们实际上不必处理罐子或水就可以解决它。这取决于算术的性质，而不是水的性质。

下面给出如何解决这个问题的过程（为了清楚起见，让我们分别给罐子 A、B 和 C 贴上标签）：

装满 29 升的罐子。

将 A 缸中的水倒入 3 升的 B 缸中，在第一个缸中留下 26 升。

把 B 缸里的水倒掉。

再从 A 缸倒 3 升到 B 缸，剩下 23 升在 A 缸。

把 B 缸里的水倒掉。

再从 A 缸倒 3 升到 B 缸，剩下 20 升在 A 缸。

问题解决了。

表 12-1 显示了一系列共 10 个问题。如果我们愿意，可以花点时间解决这些问题。

表 12-1

问题	罐 A 的容量	罐 B 的容量	罐 C 的容量	目标容量
1	21	127	3	100
2	14	163	25	99
3	18	43	10	5
4	9	42	6	21
5	20	59	4	31
6	23	49	3	20

（续）

问题	罐 A 的容量	罐 B 的容量	罐 C 的容量	目标容量
7	15	39	3	18
8	18	48	4	22
9	14	36	8	6
10	28	76	3	25

当人们浏览列表时，他们通常会更快地解决这些问题。它们显示了从一个问题到下一个问题的正向转移。使用强化学习的计算机解决每一个问题所花费的时间差不多。对于当前使用的机器学习还不清楚如何使用从上一个问题到下一个问题的正向转移，而不需要对这一组特定的问题进行明确的设计。参加这样一项研究的人在开始之前通常没有任何关于这些问题的具体培训或知识，除非他们是硬派电影的忠实粉丝，在硬派电影中，像这样的问题是《复仇之死》情节的一部分。

问题 1～9 都可以用同一套动作解决：灌满罐子 B，倒掉罐子 C 两次，再倒掉罐子 A 一次（B–2C–A）。对于问题 1～5，这种模式是解决问题的最简单方法。问题 6～9 也可以用同样的一套动作来解决，但也可以用简单得多的动作来解决。问题 6 和 9 可以用动作 A–C 来解决，问题 7 和 8 可以用动作 A+C 来解决，因为问题 6～9 可以用和前面问题一样的模式来解决，所以参与者很少认识到，其实还有更简单的方法来解决问题；83% 的参与者在问题 6 和问题 7 上使用了相同的一组动作（B–2C–A），79% 的参与者在问题 8 和问题 9 上使用了相同的动作。令人惊讶的是，整整 64% 的参与者无法解决问题 10。绝大多数（95%）只得到问题 10 的人能够解决它，但是被给予前 9 个问题的参与者却不能。卢钦斯将这种未能解决问题的现象称为爱因斯坦效应，即功能固定性。人们执行从一个问题概括到下一个问题的元任务；他们没有理由质疑自己对问题 6～9 的概括，他们试图将同样的方法应用于问题 10，但失败了。

这组问题表明，迁移学习不一定像人们希望的那样简单。它可能对解决问题有用，但也会干扰问题的解决。这些问题表明，人们可以非常善于将有用的信息从一个问题转移到下一个问题，至少在某些情况下是这样。这两个问题在表面结构上越相似（例如，它们都涉及罐子和水），人们就越有可能识别出这个类比。我们在给罐子 A、B 和 C 贴标签时增强了相似性，这使得从一个问题到下一个问题的类比更加明显。

但是这些问题也证明了一种现象，叫作确认偏差（confirmation bias）。人们倾向于寻找证实他们观点的信息，而不是挑战他们的信息。问题 6～9 与他们之前五个问题中提取的观点一致，因此没有理由引导解决者找到更简单的解决方案。

正确的类比可能有帮助，但错误的类比（如问题 10）可能是有害的。当卢钦斯在问题 5"不要盲目"告诉参与者时，他们中的整整一半人找到了剩余问题的更简单的解决方案。

确认偏差是另一个启发，可能有助于选择一个有效的模块，但当它阻止系统考虑显而易见没有偏差的方法时，这也可能是一个问题。偏差有助于解决问题，除非问题无法解决。

当前的机器学习系统可能被设计成针对这一组问题解决这种学习情况的转移。每个水罐问题都有一个清晰的状态空间和从一个状态到下一个状态的清晰方法。强化学习可能足以作为一种训练机制。但是设计一个不针对这些特殊问题甚至这类问题的系统仍然是一个挑战。

从一个问题转移到下一个问题取决于两个问题的相似性，但相似性本身是一个困难的概念。原则上，两个项目共享的特征越多，它们就越相似，但是正如我们已经注意到的，任何一对项目共享无限多的特征。人们似乎会选择其中的一个子集进行比较。在当前的机器学习项目中，要比较的特征由设计者选择。一个通用人工智能智能体可能不会在未知的情况下受益于设计者，因此必须找到自己的方法来选择相关特征。

考虑三个食人族和三个传教士到达河岸的问题。他们想过河，有一艘可以容纳两个人的船。如果在任何时候，两岸食人族的数量超过传教士时，食人族就会杀死并吃掉传教士。他们如何过河？

如果读者还记得如何解决天使和魔鬼的问题（见第 2 章），那么这个问题就会显得类似和容易。在这两种情况下，我们都会做出一些常识性的判断，认为没有船就不能过河等（见第 7 章）。这些假设没有在问题描述中说明，也不清楚机器如何知道它们。

另一个假设是天使和魔鬼是不可改变的。天使不能成为魔鬼，魔鬼也不能成为天使。但是这个假设对于食人族和传教士来说是不成立的。传教士大概是在食人族的土地上让食人族皈依——更多常识性的知识。解决过河问题的一个方法是让食人族皈依，这样他们就不再危险。这样就很容易让大家安全过河了。如果先学会传教士和食人族问题的转化解决方案，这两个问题的相似性可能会阻碍我们解决天使和魔鬼的问题。因为魔鬼不能被转化，问题解决者可能会因为试图将传教士和食人族的知识转移到天使和魔鬼的问题上而受阻。

专家问题解决者通过使用更抽象的问题知识来解决转移问题。相对于新手来说，他们较少受到问题表面性质的影响，更多的是受到他们所需要的物理原理的影响。通用人工智能将需要一些抽象方法来提高它们使用的迁移学习的质量。它们可能需要一些他们关于所解决问题的领域的理论，一个通过经验获得的理论。理论是比观察表象更有原则、更抽象的表述。

12.2.6 风险带来智能

爱因斯坦没有通过搜索一个潜在参数值的空间来提出光电效应或他的广义相对论。科学理论是代表它所关注的那部分世界的一种新方式。因为科学理论的构建是智能活动的最高认可形式之一，所以考虑我们所知道的关于如何构建这种表征的知识是有用的。我们可以使用理解科学理论是如何产生的分析来帮助我们理解更广泛的智能是如何构建的。

例如，大约在爱因斯坦提出他最伟大的工作的时候，一群哲学家、逻辑实证主义者正朝着使科学理论更加一致和符合逻辑的目标努力（见第 2 章）。相对论和量子力学打破了当时所理解的物理学的核心。实证主义者认为科学的实践一定有问题，让物理学家欺骗自己相信牛顿的观点是正确的。这些哲学家着手开发一种方法，防止他们再次被这样欺骗。

逻辑实证主义者试图将科学改造成纯粹的演绎过程，就像施密德胡贝尔的哥德尔机器一样。他们想把科学陈述限制在观察陈述上，比如"那个球是红色的"以及从这些观察中推断出来的内容。他们的方法失败了，部分原因是没有纯粹的观察陈述。例如，史蒂芬·杰·古尔德（Stephen Jay Gould）讨论了科学中被用来支持关于种族智力理论的错误观点。其他科学家随后批评了古尔德的分析（刘易斯等，2011）。

更关键的是，科学理论依赖于对尚未观察到的事物做出预测。理论超越了观察和推论。它们反映了不同于观察和推断的风险（意味着它们可能是错误的）推论。它们是从模型中推断出来的，而不是从已知的观察中推导出来的。

尽管有些观测结果与爱因斯坦的理论一致［例如，1887 年关于光速的迈克尔逊 - 莫雷（Michelson-Morley）实验］，但他的理论与其说是在描述已经观测到的东西，不如说是在预测特定条件下即将观测到的东西。其中一些预测直到 2016 年才被评估，大约在爱因斯坦首次提出相对论的一百年后。

他的预测可能是错误的，所以这些预测不是从已有的观察中推断出来的；这些都是有风险的预测，结果证明它们是正确的。这些理论是被创造出来的，而不是推导出来的。预测对智能是必要的，推论不足以产生预测。对机器学习和人工通用智能来说，一个理论究竟如何被表达仍然是一个悬而未决的问题。

12.3　通用智能中的创造力

莫扎特（Mozart）今天出名不是因为他拉小提琴的能力，而是因为他创作的音乐。爱因斯坦因其在光电效应方面的创造性工作获得了诺贝尔奖，有人可能会说，这是他较次要的创造性成就之一。杰拉尔德·埃德尔曼（Gerald Edelman）因其在免疫系统及其学习能力方面的工作获得了诺贝尔生理学或医学奖。事实上，每一个诺贝尔科学奖都被授予了对复杂现象有优雅理解的人。用人工智能的术语来说，他们每个人都创造了一种新颖有效的方式来表达他们的问题。

我们的计算智能系统目前缺少天才的这一方面。人们能做到这一点的事实表明，从原则上来说，它对机器来说也是可能的，但即使对人来说，它也不会经常出现。

好的想法——例如，新的科学理论或伟大的音乐作品——并不是每天都会出现。许多问题持续多年，直到有人想出解决办法。虽然好的想法并不常见，但如果它们是偶然出现的，也不会像预期的那样罕见。重要的理论往往是独立发明的，但几乎是同时发明的［我在想查尔斯·达尔文（Charles Darwin）和阿尔弗雷德·罗素·华莱士（Alfred Russel Wallace）是在基本相同的时间提出进化论的］，这一发现表明"空气"中的某种东西鼓励两个人沿着相同的路线思考。像这样的发明和发现显然不是随机的，但也不是按需发生的。正如巴斯德（Pasteur）所说，"机会偏爱有准备的头脑"，但是我们还没有确切地了解"准备"是由什么组成的，或者如何把它提供给机器。而且，这真的是偶然吗？

在某种特殊意义上，人工智能的智能体限制创造力是很常见的。可以说阿尔法狗（AlphaGo）是有创造力的，当它做出一个动作时，很明显这是人类围棋手从未做过的。这一举动让它的人类对手非常震惊，他从桌子上站起来，绕着桌子走了一会儿，思考这意味着什么。

人类创造力的著名例子（如莫扎特的交响乐或爱因斯坦的理论）似乎与 AlphaGo 产生的令人惊讶的举动不同。莫扎特的交响乐不仅仅是对过去作品的演绎，也不是对过去的简单推断或重组。另一个例子是，巴勃罗·毕加索（Pablo Picasso）和乔治·布拉克（Georges Braque）对立体主义的创造，令人震惊地背离了此前的艺术方法。真正著名的创造性行为超出了现有参数的范围。它们创建新的参数集。

从这个角度来看，创造力并不神奇。它不依赖于任何奇迹，而是依赖于重组，更重要的是，依赖于重新概念化。让计算机变得更有创造力的诀窍是弄清楚如何对它们进行编程，以重新定义和改变问题的规则或空间。

12.4　通用智能成长

教育在培养人类的通用智能方面起着至关重要的作用。即使机器系统和人类大脑有很大的不同，也许如果我们将人类的那种教育体验赋予机器，它们也会学会通用智能。例如，在人类专家研究的背景下，有大量证据表明，达到专家级别的成绩需要一定的经验。

1931 年，温思罗普·凯洛格（Winthrop Kellogg）着手抚养一只名叫瓜（Gua）的小黑猩猩和他的小儿子唐纳德·凯洛格（Donald Kellogg），想要知道被作为人类饲养的猿类是否会像人类一样行动。让温思罗普失望的是，瓜比唐纳德学得更快，但却从未对以类似人类的方式交流表现出任何兴趣。

艾伦·图灵（Alan Turing）（1948，1950）提出了一种用计算机创造人工智能的类似方法。他没有试图在计算机中构建完全成人化的智能，而是谈论构建一台模拟孩子的机器。他认为，通过适当的教育，它可以成长为一种成人智能。

事实上，他主张创建一些这样的子机器，并对它们进行相互比较，以确定最佳使用方法。他认为这种竞争过程类似于进化，但希望有了方向，它能比进化更快地进化出智能。

如果我们专注于智能功能，那么孩子的大脑看起来比成年人的大脑更简单。但讽刺的是，计算机模拟成人或模拟更高的认知功能实际上比模拟儿童从事的那种活动更容易。像人脸或语音识别、两足平衡以及其他我们在人工智能研究中通常忽略的过程，实际上比下棋或回答问题更难。我们已经开始在这些方面取得进展，但与我们通常作为智能范例的功能相比，这一进展相对较晚。

尽管如此，从一个更简单的系统开始，无论我们忠实地模拟一个孩子还是一只年轻的黑猩猩，让它的经验训练它都是一个有价值的想法。机器学习可以成为进化智能的有力工具。

尼克·博斯特罗姆（Nick Bostrom）认为，这样一个系统将主要通过反复试验（这需要时间）来改进，但必须"能够充分理解自己的工作方式，以设计新的算法和计算结构来提升其认知性能"（Bostrom，2014，29）。它必须能够递归地提高自己。

递归自我改进意味着系统在其问题空间内更新其状态，这就是机器学习的定义。然而，在机器学习的背景下，"理解自己的工作方式"可能意味着什么还不清楚。据推测，一个系统将使用一个子系统来评估其运行能力，识别其局限性，并努力克服它们。克服它们大概意味着找到新的表示和优化，实例化新的算法和认知结构——表示。目前甚至没有对这种能力进行调查。很容易想象，如果人工智能存在的话，一台学会自我改进的机器会如何彻底改变人工智能。但是这样的一台机器实际上是如何建造的一点也不明显。

12.5　全脑仿真

可以说通用智能的最佳模型是人脑。构建通用人工智能的一种方法是模仿人脑（见第5章）。这个想法是尽可能地复制每个神经元及其连接的操作。在某种程度上，我们可以模仿整个大脑，然后应该能够复制它的功能。理由是我们不需要真正理解大脑是如何进行计算的；相反，通过构建一个在神经元水平上实现相同功能的机器，我们将自动构建一个实现相同智能的系统。

用大脑来比喻计算智能事实上已经证明了它是一个强大的工具。自20世纪80年代以来广泛使用的神经网络建模解决了许多以前难以解决的问题。但是这种级别的建模离大脑仿真还很远。被模拟的神经元和它们的组织结构都是大脑实际工作方式的近似表达。说当前的神经网络模型是受真实神经元的启发，甚至说它们模拟神经元更正确。另外，全脑仿真意味着比计算神经网络更忠实地再现大脑的结构和功能。

我一点也不相信我们很快就会对人脑、人脑的结构以及它所包含的神经元的功能有足够的了解。神经科学在过去的几十年里取得了巨大的进步，但是与我们需要知道的模仿大脑的东西相比，我相信科学仍然处于初级阶段。我们甚至不知道神经元是如何储存记忆的（Sardi、Vardi、Sheinin、Goldental 和 Kanter，2017）。在第5章中，我们讨论了一个实验，发现存储在神经元中的记忆可以随着时间的推移而改变，甚至逆转（Driscoll、Pettit、Minderer、Chettih 和 Harvey，2017）。我们已经有了线虫神经元的完整连接模式，但我们仍然无法模拟它的行为。

我们可能很快就会拥有模拟人脑的计算能力，但我认为，我们离知道要模拟的是什么还有很长的路要走。理解大脑的运作继续通过扩展计算能力得到帮助，但是这些能力不能解决阻碍我们理解大脑的基本神经科学问题。在这一点上，我们可以模仿大脑是纯粹的科幻小说，更不用说像一些人建议的那样，充分记录大脑的状态，从中提取个性，并在计算机中实现个性。

12.6　类比

类比推理（analogical reasoning）很可能是通用人工智能的一个关键特征。在计算机能够以一种通用的方式解决类比或抽象分类问题之前，它们将仅限于在一个预定的空间中探索。凯库勒的梦让他找到了苯的结构，因为他看到了蛇吃自己的尾巴和苯分子结构之间的关系。隐喻的使用通常需要找到两个事物共有的属性。在凯库勒的例子中，这两个事物是吃尾巴的蛇的形状和连接苯分子原子的物理力引起的形状。门捷列夫在熟悉的纸牌游戏和元素周期表中的元素排列之间看到了一个有用的类比。更令人惊讶的隐喻是那些涉及两种事物之间常见的非典型特征的隐喻。令人惊讶的隐喻是对创造性思维有用的隐喻，因为它们会导致不寻常的、有时有用的思考方式。

一个相关的潜在思想来源是笑话，尤其是双关语。关于笑话好笑的原因有几种说法。就双关语而言，最有可能的是不协调理论。根据这个假设，当一个双关语让我们思考一件事，然后发现这个词的使用方式不协调时，它就是幽默的。这里有一个："我前女友很想（错过了）我……但她的目标越来越好。"（为体现英文双关意，附原文："My ex-girlfriend misses me ... but her aim is getting better."）双关语的设置引导听者沿着一条花园小径前行，当笑点揭示不协调时，必须重新分析这条小径。

思考双关语的要点是，它们表明了一种尚未在机器智能背景下研究过的思维方式。双关语暴露了一种模糊性。当我们听到笑点时，减少这种歧义突出了一组不同于我们听到双关语时所想的关系。不协调所揭示的新关系可以成为创造性思想的源泉。这些新的关系可以导致问题表述的重新表述。

类似的重构可能对计算智能有用。第2章中舞会和残缺棋盘之间的类比帮助人们解决了棋盘问题。水罐问题中的类比既有助于也阻碍了相关问题的解决。我们能否找到一种机制，让机器识别出合适的属性，并将其包含在类比中，然后利用它们来解决新的问题？简单地为计算机提供一组可以应用于问题的类比，会遇到与其他试图寻找一组详尽的原语相同的不完整性问题。像在其他领域一样，不太可能有人能提出一些合理的基本原则。

人类很难找到问题之间的类比，这对计算机来说仍然是一个巨大的挑战。目前寻找类比的方法包括昂贵的手工数据库。没有已知的方法可以有效地使用机器学习来识别有用的先前未知的类比。但是没有原则性的理由说明为什么计算机最终不能拥有这种技能。

12.6.1 当前范式的其他局限性

机器学习系统是动态的。机器学习使用其优化方法来调整系统的状态，通常是一次一小步，以更好地接近系统的目标。机器学习之所以可以成功，是因为它对所能学习的内容有一定的内在限制。例如，正在学习一个概念的机器通常需要类别成员的例子和类别外事物的例子。每个类别的成员并不是完全任意的，而是在某些方面彼此相似。机器学习的成功取决于这种相似性假设，因为它将根据未知项目与所学类别的相似程度来对它们进行分类。如果没有相似项目应该被相似对待的假设，机器能做得最好的事情就是记住例子，然后它将完全不能把这些知识应用到它没有见过的例子中。

机器学习优化通常也会将学习过程分解成小步骤。每次调整时，系统都会对其状态或参数进行小的更改。大的更改有可能将学习系统从一种糟糕的状态调整到另一种状态，而实际上在这两种状态之间有一个位置是更好的选择。

因此，机器学习依赖于"连续性"假设。它假设相似的项目将被相似地对待，并且小的更改将对其评估产生小的影响。

动态系统是一个系统的状态随着时间的推移而变化的系统，这是其要素之间相互作用的结果。例如，湖中鲈鱼的数量取决于鱼产卵的速度、卵孵化的速度和鱼死亡的速度。因此，种群被描述为一个动态系统，孵化、产卵和死亡都相互依赖。

机器学习系统是动态系统，但并不是所有的动态系统都满足这些连续性假设。例如，混沌理论（有时被称为"蝴蝶效应"）描述了动态系统，其中小的变化可以产生非常大的变化。这些系统的行为很容易在很短的时间范围内预测，但不可能在更长的时间范围内预测。即使非常简单的系统也会表现混乱。

混沌理论描述了动态系统，其中规则决定了系统如何从一个步骤过渡到下一个步骤。因此，混沌系统很容易在短期内预测，因为每一步都由特定的规则控制。然而，从长期来看，混沌系统似乎是随机的，因为这些系统对非常小的变化和不准确性（如舍入误差）很敏感。混沌系统有时被称为蝴蝶效应，因为原则上，一只蝴蝶在巴西扇动翅膀的微小效应最终可能会影响佛罗里达是否会有飓风。随着时间的推移，小的变化可能会导致看似随机的大影响。

研究混沌的早期先驱之一爱德华·洛伦兹（Edward Lorenz）在 1961 年做天气模拟时第一次注意到了这一点。他想重放计算机演算天气模拟的一部分，并通过手动输入在那个阶段打印出来的数字重新开始模拟。令他惊讶的是，这台机器开始预测的天气与之前预测的天气大不相同。差异的原因最终归结为他重新开始模拟时输入的位数。计算机以六位数的精度工作，如 0.143 234，但当程序保存上一次运行的数字时，它只打印出三位数，如 0.143。这种差异很小，但在天气及其固有的混乱背景下，即使是这样的微小差异也会导致预测天气的巨大变化。

混沌理论在智能领域非常重要，因为它是一个与我们在游戏中和许多其他人工智能情况下观察到的行为非常不同的例子。虽然它在短时间范围内遵循连续性假设，但它在长的时间范围内违反了连续性假设。

混沌行为在许多自然动态系统中是常见的，包括那些可能涉及通用人工智能的系统，例如天气、道路交通、人类学、社会学、人口生态学、环境科学、计算机科学和气象学。与游戏不同，生活更多的是以动态系统为特征，涉及反馈回路，往往涉及混乱的行为模式。人工通用智能将不得不处理这些现实世界的现象，而不仅仅是结构良好的游戏模式。

我认为支配游戏的那种过程不适用于世界上的许多其他现象。不仅仅是因为其他问题比游戏更复杂；而且对解决游戏有效的那种过程不太可能对涉及隐藏和不确定信息的现象有效。商务谈判、天气预报、选举、战争，甚至神经激活都可以更准确地被描述为混沌。我们将需要不同种类的计算工具来解决这些情况，而不仅仅是让计算机在运行中获胜的相同工具。

通用智能将需要一个范例，使系统能够从特定问题的经验中学习总体原则。那台计算机必须理解新奇的隐喻和类比。它将不得不创建自己的问题表示。当前的计算科学方法是从许多问题开始的，这些问题已经预先构造在设计者提供的表示中。不能说一个智能体是通用智能，除非它能构造自己的问题。

一个通用智能的智能体可能不需要像人类一样工作，但是仍然可以从人类的工作中学到很多东西。人类儿童在一次或几次接触后学会识别兔子。深度学习系统可能需要数百万次学习，无法解除系统在深度学习网络中学习正确参数值的艰苦努力。

当计算系统试图利用人类执行类似任务的知识时，它们通常依赖于人们对于他们自己是如何完成任务的描述。但是这些描述是有限的、不可靠的。它们通常是有意地重建或无意地虚构，描述必须发生的事情，而不是描述已经发生的事情。许多实验揭示，人们对于他们做任务的描述并不符合客观标准。很多任务根本无法客观描述。

12.6.2　元学习

元学习是学习什么是学习或如何学习。元学习可以扩展计算机可以解决的问题，但是元学习也有自身的问题。元学习可以干扰问题解决，也可以帮助解决问题。回想一下水罐的问题。当迁移阻碍了人们找到正确的解决方案时，它会导致人工愚蠢而不是人工智能。

然而，解决水罐问题的标准计算方法是独立处理每个问题。工程师可以设计一种方法，跟踪一个问题的有效步骤，并在探索状态空间时优先考虑它们。这样的系统将使用相同的模式解决卢钦斯的前九个问题。因为在前五个问题中学习的模式可以继续解决后面的四个问题，这个系统也不能为后面的问题找到更简单的解决方案。它最初会在第十个问题上失败，但后来它最终能够找到解决方案，因为它只优先考虑，而不是完全依靠之前的有效举措。

这种工程方法将完全针对这一组特殊的问题。当前的机器学习范例没有抽象机制。它必须被明确设计为问题表示的一部分,但是通用人工智能必须配备这样的抽象机制。

如果这个集合中的连续问题没有一个共同的表示,就不可能有一般化,但是一个使用当前方法的机器怎么会有这个共同的表示呢?它如何知道使用什么表示?

水罐问题和我们已经探索过的许多其他问题都相当简单。它们不像围棋这样的游戏那样受到可能的移动次数的限制。相反,它们受到迄今为止最基本的限制——当前的计算机系统无法设计自己合适的问题表示。这可能是拥有通用人工智能的核心问题。

12.6.3 洞察力

洞察力是智能的重要组成部分。认识到一些已知的问题解决方案可以应用于一个新的问题是这种洞察力的一个必要部分,但我怀疑任何当前的机器智能的传统方法都能够实现这一任务。元学习可以让系统了解每种已知的解决问题方法的能力。至少在理论上,元学习将允许系统在已知的解决方案中进行选择,但不足以创建新的解决方案空间。

人们可能在创建表示时也有问题,但是他们中的一些人最终会成功地创建新的表现形式。为了创造一个通用人工智能,我们需要找出人们如何创造新的表示形式,并且必须为机器创造类似的东西。

数学家亨利·庞加莱(Henri Poincaré)试图从他自己的工作中描述这种解决问题的过程:

我说过,发明就是[在给定领域的所有可能变化中]进行选择;但是这个词可能并不完全准确。它使人想到一个购买者,在他面前展示大量样品,他一个接一个地检查它们,以做出选择。这里(在数学中)样本太多了,用一生的时间都不足以检验它们。这不是事物的实际状态。无用组合甚至没有出现在发明者的脑海中。在他的意识领域中,从来没有出现过无用的组合,除了一些他拒绝的,但在某种程度上具有有用组合特征的组合。一切都在继续,就好像发明家是第二个[学术]学位的考官,他只需要询问通过了前一次考试的考生。[摘自亨利·庞加莱的《科学的基础》,1908年首次在巴黎出版,由G.B.霍尔斯特德从法文翻译过来。]

如果发明只是在已知的表示(庞加莱的"所有可能的变化")中选择的问题,那么它将服从当前的计算方法。发明只会是搜索。但是庞加莱继续驳斥了这种解释,指出只考虑了一些可能性。他一点也不清楚有些选择是如何被挑选出来考虑的,但这将是解决这个问题的一个重要部分。正如专家棋手对她考虑的潜在棋步有选择性一样,发明智能也必须对考虑的可能性有选择性。

庞加莱接着描述了他研究的一些具体问题:

15天来,我努力证明不可能有任何函数像我后来称为富克斯(Fuchsian)函数的函数那样。那时我非常无知；每天我坐在办公桌前，待上一两个小时，尝试了很多组合，都没有结果。一天晚上，与我的习惯相反，我喝了黑咖啡，无法入睡。想法在脑海中涌现；我感觉到它们相互碰撞，直到可以说成对互锁，形成一个稳定的组合。到第二天早上，我已经建立了一类富克斯函数的存在，这些函数来自超几何级数；我只需要写下结果，只花了几个小时。

一旦他找到了一个表示，验证它几乎不需要什么努力，而且看起来几乎是自动的。

然后我想用两个级数的商来表示这些函数；这个想法是完全有意识和深思熟虑的，椭圆函数的类比引导了我。我问自己，如果这些级数存在，它们一定有什么性质，我毫无困难地成功形成了我称之为 theta-Fuchsian 的级数。

在这篇文章中，他没有说为什么他想用商来表示这些函数，但是，在识别表示来解决问题时，他也变得相当直接。

就在这个时候，我离开了当时我居住的卡昂，在矿业学院的赞助下进行了一次地质旅行。旅行的变化让我忘记了数学工作。到达目的地后，我们乘坐公共汽车去了某个地方。当我踏上台阶的那一刻，我突然想到，我用来定义富克斯函数的变换与非欧几里得几何的变换是相同的，在我以前的思想中，似乎没有任何东西为它做铺垫。我没有证实这个想法；我本来没有时间，因为当我坐在公共汽车上时，我继续进行了一个已经开始的谈话，但我十分确信这个想法。回到卡昂后，出于良心，我在闲暇时核实了结果。

庞加莱接着讨论了另外两个例子，这些例子表明，他的意识并没有立即做出什么反应。在这两种情况下，他都在方便的时候验证了自己的结果。

尽管庞加莱不能明确描述他识别这些新奇表象的过程，但显然他的大脑正在进行某种工作。他指出，他的新表述与他所知道的一些以前的表述相似；它们不是完全没有依靠而发明出来的，但是识别这种类比的方法仍然不清楚。然而，如果我们要建立通用人工智能，就需要发现一种为潜在类比选择目标的方法。也许我们需要进行更多的乡村旅行。

解释庞加莱观察结果的一种方法是，它结合了一个训练有素的数学家的深思熟虑的人工智能和一个自然智能——被称为直觉的，独立大脑的功能。大脑天生的直觉功能可以选择考虑的想法，也许这是基于相似性。两者共同发挥作用，使得庞加莱能够找到解决问题的办法，然后在闲暇时得以验证这些办法。

只有在他停止对这个主题的深思熟虑之后，直觉的潜藏思考问题解决才能出现，这一过程被称为潜伏期（incubation）。许多顿悟问题只有在深思熟虑的思考停止后，通过去乡村旅行或在火边打盹（凯库勒对苯环的梦幻发现）才能得到解决。自然智能和人工智能的融合显然产生了这些见解。

为了让计算智能真正通用，它必须找到一种方法来更好地模仿人类大脑中有洞察力的部分，或者找到一种方法来替代它。表 12-2 总结了人的自然和人工智能的一些特征。

表 12-2

自然智能	人工智能
模式识别	逻辑
自动的	深思熟虑的
快的	慢的
不完全的	完全的
查询	计算
无秩序的	有秩序的
匆忙下结论	系统化推理
不一致的	一致的
印象主义的	可估价的
启发式的	算法的
隐形的	明确的
扩散的	聚焦的
联合的	统计的
隐喻／类比	
情绪的	
冲动的	
自负的	

人工智能与我们通常认为的智能成果是一致的。但是我所说的自然智能的属性也在人类的成就中发挥作用。在认知心理学中，这些所谓的自然属性有时被斥为偏见或错误，但它们似乎在日常认知和创造性问题解决中也发挥着重要作用。一个能在所有证据都存在之前迅速得出结论的系统将比一个进行全面分析的系统行动更快，但有时这个快速的结论会是错误的。

自然智能强烈依赖于模式识别。看似熟悉的事情，一般来说，不必每次都深入考虑。自然智能使用启发式来指导它的决策，限制它必须做的处理量。同样，这些试探法不能保证是正确的。它们有风险，但也可能是必要的。

人们发明了人工智能来克服自然智能的缺点。人工智能允许人们系统地做决定。它们可能不会评估所有的可能性——即使在最好的情况下，人类的理性也是有限的——但我们已经开发了工具，帮助我们跟踪更多的替代方案，而不是我们的自然智能所能处理的。

计算智能通常需要许多训练示例供系统学习。人类只用一两个例子就能学会很多概念。如果要在计算机中实现通用人工智能，我们需要减少实现它所需的努力。学习一款电子游戏需要 2000 万帧的经验，这不是一个好的长期解决方案，无论我们制造计算机的速度有多快。缓慢而深思熟虑的学习可能适用于形式化问题，比如游戏；但作为动态物理世界的一种策略，这是完全不可行的，在不断变化的物理世界中，做得不对可能是致命的。

光是快而没有更好方法支持的计算机是不够的。我们需要能够解决问题的计算机程序，而不仅仅是在设计的空间里穿梭。

12.7　通用人工智能概述

引用阿尔伯特·爱因斯坦的话说，一切都应该尽可能简单，但不能太简单。计算智能提供的东西通常是巨大的，但它狭窄的焦点实际上干扰了它提供通用人工智能的能力。当前的人工智能方法可能过于简化了通用智能，只关注一小部分问题类型（例如，游戏和其他结构良好的问题）和一组狭窄的解决方案。

专注于一小部分任务意味着理论上更重要的其他任务被忽略了。这种关注使得研究者能够通过在已经使用的表征模型（他们的 TRICS）中隐含地结合常识知识来避免物理和社会世界的大部分复杂性。焦点是如此清晰，以至于调查人员似乎没有注意到还有其他类型的任务没有解决。

人们担心计算机将爆炸性提升自己，部分原因是人们不知道目前的计算智能机制有多有限，以及它们的能力在多大程度上强烈依赖于设计者在基本设计中隐含的常识。当前的系统除了由设计者隐式安装之外，完全缺乏任何常识。使用目前的方法，计算智能程序的自我提升能力并不比大黄蜂背诵莎士比亚的十四行诗的能力强。

目前的人工智能方法是通过使用数据来调整系统设计者提供的模型参数。这些方法擅长解决可以通过这种参数调整过程解决的问题。系统设计者把他们的常识强加在这些模型的结构上，但是到目前为止，计算机本身还不能获得任何没有被设计者强加的常识。

计算智能的最新进展来自设计者对更好地构建系统表示的洞察力的提高，包括能够限制参数调整过程复杂性的启发性的发明或发现。进展也来自数据来源的改善，大量或多或少经过精心策划的数据已经从传感器、社交网络和其他应用程序中变得可用，这在以前是从未有过的。计算智能的持续改进依赖于更好的表示和更好的数据的结合，而不是直接依赖于更好的程序。

计算机还没有实现通用人工智能，不是因为它们缺乏人类所具有的某种不可言喻的特性（比如意识），而是因为计算机科学家还没有为通用智能进行设计。解决通用人工智能的问题将需要能够自主洞察的设计。

通用人工智能似乎很有可能需要自然智能和人工智能的融合。自然智能是人们自动或轻松完成的事情，主要是在没有明确训练的情况下。这些任务在计算机上只取得了有限的成功。人工智能被发明了。这是人们刻意努力和明确训练的结果，是计算机"自然"做的事情。

人的自然智能往往带有偏见、不完整和近似性，但富有洞察力和想象力，需要与计算机的逻辑和计算能力相结合，因为通用智能需要所有这些才能通用。太严格会让一个智能体陷入思考，而太不严格只会让智能体迷失方向。

研究将需要专注于这些东西，再加上其他一些东西，才能实现通用人工智能。通用人工智能的智能体需要：

- 解决定义不清的问题和格式不正确的问题。
- 寻找或创造洞察问题的解决方案。
- 创建情境和模型的表示。系统的情境输入是什么？问题解决方案是如何构建的（建模的）？系统的合适输出是什么？
- 利用非单调逻辑，允许矛盾和例外。
- 指定它自己的目标，也许是在一些总体的长期目标的背景下。
- 将学习从一种情况转移到另一种情况，并认识到这种转移何时会干扰第二项任务的执行。
- 利用基于模型的相似性。相似性不仅仅是逐个特征的比较，而是取决于进行判断的背景。
- 比较模型。智能体必须能够将它正在优化的模型与可能解决相同问题的其他潜在模型（表示）进行比较。
- 管理类比。它必须管理类比，以选择合适的类比，并识别相关的类比属性。
- 解决歧义。情况甚至言语都可能极其模糊。
- 做冒险的预测。
- 重新定义、重新分析、修改规则和模型。
- 识别数据中的模式。
- 使用试探法，即使它们的功效不能被证明。
- 提取最重要的原则。
- 运用认知偏见。虽然它们会导致不正确的结论，但它们通常是有用的启发式方法。
- 利用正迁移和没有灾难性遗忘的连续学习。
- 创建新任务。
- 创建和利用问题描述中明确规定之外的常识知识。常识知识将需要使用新的非单调表示。

以展示高水平人类智能而闻名的问题（如获得诺贝尔奖的科学见解），突破了当今计算智能典型的正式问题解决方法。它们涉及新原则的制定，最重要的是，涉及在世界上表示其主题的新方式。如果我们希望产生一种通用人工智能，就必须弄清楚如何完成这些任务。如果没有这种观点的改变，我们基本上没有机会实现通用人工智能，更不用说让博斯特罗姆和其他人害怕的超级智能了。

我相信，通过正确的选择，我们将开发出能够充分发挥人类智能的计算机系统。我们不能把自己局限在光线明亮、任务容易评估的地方。

在某个时候，这些计算智能可能会超过人类的能力，但不会是任何一种黑洞事件或智能爆炸。智能不仅取决于处理能力，还取决于内容。对内容的需求和对反馈的需求将限制其进一步发展的速度。

如果我们不能开发通用人工智能，我认为我们的失败将不仅是技术上的失败，而是我们自己想象力的失败。

12.8　参考文献

Bostrom, N. (2014). *Superintelligence: Paths, dangers, strategies*. Oxford, UK: Oxford University Press.

Copeland, B. J., & Shagrir, O. (2019). The Church–Turing thesis: Logical limit or breachable barrier? *Communications of the ACM, 62*(1), 66–74.

Driscoll, L. N., Pettit, N., Minderer, M., Chettih, S. N., & Harvey, C. D. (2017). Dynamic reorganization of neuronal activity patterns in parietal cortex. *Cell, 170,* 986–999.e16.

Dvorsky, G. (2018). New brain preservation technique could be a path to mind uploading. Gizmodo. https://gizmodo.com/new-brain-preservation-technique-could-be-a-path-to-min-1823741147

Goldhill, O. (2017). Humans are born irrational, and that has made us better decision-makers. https://qz.com/922924/humans-werent-designed-to-be-rational-and-we-are-better-thinkers-for-it

Gould, S. J. (1978). Morton's ranking of races by cranial capacity. *Science, 200,* 503–509. https://pdfs.semanticscholar.org/7992/a09d112b464fda63a8cae2859877cc2e0cde.pdf

Harvard Medical School. (2017). Neurons involved in learning, memory preservation less stable, more flexible than once thought. *ScienceDaily.* www.sciencedaily.com/releases/2017/08/170817122146.htm

Jabr, F. (2012). The connectome debate: Is mapping the mind of a worm worth it? *Scientific American.* https://www.scientificamerican.com/article/c-elegans-connectome

Kirkpatrick, J., Pascanu, R., Rabinowitz, N. C., Veness, J., Desjardins, G., Rusu, A. A., . . . Hadsell, R. (2017). Overcoming catastrophic forgetting in neural networks. *Proceedings of the National Academy of Sciences of the United States of America, 114,* 3521–3526. https://www.pnas.org/content/114/13/3521.full; https://deepmind.com/blog/enabling-continual-learning-in-neural-networks

Kolbert, E. (2017). Why facts don't change our minds: New discoveries about the human mind show the limitations of reason. *The New Yorker.* https://www.newyorker.com/magazine/2017/02/27/why-facts-dont-change-our-minds

Lewis. J. E., DeGusta, D., Meyer, M. R., Monge, J. M., Mann, A. E., & Holloway, R. L. (2011). The mismeasure of science: Stephen Jay Gould versus Samuel George Morton on skulls and bias. *PLoS Biology, 9*(6): e1001071. doi:10.1371/journal.pbio.1001071

Loudenback T., & Jackson, A. (2018). The 10 most critical problems in the world, according to millennials. Business Insider. http://www.businessinsider.com/world-economic-forum-world-biggest-problems-concerning-millennials-2016-8/#2-large-scale-conflict-and-wars-385-9

May, R. M. (1976). Simple mathematical models with very complicated dynamics. *Nature 261,* 459–467.

McIntyre, R. L., & Fahy, G. M. (2015). Aldehyde-stabilized cryopreservation. *Cryobiology, 71*, 448–458.

Mullins, J. (2007). Checkers 'solved' after years of number crunching. *New Scientist.* https://www.newscientist.com/article/dn12296-checkers-solved-after-years-of-number-crunching

Pask, R. (2007). Checkers in a nutshell. http://www.usacheckers.com/checkersinanutshell.php

Pennachin, C., & Goertzel, B. (2007). Contemporary approaches to artificial general intelligence. In B. Goertzel & C. Pennachin (Eds.), *Artificial general intelligence* (pp. 1–30). Berlin, Germany: Springer.

Popova, M. (2013). French polymath Henri Poincaré on how creativity works. https://www.brainpickings.org/2013/08/15/henri-poincare-on-how-creativity-works

Sandberg, A., & Bostrom, N. (2008). Whole brain emulation: A roadmap (Technical Report No. 2008-3). Future of Humanity Institute, Oxford University. http://www.fhi.ox.ac.uk/brain-emulation-roadmap-report.pdf

Sardi, S. Vardi, R., Sheinin, A., Goldental, A., & Kanter, I. (2017). New types of experiments reveal that a neuron functions as multiple independent threshold units. *Scientific Reports, 7*, Article No. 18036. doi:10.1038/s41598-017-18363-1; https://www.nature.com/articles/s41598-017-18363-1

Schaeffer, J., Burch, N., Björnsson, Y., Kishimoto, A., Müller, M., Lake, R., . . . Sutphen, S. (2007). Checkers is solved. *Science, 317*, 1518–1522. doi:10.1126/

science.1144079; https://cs.nyu.edu/courses/spring13/CSCI-UA.0472-001/Checkers/checkers.solved.science.pdf

Schmidhuber, J. (1996). Gödel machines: Self-referential universal problem solvers making provably optimal self-improvements. IDSIA Technical Report. TR IDSIA-19-03, Version 5, December 2006, arXiv:cs.LO/0309048 v5; https://arxiv.org/pdf/cs/0309048.pdf

Schmidhuber, J. (2009). Ultimate cognition a la Gödel. *Cognitive Computing, 1*, 177–193.

Strathern, P. (2000). *Mendeleyev's Dream.* New York, NY: Penguin.

Sternberg, R. J. (1985). *Beyond IQ: A triarchic theory of human intelligence.* New York, NY: Cambridge University Press.

Turing, A. M. (1948). Intelligent machinery in mechanical intelligence. In D. C. Ince (Ed.), *Collected works of A. M. Turing* (pp. 107–127). Amsterdam: North Holland, 1992.

Turing, A. M. (1950). Computing machinery and intelligence. Mind, 59, 433–460.

Wixted, J. T., Squire, L. R., Jang, Y., Papesh, M. H., Goldinger, S. D., Kuhn, J. R., . . . Steinmetz P. N. (2014). Sparse and distributed coding of episodic memory in neurons in the human hippocampus. *Proceedings of the National Academy of Sciences of the United States of America, 111*, 9621–9626. doi:10.1073/pnas.1408365111

World Economic Forum. (2016). Global Shapers Annual Survey 2016. https://www.weforum.org/agenda/2016/08/millennials-uphold-ideals-of-global-citizenship-amid-concern-for-corruption-climate-change-and-lack-of-opportunity

推荐阅读

人工智能：计算Agent基础

作者：David L. Poole 等 ISBN: 978-7-111-48457-8 定价：79.00元

人工智能：智能系统指南（原书第3版）

作者：Michael Negnevitsky ISBN: 978-7-111-38455-7 定价：79.00元

奇点临近

作者：Ray Kurzweil ISBN: 978-7-111-35889-3 定价：69.00元

机器学习

作者：Tom Mitchell ISBN: 978-7-111-10993-7 定价：35.00元

推荐阅读

机器学习理论导引

作者：周志华 王魏 高尉 张利军 著 书号：978-7-111-65424-7 定价：79.00元

本书由机器学习领域著名学者周志华教授领衔的南京大学LAMDA团队四位教授合著，旨在为有志于机器学习理论学习和研究的读者提供一个入门导引，适合作为高等院校智能方向高级机器学习或机器学习理论课程的教材，也可供从事机器学习理论研究的专业人员和工程技术人员参考学习。本书梳理出机器学习理论中的七个重要概念或理论工具（即：可学习性、假设空间复杂度、泛化界、稳定性、一致性、收敛率、遗憾界），除介绍基本概念外，还给出若干分析实例，展示如何应用不同的理论工具来分析具体的机器学习技术。

迁移学习

作者：杨强 张宇 戴文渊 潘嘉林 著 译者：庄福振 等 书号：978-7-111-66128-3 定价：139.00元

本书是由迁移学习领域奠基人杨强教授领衔撰写的系统了解迁移学习的权威著作，内容全面覆盖了迁移学习相关技术基础和应用，不仅有助于学术界读者深入理解迁移学习，对工业界人士亦有重要参考价值。全书不仅全面概述了迁移学习原理和技术，还提供了迁移学习在计算机视觉、自然语言处理、推荐系统、生物信息学、城市计算等人工智能重要领域的应用介绍。

神经网络与深度学习

作者：邱锡鹏 著 ISBN：978-7-111-64968-7 定价：149.00元

本书是复旦大学计算机学院邱锡鹏教授多年深耕学术研究和教学实践的潜心力作，系统地整理了深度学习的知识体系，并由浅入深地阐述了深度学习的原理、模型和方法，使得读者能全面地掌握深度学习的相关知识，并提高以深度学习技术来解决实际问题的能力。本书是高等院校人工智能、计算机、自动化、电子和通信等相关专业深度学习课程的优秀教材。